普通高等教育“十二五”规划教材

建筑初步

主编 龚静 林涛

中国水利水电出版社
www.waterpub.com.cn

内 容 提 要

本书根据现代社会对建筑设计及建筑技术人才的要求而编写，介绍了建筑基本构图，建筑表达方法，建筑设计基本原理、方法以及建筑实际工程的应用等，注重培养实际应用能力。本书的编写符合最新规范的要求内容系统全面，图文并茂，具有较强的实用性和借鉴性。

全书共分11章，内容包括：概述、人体尺度与建筑设计、中西方传统建筑的构图元素、建筑表现技法初步练习、构图基本知识、色彩知识及建筑渲染、模型制作及方法、建筑施工图的绘制与识图、建筑测绘、小型建筑方案设计、建筑实例考察。

本书既可作为建筑设计、环境艺术设计、园林景观类等专业的专业教材，也可作为其他建筑类专业高等教育师生的参考用书。

图书在版编目（CIP）数据

建筑初步/龚静，林涛主编．—北京：中国水利水电出版社，2012.11（2015.8重印）
普通高等教育“十二五”规划教材
ISBN 978-7-5170-0291-8

Ⅰ.①建… Ⅱ.①龚…②林… Ⅲ.①建筑学-高等学校-教材 Ⅳ.①TU

中国版本图书馆CIP数据核字（2012）第252647号

书　名	普通高等教育“十二五”规划教材 **建筑初步**
作　者	主编　龚静　林涛
出版发行	中国水利水电出版社 （北京市海淀区玉渊潭南路1号D座　100038） 网址：www.waterpub.com.cn E-mail：sales@waterpub.com.cn 电话：（010）68367658（发行部）
经　售	北京科水图书销售中心（零售） 电话：（010）88383994、63202643、68545874 全国各地新华书店和相关出版物销售网点
排　版	中国水利水电出版社微机排版中心
印　刷	北京纪元彩艺印刷有限公司
规　格	184mm×260mm　16开本　15印张　356千字
版　次	2012年11月第1版　2015年8月第2次印刷
印　数	3001—6000册
定　价	**36.00**元

编写人员名单

主　　编　龚　静　林　涛

副主编　毛　婷　黄　明　曹跃君　谭富微　刘　茜

编写人员　赖建海　蒙小燕　林　楠　刘　非　肖　霄

前言

目前我国高等教育注重了理论知识的教学，而忽视了学生实践技能的培养。社会各界对人才培养目标定位持两种不同观点：一种是把培养科研型人才作为高等教育的培养目标；另一种观点则认为应该侧重于培养应用型人才。不管怎样，高等教育应实施一种以实践为导向的、以科学为基础的教育。

本书作为建筑设计、环境艺术设计以及园林景观类专业学生的专业启蒙课，本书在编写中以理论联系实际和精炼、实用为原则，注重基础性、广泛性和前瞻性，培养学生的实际动手能力。由此在编写过程中采用大量的图示图例，理论阐述，深入浅出，并适当地增加了信息量，拓宽了读者的知识视野；依据社会岗位对建筑人才培养的要求，通过大量的实训练习题使学生在掌握基本理论的基础上直接与实践工作联系起来。

本书由龚静、刘茜任主编，毛婷、黄明、曹跃君、谭富微、林涛任副主编，具体分工如下：第 1 章由武汉工业学院龚静和武昌理工学院赖建海编写；第 2 章由西南石油大学毛婷编写；第 3 章由武汉工业学院谭富微编写；第 4 章由武汉科技大学曹跃君编写；第 5 章由武汉工业学院龚静和武汉科技大学肖霄编写；第 6 章由武汉工业学院林楠编写；第 7 章由武汉工业学院刘非编写；第 8 章由武汉工业学院龚静及李蒙建筑工程咨询有限公司蒙小燕编写；第 9 章由中国矿业大学刘茜、林涛编写；第 10 章由武汉工业学院龚静编写；第 11 章由武昌理工学院黄明编写。

本书在编写过程中参阅了大量的专业文献和设计图例，在此向有关出版社、编辑部、作者一并表示真诚的谢意。

由于我们的学识与水平有限，书中的缺点与错误在所难免，希望能得到有关专家和广大读者批评指正。

编　者

2012 年 5 月于武汉

目　录

第1章　概　　述

衣、食、住、行是我们生活的四个主要方面，建筑与我们住的方式有密切的关系，如我们居住的住宅，我们工作的办公室、车间，我们观看演出的剧场等。人是建筑的主要使用者，同时也是建筑的策划和建造者。由此看来建筑离不开人的活动，它首先是人工的产物，其次为人的活动提供空间和场所；建筑是空间内的空间，是空间和实体的艺术。

1.1　建筑的产生与发展

建筑活动作为人类在地球环境中的最重要活动之一，伴随着人类度过了漫长的岁月，虽然只是人类历史进程中很短的一个阶段，但是由于各地物产、气候、地理、交通等各种因素，以及各地的宗教、政治、社会经济发展、生活习惯等各种因素，形成各自的建筑体系。它们在建筑风格、建筑材料、建筑结构、建筑施工等诸多方面也存在很大的差异，并且每个时代的建筑都有自己的特点，建筑因此千变万化。关于建筑的起源，不同的学者有不同的认识，考察建筑发展的历史，影响因素很多，主要有以下三方面。

1.1.1　生产力发展水平

建筑经过了源远流长的发展，产生于人类的实际需要，受到生产力发展水平的制约，因而离不开建筑材料和建造技术。如《易经·系辞》里对上古时代的建筑这么描述："上古穴居而野处，后世圣人易之以宫室，上栋下宇，以蔽风雨"（图1-1），在埃及、巴比伦、伊琴、美洲也都是在各自的环境中产生的，由此建筑最早是人们采用自然界最易取得，或在当时加工最方便的材料来建造房屋，如泥土、木、石等，出现了石屋、木骨泥墙等简单的房屋。

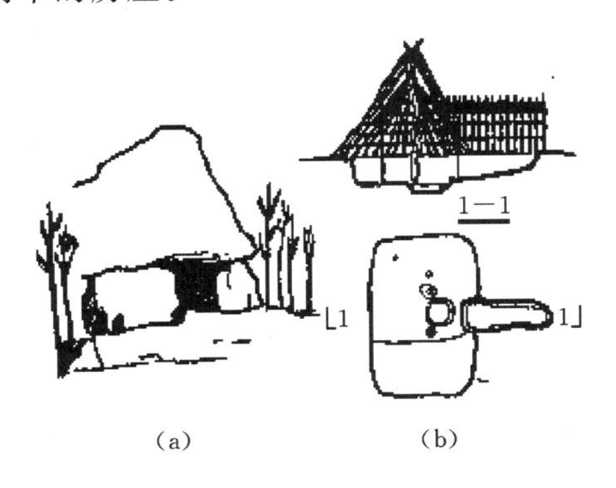

图1-1　原始建筑物

(a) 天然石洞；(b) 西安半坡遗址

图1-2　帕提农神庙

随着生产力的发展，人们逐渐学会了制造砖瓦，利用火山灰制作天然水泥，提高了对木材和石材的加工技术，并掌握了构架、拱券、穹顶、柱式等施工方法，使建筑变得越来越复杂和精美（图1－2）。进入工业时代以后，生产力迅速提高，钢筋混凝土、金属、玻璃、塑料逐渐代替砖、瓦、木、石，成为最主要的建筑材料（图1－3）。科学的发展已使建造超高层建筑（图1－4）和大跨度建筑成为可能，各种建筑设备的采用极大地改善了建筑的环境条件。建筑正以前所未有的速度改变其面貌。

图1－3 蓬皮杜国家技术文化中心

图1－4 美国西尔斯大厦

1.1.2 生产关系的改变

建筑是为人类从事各种社会活动的需要而建造的，因而必然要反映各个历史时期的社会活动、环境习俗、思想制度、政治经济的发展水平；更同它也与所处时代的文艺、技巧、知识发展水平密切相关。建筑的规模、形体、工程、艺术之嬗递演变，是其民族特殊文化兴衰潮汐的反映；一个国家、一个民族的建筑状况可以反映出这个国家或这个民族的物质精神文明的发展水平，不同历史时期产生了大量代表性建筑。

近现代建筑史大体可以分为四个阶段：

第一个阶段是自18世纪下半叶至19世纪下半叶，在这个时期内英国产业革命、美国独立战争、法国的资产阶级革命相继爆发，资产阶级革命的狂风暴雨不仅冲破了旧的生产关系，解放了资本主义生产力，也是资本主义的启蒙思想得到了传播。在建筑领域中，新旧建筑思潮出现了冲突与斗争，新的建筑技术和功能也在不断地促进建筑形式的变化。

第二个阶段是19世纪下半叶到20世纪初，资本主义生产方式已经扩展到了全世界，欧美各国都进入了资本主义经济飞速发展的阶段，针对工业化发展给建筑带来的单调与刻板，欧美建筑设计师开始了对新建筑发展的探求与实践，建筑的发展开始向现代建筑进行过渡。

第三个阶段是第一次和第二次世界大战之间。第一次世界大战和十月革命的发生为世界现代史拉开了序幕。在这个时期内资本主义社会的各种矛盾变得更加复杂化了，由于资本主义国家政治和意识形态的影响，西方的文化艺术走向了没落，同时由于第一次世界大战使欧洲经济受到了很大的损伤，以廉价与简洁为特征的现代建筑便得到了迅速发展的条件。这个时期内资本主义国家现代建筑基本形成，建筑理论和技术都相对趋于成熟与稳定，现代建筑的思潮逐渐在世界范围内传播。

第四个阶段是第二次世界大战以后，在战后恢复的大背景下，由于“现代建筑”设计原则的普及，建筑形式五花八门以及建筑思潮多元化的现象相继出现。同时随着科学技术与工业生产的发展，建筑材料、结构施工技术以及建筑设计方面有了很大的进步，建筑与科学开始紧密结合。

1.1.3 自然条件的差异

建筑的目的主要是创造能适应人类社会活动需要的良好环境，因而如何针对不同的自然条件来改善这种环境便成为建造活动的重要内容之一。下面以中国建筑为例分析不同自然条件形成的不同的建筑风格。

中国各地地质、地貌、气候、水文条件变化很大，各民族的历史背景、文化传统、生活习惯各有不同，因而形成许多外形截然不同的建筑风格。其中较为突出的有如下几类：

(1) 南方气候炎热而潮湿的山区有架空的竹、木建筑——干阑式建筑（图 1-5）。

(2) 北方游牧民族有便于迁徙的轻木骨架覆以毛毡的毡包式居室（图 1-6）。

图 1-5 南方干阑式建筑

图 1-6 毡包式居室

(3) 新疆维吾尔族居住的干旱少雨地区有土墙平顶或土坯拱顶的房屋，清真寺则用穹隆顶（图 1-7）。

(4) 黄河中上游利用黄土断崖挖出横穴作居室，称之为窑洞（图 1-8）。

(5) 东北与西南大森林中有利用原木垒成墙体的“井干”式建筑（图 1-9）。

(6) 中国北方明代及以后普及的砖墙承重的硬山式住宅（图 1-10）。

(7) 主要分布在福建、广东、赣南等地的丰富多彩的各式土楼建筑（图 1-11）。

主流建筑外形特征如帝王的宫殿、坛庙、陵墓以及官署、佛寺、道观、祠庙等都普遍采用木构架承重的建筑，也是我国古代建筑成就的主要代表。由于它的覆盖面广，各地的地理、气候、生活习惯不同，又使之产生许多变化，在平面组成、外观造型等方面呈现出多姿多彩的繁盛景象。

我国北方地区气候寒冷，为了防寒保温，建筑物的墙体较厚，屋面设保温层（一般用

图1-7 新疆阿以旺

图1-8 窑洞

图1-9 “井干”式建筑

图1-10 砖墙承重的硬山式住宅

(a)

(b)

图1-11 福建土楼

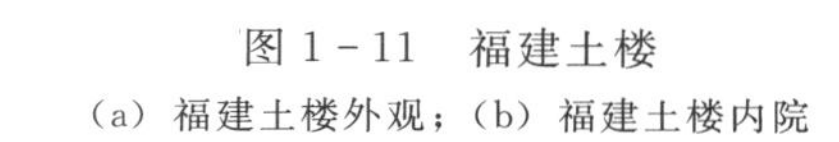

(a) 福建土楼外观；(b) 福建土楼内院

土加石灰构成），再加上对雪荷载的考虑，建筑物的椽檩枋的用料粗大，建筑外观也显得浑厚凝重（图1-12）；反之，南方气候炎热，雨量丰沛，房屋通风、防雨、遮阳等问题更为重要，墙体薄（或仅用木板、竹笆墙），屋面轻，出檐大，用料细，建筑外观也显得轻巧（图1-13）。

图1-12 北方民居

图1-13 江南水乡民居

1.2 建筑的构成要素

建筑是人类文明发展的最重要组成之一。建筑从我们的祖先开始就有意识地进行着各种营造活动，也形成了相应的理论。如我国宋代的《营造法式》，对建筑的构造与构成就形成了全面的、系统的论述。在国外，如英国的弗朗西斯·培根的《论建筑》中说："造房子为的是居住，而不是供人观赏。"公元前1世纪罗马建筑师维特鲁威在《建筑十书》中称实用、坚固、美观为建筑三要素。所以建筑师的主要任务是全面贯彻适用、安全、经济、美观的建筑方针。由此建筑的构成要素是指建筑功能、建筑技术条件和建筑形象。

1.2.1 建筑功能

建筑功能是指建筑物在物质和精神方面必需满足的使用要求。

不同类别的建筑具有不同的使用要求。例如交通建筑要求人流线路流畅，观演建筑要求有良好的视听环境，工业建筑必须符合生产工艺流程的要求，等等；同时，建筑必须满足人体尺度和人体活动所需的空间尺度；以及人的生理要求，如良好的朝向、保温隔热、隔声、防潮、防水、采光、通风条件等。

1.2.2 建筑技术

建筑技术是建造房屋的手段，从原始社会至今，人类对建筑的实践和探索走过了漫长的路程，营造技术手段也有了突飞猛进的变化。包括建筑材料与制品技术、结构技术、施工技术、设备技术等，建筑不可能脱离技术而存在。

今天，大工业生产的介入使得规模宏大的建筑由梦想变为现实，而人类的建筑梦想也在一定程度上取决于建造技术手段的先进与否。人类对建筑的高度、建筑内部的空间大小及建

图 1 - 14　上海环球金融中心

筑室内环境的智能化不断产生着幻想，这种幻想的实现一方面依赖于结构概念的进步和新材料的产生；另一方面也依赖于建筑技术。如上海环球金融中心（图 1 - 14），世界第一高楼主体建筑设计高度为 492m，共 104 层，地上 101 层，地下 3 层，2008 年初竣工后成为了上海浦东的新地标。

由于建造的活动是为人们创造新的现实生活，因此建造技术就要考虑成本和可操作性，包括材料和设备的投入，要使大多数建筑能为人们所承受。

1.2.3　建筑形象

构成建筑形象的因素有建筑的体型、内外部空间的组合、立面构图、细部与重点装饰处理、材料的质感与色彩、光影变化等。不同的社会、不同的时代、不同的地域和不同的民族，由于其历史文化的背景不同，在建筑构成上体现的建筑形象也不同。如中国古代的宫殿、城池与外国的皇宫、城堡；中国的庙宇、道观与西方的神庙、教堂等。

建筑形象是建筑功能与物质技术条件的综合反映。建筑形象处理得当，它能产生良好的艺术效果，给人以美的享受和历史文化的熏陶与感染。同样，在一定的功能和物质技术条件下，充分发挥设计人员的想象力，可以使建筑形象在形态上更加美观，在文化底蕴上更加厚重。

建筑的三要素是辩证的统一体，是不可分割的，但又有主次之分。第一是建筑功能，起主导作用；第二是建筑技术，是达到目的的手段，技术对功能又有约束和促进作用；第三是建筑形象，是功能和技术的反映，但如果充分发挥设计者的主观作用，在一定的功能和技术条件下，可以把建筑设计得更加美观。优秀的建筑作品应实现三者的辩证统一。

1.3　建筑设计的内容

房屋的设计工作，通常包括建筑设计、结构设计、设备设计三部分。建筑设计包括建筑空间环境的造型设计和构造设计。建筑设计是房屋设计的龙头，并与结构设计、设备设计紧密配合，相互协调。结构设计包括结构选型、结构计算、结构布置与构件设计等，它是从受力骨架上保证建筑安全的设计。设备设计包括给水、排水、供热、通风、电气、燃气、通信、动力等项设计，它是改善建筑物理环境的重要设计。

建筑设计的具体内容如下。

1.3.1　建筑空间环境的造型设计

1. 建筑总平面设计

主要是根据建筑物的性质和规模，结合基地条件和环境特点，以及城市规划的要求，来确定建筑物或建筑群的位置和布局，规划用地内的绿化、道路和出入口，以及布置其他设施，使建筑总体满足使用要求和艺术要求。

2. 建筑平面设计

主要根据建筑的空间组成及使用要求，结合自然条件、经济条件和技术条件来确定各个房间的大小和形状，确定房间与房间之间、室内与室外空间之间的分隔联系方式，进行平面布局，使建筑的平面组合满足实用、安全、经济、美观和结构合理的要求。

3. 建筑剖面设计

主要根据功能和使用要求，结合建筑结构和构造特点，来确定房间各部分高度和空间比例，进行垂直方向空间的组合和利用，选择适当的剖面形式，并进行垂直方向的交通和采光、通风等方面的设计。

4. 建筑立面设计

主要根据建筑的性质和内容，结合材料、结构和周围环境特点，综合地解决建筑的体形组合、立面构图和装饰处理，以创造良好的建筑形象，满足人们的审美要求。

1.3.2　建筑的构造设计

构造设计主要研究房屋的构造组成，如墙体、楼地层、楼梯、屋顶、门窗等，并确定这些构造组成所采用的材料和组合方式，以解决建筑的功能、技术、经济和美观等问题。构造设计应绘制很多详图，有时也采用标准构配件设计图或标准制品。

房屋的空间环境造型设计中，总平面以及平面、立面、剖面各部分是一个综合思考过程，而不是相互孤立的设计步骤。空间环境的造型设计和构造设计，虽然设计内容不同，但目的和要求却是一致的，所以设计时也应综合起来考虑。

1.4　建筑设计程序与设计阶段的划分

建造一幢房屋，大体要经过以下几个环节：

（1）建设项目的拟定，建设计划的编制与审批。

（2）基地的选定、勘察与征用。

（3）设计。

（4）施工。

（5）设备安装。

（6）交付使用与总结。

建筑师的工作包括参加建设项目的决策，编制各设计阶段的设计文件，配合施工并参与验收与总结等。其中最主要的工作是设计前期的准备与各阶段的具体设计。

1.4.1　设计前期的准备工作

（1）接受任务，核实并熟悉设计任务的必要文件。

1）建设单位的立项报告，上级主管部门对建设项目的批准文件，包括建设项目的使用要求、建筑面积、单方造价和总投资等。

2）城市建设部门同意设计的批复。批文必须明确指出用地范围（即在地形图上画出建筑红线），以及城市规划、周围环境对建筑设计的要求。

3）工程勘察设计合同。

（2）结合任务，学习有关方针政策和文件。包括有关的定额指标、设计规范等，它们是树立正确的设计思想，掌握好设计原则和设计标准，提高设计质量的重要保证。

（3）根据任务，做好收集资料和调查研究工作。

1.4.2　设计阶段划分及各阶段的设计成果

为了保证设计质量，避免发生差错和返工，建筑设计应循序渐进，逐步深入，分阶段进行。建筑设计通常分为初步设计、技术设计、施工图设计三个阶段。对规模较小、比较简单的工程，也可以把前两个阶段合并，采取初步设计和施工图设计两个阶段。

1. *初步设计*

初步设计又称方案设计，工作侧重于建筑空间环境设计，设计成果包括总平面图、各层平面图、主要立面和剖面图、投资概算、设计说明等。为了提高表现力，重要工程需绘制彩色图、透视图或制作模型。

2. *技术设计*

技术设计在已批准同意的建筑设计方案基础上进行。除建筑师外，建筑结构与建筑设备各工种设计人员也共同参加工作。建筑设计的成果包括总平面图，各层平面图，各立面图和剖面图、重要构造详图、投资概算与主要工料分析、设计说明等。在绘制的各个图样上应有主要尺寸。建筑构造做法应作原则性规定。其他工种设计人员也应编制相应的设计文件，确定选型、布置、材料用量与投资概算等，重要的技术问题还应进行必要的计算。各工种与建筑设计之间的矛盾应由项目负责人（多由建筑师担任）统筹解决，避免在施工图阶段造成大的返工。

3. *施工图设计*

施工图在已批准同意的技术设计基础上进行。施工图要提供施工单位作为施工的依据，所以必须正确和详尽。建筑设计绘制的图样包括总平面图、各层平面图、各立面图、各剖面图、屋顶平面图等基本图，还包括建筑的各种配件与节点的构造详图，它们都应有详尽的尺寸和施工说明。

1.5　注册建筑师制度

为了适应建立社会主义市场经济体制的需要，提高设计质量，强化建筑师的法律责任，保障人民生命和财产安全，维护国家利益，并逐步实现与发达国家工程设计管理体制接轨，由国家主管部门决定，我国实施注册建筑师制度，并于1995年颁发了《中华人民共和国注册建筑师条例》（以下简称《条例》）。

注册建筑师是指依法取得注册建筑师证书，并从事房屋建筑设计及相关业务的人员。我国注册建筑师分为一级注册建筑师和二级注册建筑师。

国家建立全国注册建筑师管理委员会和省、自治区、直辖市注册建筑师管理委员会，依照《条例》负责注册建筑师的考试和注册的具体工作。

1.5.1 注册建筑师考试制度

国家实行注册建筑师全国统一考试制度，由全国注册建筑师管理委员会组织实施。《条例》对一级注册建筑师和二级注册建筑师考试申请者在学历、学位、专业、从业时间年限上均有具体规定（见表1－1）。例如，《条例》规定，具有建筑设计技术（建筑学）专业四年制中专毕业学历，并从事建筑设计或者相关业务5年以上的人员，才具有申请参加二级注册建筑师考试的资格。

经过全国统一考试合格者，可取得相应的注册建筑师资格，并可以申请注册。

一级注册建筑师考试设9个科目，具体是："建筑设计"、"建筑经济、施工与设计业务管理"、"设计前期与场地设计"、"场地设计（作图)"、"建筑结构"、"建筑材料与构造"、"建设方案设计（作图题)""建设物理与建筑设备"、"建筑技术设计（作图)"。

表1－1　2012年度全国一级注册建筑师资格考试专业、学历及工作时间要求

专业	学位或学历		从事建筑设计的最少时间	对应的最迟毕业年限
建筑学 建筑设计	本科及以上	建筑学硕士或以上毕业	2年	2010年
		建筑学学士	3年	2009年
		五年制工学士或毕业	5年	2007年
		四年制工学士或毕业	7年	2005年
	专科	三年制毕业	9年	2003年
		二年制毕业	10年	2002年
城市规划 城乡规划 建筑工程 房屋建筑工程 风景园林 建筑装饰技术 环境艺术	本科及以上	工学博士毕业	2年	2012年
		工学硕士或研究生毕业	6年	2006年
		五年制工学士或毕业	7年	2005年
		四年制工学士或毕业	8年	2004年
	专科	三年制毕业	10年	2002年
		二年制毕业	11年	2001年
其他工科	本科及以上	工学硕士或研究生毕业	7年	2005年
		五年制工学士或毕业	8年	2004年
		四年制工学士或毕业	9年	2003年

1.5.2 注册建筑师的注册与执业

一级注册建筑师的注册工作由全国注册建筑师管理委员会负责，二级注册建筑师的注册工作由省、自治区和直辖市注册建筑师管理委员会负责。注册建筑师的有效注册期为两年。有效期届满需继续注册的应在期满30日内办理注册手续。

注册建筑师的执业范围包括建筑设计、建筑设计技术咨询、建筑物调查与鉴定、对本人主持设计的项目进行施工指导和监督，以及国务院行政主管部门规定的其他业务。

注册建筑师执行业务，应当加入建筑设计单位。

一级注册建筑师是国际上承认的级别，执业范围不受建设规模和工程设计复杂程度的限制，并可与国际接轨。二级注册建筑师是根据我国国情设立的级别，执业范围不得超过国家规定的建筑规模和工程复杂程度（目前规定为工程设计等级3级及其以下的项目）。

《条例》对注册建筑师的权利、义务及应负的法律责任均有详细规定，作为职业道德标准的组成部分，要求从业人员应严格遵守。

1.6　建筑师的修养

讨论建筑师的修养，必先弄清楚建筑师的使命、职责及语言。使命是建筑师对社会、团体或个人做出的承诺，即责任；职责是建筑师所承诺（合同即承诺）的专业服务内容或项目，即工作；语言就是建筑师所提供的服务内容的产品，即设计。建筑师的修养便是透过这三个层面体现出来。

要成为一个优秀的建筑师除了需要具备渊博的知识和丰富的方法经验外，建筑修养是十分重要的，因为它是建筑师进行设计的灵魂。首先要有深厚的理论修养，要有寻找问题、分析问题并解决问题的修养，要有职业道德和责任心的修养，要有批评与自我批评的修养，要有脚踏实地的工作作风的修养，要有全局概念和解决局部问题的修养，要有与他人友善共处的修养，以及要有各类科学知识的修养等。然而，修养水平的提高不是一挥而就，打“短平快”、突击战就能做到的，它必须具有持之以恒的决心与毅力，通过日积月累不断努力来取得的。因此培养良好的学习习惯与作风是十分必要的。

培养向前人学习、向别人学习的习惯，以学习并积累相关专业知识经验。

培养向生活学习的习惯，因为建筑从根本上说是为人的生活服务的，真正了解了生活中人的行为、需求、好恶，也就把握了建筑功能的本质需求。生活处处是学问，只要有心留意，平凡细微之中皆有不平凡的真知存在。

培养不断总结的习惯。通过不断总结已完成的设计过程，达到认识提高再认识的目的。许多成名建筑师无论走到哪里常常把笔记本、速写本乃至剪报簿伴随左右正是这种良好习惯作风的具体体现。

第 2 章　人体尺度与建筑设计

人体测量学是一门新兴学科，最早在 2000 多年以前，公元前 1 世纪罗马建筑师 Vitruvian 从建筑学的角度对人体尺度作了较完整的论述。由于当时在建筑上没有统一的丈量标准，维特鲁威把人体的自然比例应用到建筑的丈量上，并总结出来人体结构的比例规律，见图 2-1。

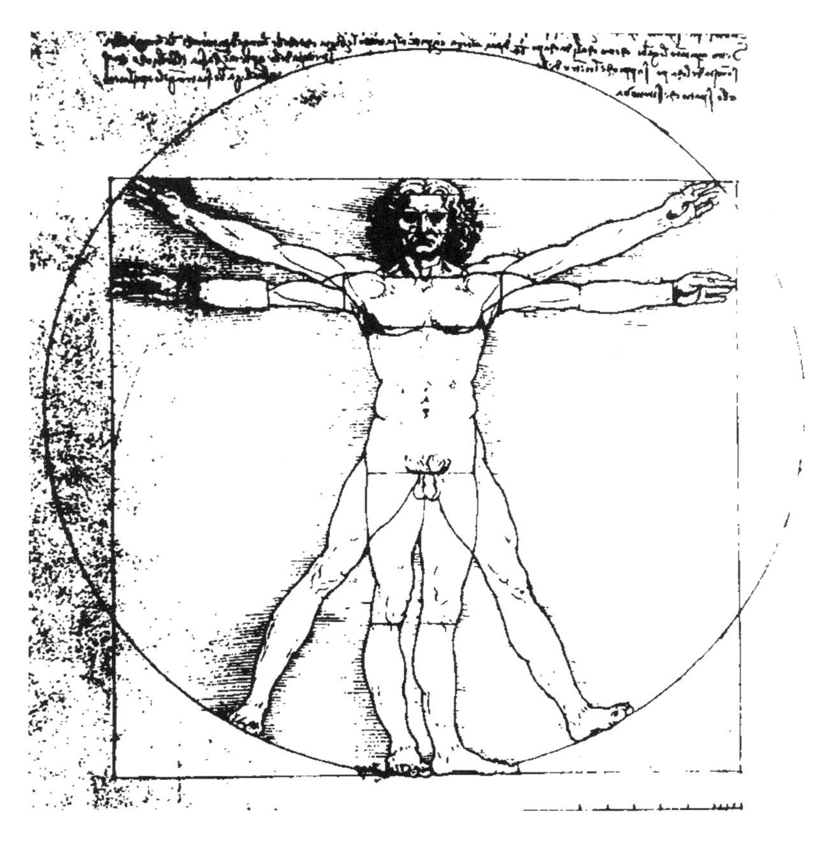

图 2-1　维特鲁威人

最早对这个学科命名的是比利时数学家 Quitlet，他于 1870 年发表了《人体测量学》一书，创建了这一学科，并命名为“人体测量学”，这门学科已被世界所公认，其内容也受到了赞誉。从这个学科创立到 1940 年这几十年的时间里积累了大量人体测量数据，可是这些数据不是为设计使用的，而主要是为人类学分类、为美学和生理学上的研究使用的。直到工业社会中，开始大量生产和使用机械设施的情况下，开始探求人与机械之间的协调关系。随着第二次世界大战的爆发，设计者开始注重人—机—环境的协调关系，开始在军事科学技术中运用人体测量学的原理和方法，开始考虑如何在坦克、飞机的内舱设计中，使人在舱内有效地操作和战斗，并尽可能减少由于长时间在小空间内所产生的疲劳感。第二次世界大战后，这门学科才开始从理论科学进入到应用科学中。迅速有效地运用到了空间技术、工业生产、建筑及室内设计等各个行业中。

人体尺寸是人体测量学的重要内容之一，只有各种空间环境的大小和形状与身体尺寸相适应，人们才能真正享受到科学技术的发展带来的人性化关怀。而作为与人接触最紧密的建筑，人体数据显得更为重要。要想使建筑空间，最大限度地满足人在安全、舒适和心理上的需求，就必须在建筑设计时充分考虑人们的心理和生理特性。这其中最基本的就是人体尺寸数据，设计时充分考虑用户群人体尺寸数据，是建筑设计的基本保障。建筑设计中必须充分考虑人的因素，满足和适合人体的要求，首先是尺寸合适，高低合适，方便使用，更要考虑到安全、高效，从而使建筑设计更加人性化真正做到“以人为本”。

2.1 人　体　尺　度

我们做设计的最终目的是满足人们的各种需求。那么在进行建筑设计时，为了使各种与人体尺寸有关的设计内容都能够较好地满足人的生理特点，使人在使用时处于最舒适的状态和适宜的环境之中，就必须在设计中充分考虑人体的各种尺寸参数。比如建筑物中的门洞、走廊、楼梯的宽度和高度、家具的尺寸及摆放，都要考虑人体尺度及人体活动所需空间尺度。因此，设计者必须具备有关人体工程学、人体测量学方面的知识，并要熟悉建筑设计所必须考虑的人体尺度和人体活动所需的空间尺度。

2.1.1 人体尺度的分类

在人体测量学范围内的人体尺度的测量数据统计主要分为人体构造尺寸和人体功能尺寸的测量数据，如图 2-2 所示。人体构造尺寸是指静态的人体尺寸，是人体处于固定的标准状态下测量的。人体构造尺寸有许多不同的标准状态和不同部位。如手臂长度、腿长度、身高、坐高等。它对与人体关系密切的物体有较大关系，如家具、门的高度和宽度等。主要为各个建筑细部的尺寸设计提供数据。人体功能尺寸是指动态的人体尺寸，是人在进行某种功能活动时肢体所能达到的空间范围，它是动态的人体状态下测量出来的。人体功能尺寸是由关节的活动所产生的角度与肢体的长度协调产生的活动范围尺寸，许多带有空间范围和位置的问题要根据人体功能尺寸来解决。虽然构造尺寸对某些设计很有用处，在大多数的建筑设计中，功能尺寸有着更广泛的用途，因为人在空间中不断的活动着，也就是说建筑空间要设计成一个能够容纳活动的可变的、而不是保持一定僵硬不动的人体尺寸。所以，人体构造尺寸和人体功能尺寸是确定建筑空间的基本依据。测量人体数据时除必需的测量工具外，还要有高级的设备和技术。如光度计摄影系统、人体测量摄影机和立体摄影测量装置等，但这些并非广泛使用的方法。通过对照（图 2-2）可以比较一下人体构造尺寸与人体功能尺寸的不同。

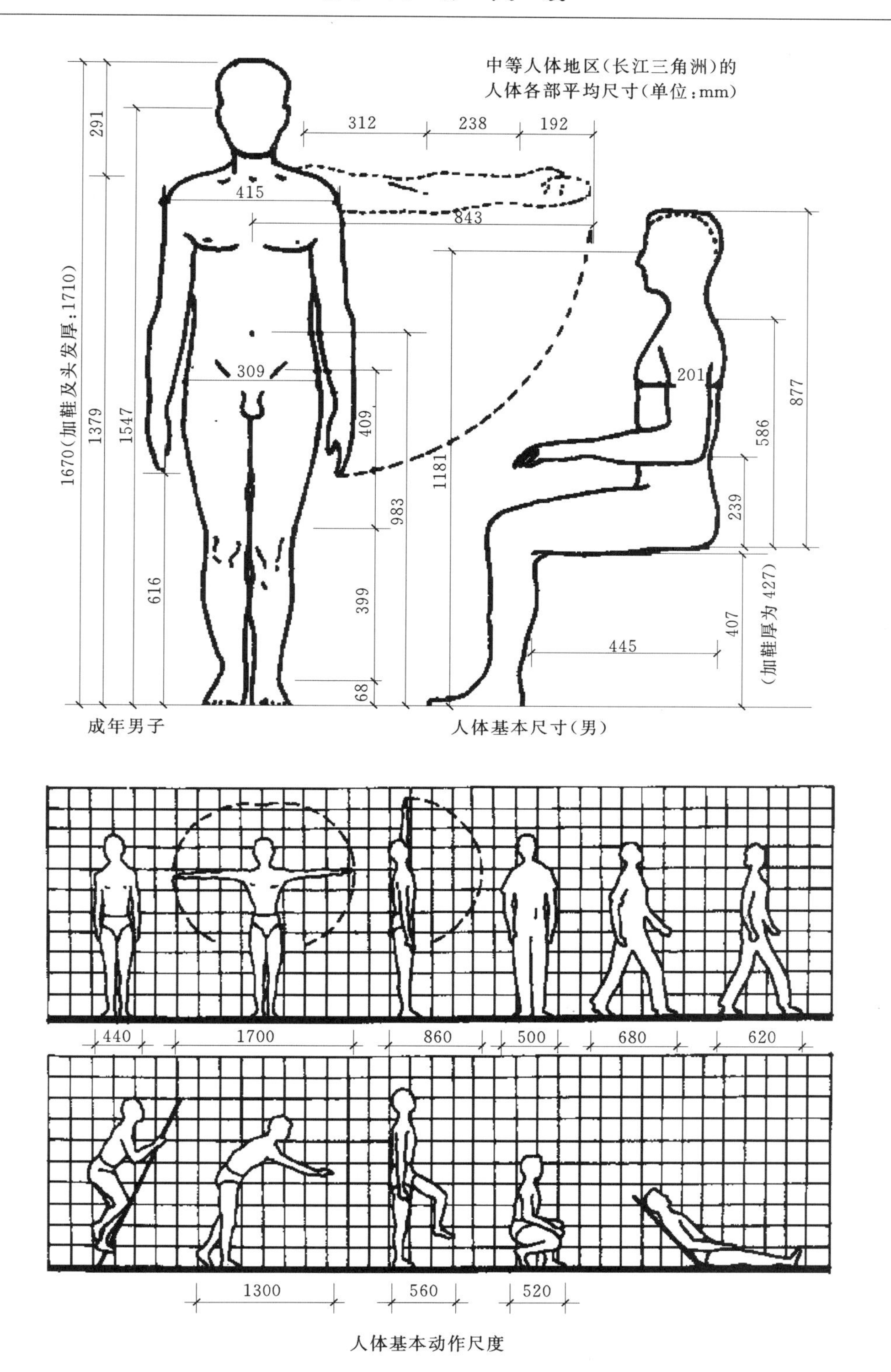

图2-2 我国人体主要尺寸

2.1.2　人体尺寸的差异（表 2－1）

表 2－1　　人体尺寸的差异

测量项目	男性		女性	
	均值	标准差	均值	标准差
身高	1678	59.93	1570	52.12
体重	59	6.66	52	6.06
上臂长	313	14.55	284	13.33
前臂长	237	12.73	213	12.12
大腿长	465	22.42	438	21.82
小腿长	369	18.79	344	18.79
立姿眼高	1568	59.99	1454	50.30
立姿肩高	1367	52.12	1271	46.06
立姿肘高	1024	42.42	960	36.97
手功能高	741	36.97	704	37.37
立姿会阴高	790	37.58	733	36.36
立姿胫骨点高	444	21.21	410	20.00
坐高	908	30.30	855	27.88
坐姿眼高	798	39.70	739	26.67
坐姿肩高	598	24.85	556	23.03
坐姿肘高	263	21.21	251	21.82
坐姿大腿厚	130	10.91	130	10.30
坐姿膝高	493	22.42	458	20.61
小腿加足高	413	18.18	382	24.24
坐深	457	21.82	433	19.39
臀膝距	554	23.64	529	20.61
坐姿下肢长	992	43.03	912	36.97
胸宽	280	16.36	260	13.36
胸厚	212	15.75	199	17.58
肩宽	375	18.79	351	18.29
臀宽	306	14.55	317	16.36
坐姿臀宽	321	15.76	344	20.61
坐姿两肘间宽	422	30.91	404	33.94
胸围	867	46.06	825	48.48
腰围	735	51.52	772	68.48
臀围	875	42.42	900	46.06
头围	560	14.55	546	15.77
头全高	223	10.30	216	9.70

人的个体间存在着很多差异，有很多复杂因素都在影响着人体尺寸，差异的存在主要在以下几方面。

1. 种族差异

不同的国家，不同的种族，由于地理环境、生活习惯、遗传特质的不同，因此人体尺寸的差异是十分明显的，从越南人的 160.5cm 到比利时人的 179.9cm，高差幅竟达 19.4cm。因此，在设计中要考虑建筑的多民族的通用性，使建筑更具国际性、包容性。

人体尺寸对照表见表 2-2。

表 2-2　　人体尺寸对照表　　单位：cm

人体尺寸（均值）	德国	法国	英国	美国	瑞士	亚洲
身高	172	170	171	173	169	168
身高（坐姿）	90	88	85	86	—	—
肘高	106	105	107	106	104	104
膝高	55	54	—	55	52	—
肩宽	45	—	46	45	44	44
臀高	35	35	—	35	34	—

2. 年代的差异

随着时代的发展，人们生活水平的逐渐提高，人体尺度也在发生变化，生长加快是一个特别的问题。随着越来越科学的生活方式和饮食习惯，子女们一般比父母长的高。根据调查表明欧洲的居民预计每十年身高增加 10～14mm。我国广州中山医学院男性在 1956～1979 年的 23 年间身高增加 4.38cm、女性身高增加 2.67cm。美国的军事部门每十年测量一次入伍新兵的身体尺寸，以观察身体的变化，统计表明二战入伍的人的身体尺寸超过了一战。因此，若使用三四十年前的数据会导致一定的不适应。在使用人体测量数据时，要考虑其测量年代，然后加以适当修正。认识这种进化规律与各种建筑设计的关系是极为重要的。

3. 年龄的差异

年龄造成的人体差异也应注意，青少年时期的体形变化是最为明显的（图 2-3）。在人体尺寸的增长过程中，女性在 18 岁结束增长，男子在 20 岁结束增长，男子到 30 岁

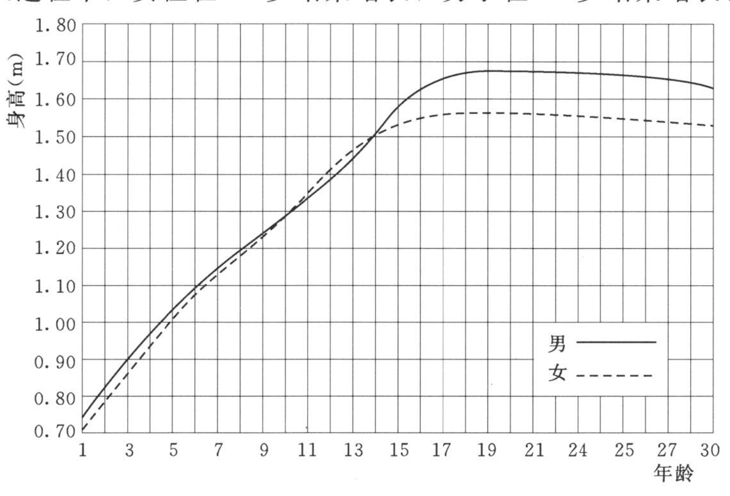

图 2-3　年龄的差异与身高

才最终停止生长。此后，人体尺寸随年龄的增加而缩减，而由于新陈代谢的逐渐缓慢，体重、宽度及围长的尺寸往往会随年龄的增长而增加。在各个不同的年龄阶段，人体的尺寸差异是很大的，所以在具有针对性的建筑设计中，应考虑到使用者的尺度的特殊性。例如幼儿园、中小学、养老院等建筑。对于儿童的人体尺寸在历来的统计中是很少的，而这些资料对于儿童家具的设计、幼儿园、学校的设计是非常重要的。考虑到安全和舒适的因素则更是如此。在儿童意外伤亡的案例中，设计的不适当是其中很重要的因素之一。

另外，针对老年人的尺寸数据资料也相对较少，由于人类社会生活条件的不断改善，人的寿命逐渐增加，现在世界上进入人口老龄化的国家越来越多。所以设计中涉及老年人的各种问题已经引起我们的重视。

4. 性别的差异

同一种族、同一年龄，由于性别不同，人体尺度也有所差异。3～10 岁这一年龄阶段男女的差别几乎可以忽略，同一数据对男女均可适用。男女人体尺寸的明显差别从 10 岁开始。女性与身高相同的男性相比，身体比例也是不同的。大多数人体尺寸，男性比女性大些，但有四个尺寸——胸厚、臀宽、臀围及大腿周长正相反；同整个身体相比，女性的手臂和腿较短，躯干和头占的比例较大，肩较窄，骨盆较宽；皮下脂肪厚度及脂肪层在身体上的分布，男女也有明显差别。

此外，还有许多其他的差异：比如地域性的差异，寒冷地区的人均身高均高于热带地区，平原地区的平均身高高于山区。还有职业差异，运动员平均身体尺寸都比普通人稍大些；社会的发达程度也是一种重要的差别，发达程度高，营养好，平均身高就高。

5. 残疾人的差异

对于针对残疾人的设计问题，已经形成相当系统的体系，称为无障碍设计。无障碍设计针对残疾人的身体特殊性和各个身体部位的特殊尺寸进行设计，使之更加人性化（图 2－4）。

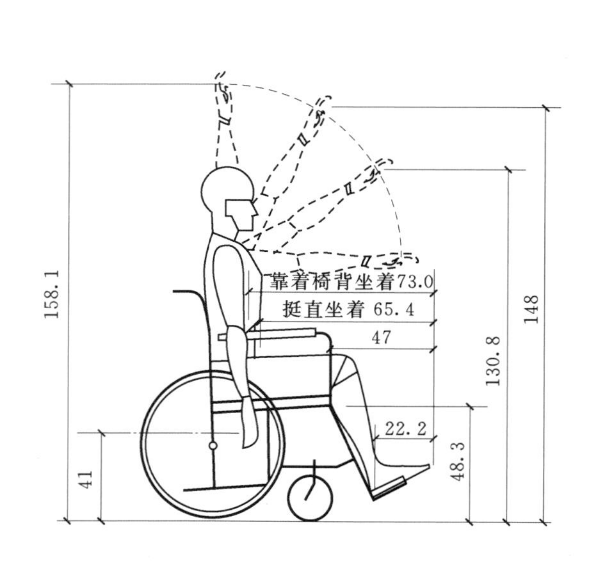

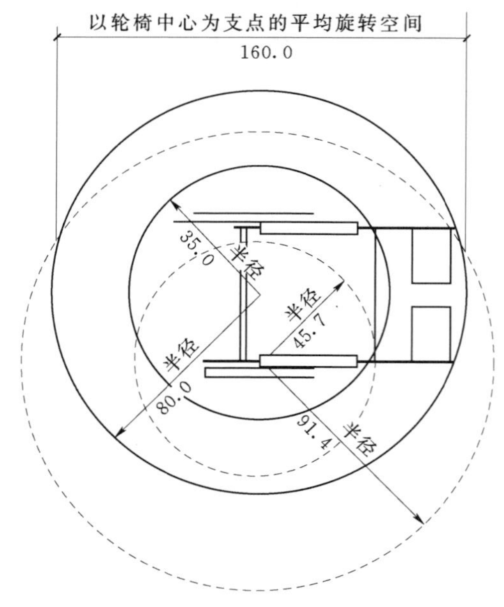

图 2－4　轮椅尺寸及轮椅活动尺寸（单位：cm）

2.1.3 人体尺度的运用

1. 选择数据

由于人的人体尺寸存在很大的差异，设计时要清楚使用者的年龄、性别、职业和民族，使得所设计的建筑环境和设施适合使用对象的尺寸特征。因此，选择设计对象的相应数据是很重要的，这样才能做出最为舒适安全的设计。设计时人体尺度具体数据尺寸的选用，还应考虑在不同空间与围护的状态下，人们动作和活动的安全，以及对大多数人的适宜尺寸，并必须以安全为前提。例如阳台栏杆的间距，应取幼儿人体厚度的下限进行设计，以避免幼儿穿过栏杆而摔落，国家对阳台栏杆间距的强制性规范为不超过 11cm。

2. 运用百分位

百分位是统计学术语表示具有某一人体尺寸和小于该尺寸的人占统计对象总人数的百分比。大部分的人体测量数据是按百分位表达的，把研究对象分成一百份，根据一些指定的人体尺寸项目（如身高），从最小到最大顺序排列，处于 x%位置的值称第 x 百分位数。

在很多的数据表中只给出了第 5 百分位、第 50 百分位、第 95 百分位，那是因为这三个数据是人们经常见到和用到的尺寸，最常用的是第 5 百分位和第 95 百分位，一般第 50 百分位用得较少。例如，以第 50 百分位的身高尺寸来确定门的净高，这样设计的门会使 50%的人有碰头的危险。因此，平均值并不是普遍适用的。

通常在建筑设计中有这样一个原则："够得着的距离，容得下的空间"。在保障安全的前提下，使用百分位的建议有以下几点：

（1）极限设计原则。设计的最大尺寸参考人体尺寸的低百分位；设计的最小尺寸参考人体的高百分位。建筑设计中凡是由人体高度、宽度决定的物体，诸如门、通道、床等，为了能满足绝大多数大个子的需要其尺寸应以第 95 百分位的数值为依据，这样就能同时满足小个子的需求。建筑设计中凡是由人体某一部分决定的物体，诸如臂长、腿长决定的座位平面高度和手所能触及的空间范围等，为了能满足绝大多数小个子够得着，其尺寸应以第 5 百分位为依据，这样大个子同时也能够得着。

（2）中位数设计原则。建筑设计中有些目的不在于确定界限，而在于决定最佳范围，就应以第 50 百分位为依据，例如门铃、插座和电灯开关，以达到最适用的效果。

（3）在一些特殊情况下，如果以第 5 百分位或第 95 百分位为限值会造成界限以外的人员使用时不仅不舒适，甚至有损健康和造成危险时，尺寸标准应扩大至第 1 百分位和第 99 百分位，如紧急出口的直径应以第 99 百分位为准，栏杆间距应以第 1 百分位为准，就可以避免危险以免产生严重后果。在实际的设计当中，在不影响造价、美观与其他部分的设计的前提下应该考虑适合越多的人越好，可以选择第 98 百分位或第 99 百分位。

2.1.4 常见人体尺寸

常用人体尺寸包括了构造尺寸和功能尺寸，下面列出了在建筑设计中最常用的人体尺寸（图 2-5）。

（1）身高，是指人身体直立时从足底到头顶的垂直距离。身高测量数据主要用于确定通道和门的高度。因为一般建筑规范规定的和成批生产制作的门和门框高度都采用第 99

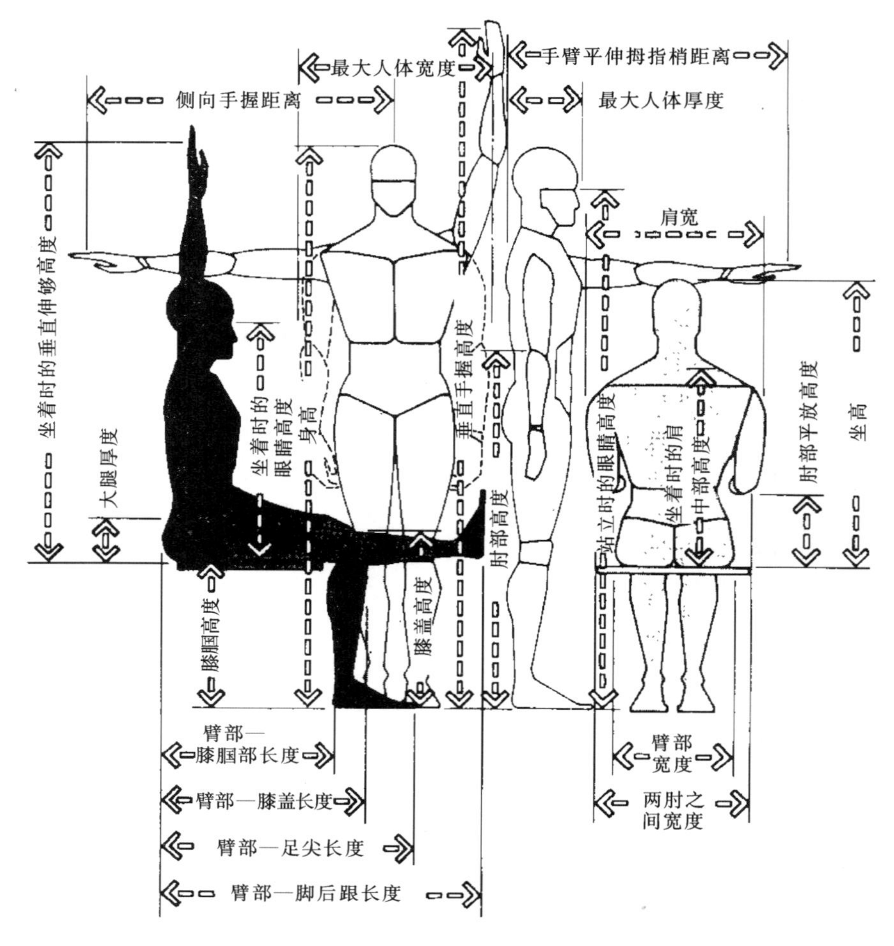

图 2-5　常用的 24 个人体测量尺寸

百分位，也就是适用于 99%以上的人，所以，身高数据对于确定人头顶上的障碍物高度更为意义。但测量统计身高尺寸时都是不穿鞋测量的，故在使用身高数据时应留出适当的高度。

（2）眼睛高度，是指人身体直立时眼睛向前平视，从地面到内眼角的垂直距离。眼睛高度的测量数据可用于确定剧院、礼堂、会议室等空间内人的视线位置，还可以用于布置广告和其他展品。用于确定屏风和开敞式大办公室内隔断的高度。但是由于这个尺寸是光脚测量的，所以使用这个数据时还要加上鞋的高度，男子大约要加 2.5cm，女子大约要加 7.8cm 的高度。同时还要考虑脖子的弯曲和旋转以及视线角度等问题，往往要与这些数据结合使用，以确定不同状态下不同头部角度的视觉范围。

（3）肘部高度，是指从地面到人的前臂与上臂接合处可弯曲部分的距离。肘部高度数据主要用来确定柜台、梳妆台、厨房案台、工作台以及其他站着使用的工作表面的高度，以求达到最舒适的效果。通常，这些表面的高度都是凭设计经验估计而来或是根据传统做法确定的。但是，通过科学研究发现最舒适的高度是低于人的肘部高度 7.6cm，而休息平面的高度大约应该低于肘部高度 2.5～3.8cm。需要注意的是，确定以上高度时必须考虑活动的性质，某些情况下不适于所说的低于肘部高度 7.6cm。

（4）挺直坐高，是指人挺直坐着时，从座椅表面到头顶的垂直距离。挺直坐高主要用于确定座椅上方障碍物的允许高度。在设计高低床时、进行创新的节约空间叠层设计时，都要依据这个数据来进行。再比如利用阁楼下面的空间吃饭或工作、确定办公室或其他场所的低隔断、确定餐厅和酒吧里的火车座隔断都要由这个关键的尺寸来确定其高度。但还要考虑些其他因素，例如：座椅的倾斜、座椅软垫的弹性、衣服的厚度以及人坐下和站起来时的活动等都十分重要。

（5）正常坐高，是指自然状态下人坐着时，从座椅表面到头顶的垂直距离。正常坐高可用于确定座椅上方障碍物的最小高度。在设计高低床时、为了节约空间而进行的创新叠层设计时，同样要依据这个数据来进行。再比如利用阁楼下面的空间吃饭或工作、确定办公室或其他场所的低隔断、确定餐厅和酒吧里的火车座隔断都要由这个关键的尺寸来确定其高度。也有一些其他的重要因素需要考虑，例如：座椅的倾斜、座椅软垫的弹性、衣服的厚度以及人坐下和站起来时的活动等都十分重要。由于涉及间距问题，在百分位的选择上一般采用第 115 百分位的数据比较合适。

（6）眼睛高度，这个是指人坐着时候人的内眼角到座椅表面的垂直距离。眼睛高度主要用来确定视线和最佳视区，这类设计对象包括剧院、礼堂、教室和其他需要以视线为设计中心对视听条件有较高要求的室内空间。应用眼睛高度数据时还应考虑头部与眼睛的转动范围、座椅软垫的弹性、座椅面距离地面的高度和可调座椅的调节范围等因素。在百分位的选择上假如有适当的可调节性，要求能适应从第 5 百分位到第 95 百分位或者更大的范围。

（7）肩高，是指人坐着从座椅表面到脖子与肩峰之间的肩中部位置的垂直距离。肩高数据大多数用于机动车辆中比较紧张的工作空间的设计中，较少被建筑设计师所使用。但是，这个尺寸有助于确定出妨碍视线的障碍物，在设计那些对视觉听觉有要求的空间时，例如在确定火车座的高度以及阶梯教室等类似的设计中会用到，同时还要考虑座椅软垫的弹性。在百分位的选择上，一般使用第 95 百分位的数据，以此来满足大多数人。

（8）肩宽，是指两个三角肌外侧的最大水平距离。肩宽数据主要用于确定环绕桌子的座椅间距和影剧院、礼堂中的排椅座位间距也可用于确定公用和专用空间的通道间距如超市货架的通道等。用肩宽数据时要还要注意衣服的厚度，对薄衣服要附加大约 7.9mm，对厚衣服附加大约 7.6cm。同时由于躯干和肩的活动，两肩之间所需的空间会加大，要考虑留出一定的活动空间。在百分位的选择上，与肩高相同使用第 95 百分位的数据。

（9）两肘之间宽度，是指两肋屈曲、自然靠近身体、前臂平伸时两肋外侧面之间的水平距离。两肘之间宽度的数据可用于确定会议桌、书桌、柜台和牌桌周围座椅的位置。采用数据时应该与肩宽尺寸的数据结合使用。在百分点的选择上，一般使用第 95 百分位的数据。

（10）臀部宽度，是指臀部最宽部分的水平尺寸。这个尺寸也可以站着测量，这时就成为下半部躯干的最大宽度。在这里臀部宽度的尺寸是坐着测量的。臀部宽度的数据对于确定座椅内侧尺寸和设计酒吧、柜台和办公座椅的尺寸都十分重要。应用时根据具体条件，与两肋之间宽度的数据和肩宽数据结合使用。在百分位的选择上，一般使用第 95 百分位的数据。

（11）肘部平放高度，是指从座椅表面到肘部尖端的垂直距离。应用时与其他一些数据和考虑因素联系起来，主要用于确定椅子扶手、工作台、书桌、餐桌和其他特殊设备的高度。同时还要注意座椅软垫的弹性、座椅表面的倾斜以及身体姿势等因素。在百分位的选择上，肘部平放高度既不涉及间距问题也不涉及伸手够物的问题，其目的只是能使手臂得到舒适的休息即可。选择第 50 百分位左右的数据是合理的。在许多情况下，这个高度在 14～27.9cm 之间。这样一个范围就可以满足大部分的使用者。

（12）大腿厚度，是指从座椅表面到大腿与腹部交接处的大腿端部之间的垂直距离。大腿厚度是设计柜台、书桌、会议桌、家具以及其他一些需要把腿放在工作面下面的室内家具和办公设备的关键尺寸。特别是有直拉式抽屉的工作台面，要注意使大腿与大腿上方的障碍物之间留有适当的间隙，大腿厚度就成为必不可少的数据。在确定上述设备的尺寸时其他一些因素也应该同时予以考虑，例如座椅软垫的弹性。由于涉及间距问题，在百分位的选择上应选用第 95 百分位的数据。

（13）膝盖高度，是指从地面到膝盖骨中点的垂直距离。膝盖高度作为用来确定从地面到书桌、餐桌、柜台底面距离的关键尺寸，尤其适用于使用者需要把大腿部分放在家具下面的场合。膝盖高度和大腿厚度是关键尺寸，决定了坐着的人与家具底面之间的靠近程度。同时还必须考虑座椅高度和坐垫的弹性。要使人与家具底面之间保证适当的间距，在百分位的选择上应选用第 95 百分位的数据。

（14）膝腘高度，指人挺直身体坐着时，从地面到膝盖背后（腿弯）的垂直距离。测量时膝盖与髁骨垂直方向对正，赤裸的大腿底面与膝盖背面（腿弯）接触座椅表面。膝腘高度是确定座椅面高度的关键尺寸，尤其对于确定座椅前缘的最大高度更为重要。选用这些数据时必须考虑坐垫的弹性。确定座椅高度，在百分位的选择上应选用第 5 百分位的数据，假如一个座椅高度能适应小个子人，也就自然能适应大个子人。因为座椅太高，大腿受到压力会使人感到不舒服。

（15）臀部—膝腿部长度，是由臀部最后面到小腿背面的水平距离。这个长度主要用于座椅的设计中，尤其适用于确定腿的位置、确定长，凳和靠背椅等前面的垂直面以及确定椅面的长度。通常椅面有一定的倾斜度需要考虑。在百分位的选择上应该选用第 5 百分位的数据，这样能适应最多的使用者，臀部—膝腿部长度较长和较短的人都能满足需要。如果选用第 95 百分位的数据，则只能适合这个长度较长的人、而不适合这个长度较短的人。

（16）臀部—膝盖长度，是从臀部最后面到膝盖骨前面的水平距离。臀部—膝盖长度主要用来确定椅背到膝盖前方的障碍物之间的适当距离，例如：影剧院、礼堂和做礼拜的排椅设计中臀部一膝盖长度就非常重要。这个长度比臀部—足尖长度要短，如果座椅前面的家具或其他室内设施没有放置足尖的空间，就要应用臀部—足尖长度的数据。在百分位的选择上，由于涉及间距问题应选用第 95 百分位的数据。

（17）臀部—足尖长度，是从臀部最后面到脚趾尖端的水平距离。臀部—足尖长度主要用于确定椅背到膝盖前方的障碍物之间的适当距离。例如，在影剧院、礼堂和做礼拜的固定排椅设计中。如果座椅前方的家具或其他室内设施有放脚的空间，对间隔的要求又比较高，那么就可以使用臀部—膝盖长度来确定间距。由于要考虑间距的问题，所以在百分位的选择上，一般第 95 百分位的数据较多地被设计人员所使用。

（18）臀部—脚后跟长度，是指人挺直身体靠墙坐着、将腿紧贴座椅表面尽量向前伸直，从脚底板到墙的水平距离。这个长度有时也定义为臀部—腿的长度。这个数据对于建筑设计来说使用是有限的，当然可以利用它来布置休息座椅或搁脚凳、理疗和健身设施等等综合空间。在设计中，应该考虑鞋、袜对这个尺才的影响，一般，对于男鞋要加上 2.5cm。对于女鞋则要加 7.6cm。在百分位的选择上应选用第 95 百分位的数据。

（19）坐时垂直伸够高度，这个高度是指人坐直时，臂、手和手指向上伸直，座椅表面到中指末稍的垂直距离。这个数据主要用于确定头顶上方的空间设计、装饰设计和开关等等的高度、位置。要考虑椅面的倾斜度和椅垫的弹性。在百分位的选择上，选用第 5 百分位的数据是比较合理的，这样可以同时适应小个子人和大个子人。

（20）垂直手握高度，是指人站立时手握横杆，使横杆上升到不使人感到不舒服或拉得过紧的程度，此时从地面到横杆顶部的垂直距离就是垂直手握高度。垂直手握高度主要用来确定开关、控制器、拉杆、把手、书架以及衣帽架等的最大高度。尺寸是不穿鞋测量的，所以使用时要留出适当的高度。由于涉及伸手够东西的问题，在百分位的选择上要侧重考虑小个子人，如果采用高百分位的数据就只能满足高个子人，所以设计出发点应该基于适应小个子人这样也同样能适应于大个子人。

（21）侧向手握距离，是指人直立时右手侧向平伸握住横杆一直伸展到较为舒适又不拉得过紧的位置，这时从人体中线到横杆外侧面的水平距离就是侧向手握距离。这些数据有助于设计人员确定控制开关、控制器、拉杆、把手、书架以及衣帽架等的位置，也能用于确定人侧面的书架位置。它们还可以用于某些特定的场所，例如医院，实验室等空间内部的装置设备设计。如果使用者是坐着的，这个尺寸就要和挺直坐高的数据结合使用，如果涉及的活动需要使用专门的手动装置、手套或其他某种特殊设备，一般都会延长使用者的手握距离，因此要考虑到这个延长的距离。由于这个距离要能满足适应于大多数人，因此在百分位的选择上一般选用第 5 百分位的数据是合理的。

（22）平伸臂，是指人肩膀靠墙直立时手臂向前平伸，食指与拇指尖接触，从墙到拇指梢的水平距离。当人们需要越过某个障碍物去够一个物体或者操纵设备时，平伸臂的数据可以用来确定障碍物的最大尺寸。例如在工作台上方安装搁板或在办公室工作桌前面的低隔断上安装小柜等设计情况。同时还要考虑操作特点和工作环境。与侧向手握距离相同选用第 5 百分位的数据，这样能满足大多数人的需要。

（23）最大人体厚度，是指从人体最前面的点到最后面的点之间的水平距离，前者一般是胸或腹后者一般是臀部或肩部。在建筑设计中，建筑师主要用来参考在较紧张的空间里的间隙或在人们排队的场合下设计所需要的空间。这个尺寸对工业设计人员用处更为广泛些。衣服的厚薄、使用者的性别以及一些不易察觉的因素都应充分考虑。在百分位选择上，应该选用第 95 百分位的数据。

（24）最大人体宽度，是包括手臂的横向人体最大距离。这个尺寸主要用于设计人流的宽度，包括建筑中的通道宽度、走廊宽度、门和出入口宽度以及购物环境的空间尺度等等。衣服的厚薄、人走路或做其他事情时的影响以及一些不易察觉的因素都应予以考虑。在百分位的选择上，应该选用第 95 百分位的数据。

2.2 行为建筑学

人的行为研究与建筑学关系密切。使用者对建筑的要求是随着社会生活的变化不断提高的，设计师的建筑设计也随着人们的要求而不断地变化发展。设计者必须对使用者的要求较为敏感，对使用者所需要的部分进行充分的考虑。这就需要设计者了解使用者的要求，来缩短设计者的观点和使用者的要求之间的差距。通过分析和理解人的行为心理特征，有意识地使环境顺应人的需要，使环境与行为之间建立合理的秩序关系，为使用者提供理想空间。

行为学是通过观察人的行为，揣摩行为背后的规律的学科，它对建筑设计有非常重要的意义，我们进行建筑设计时，不仅要考虑项目的空间、功能、造型、尺度、动线等关系，还必须要掌握相关的规范，以确保项目的安全性和实用性。这些规范就是在广泛研究了大量人的活动规律的基础之上制定的。将行为学与建筑设计结合起来，作为建筑学专业的一门设计理论课程，其理论价值应体现在具体的设计实践之中。维特鲁威曾把建筑学的目的归纳为实用、坚固与美观，用现代语言来说就是建筑的功能、技术与美学要求。国外有一种意见认为，环境—行为研究主要与实用有关，但它比以往的实用即功能包含有更多的内容。

2.2.1 行为学与行为建筑学

1. 行为学的概念

行为是人的心理的外在反应，行为的目的和动机是为了满足人们的需求。我们将有机体应付环境的一切活动统称为行为。行为的涉及范围十分广泛，而人的行为在许多方面是与物质环境的特性有机联系着的。环境在塑造行为上的作用是科学家们所热衷研究的，人的行为和物质环境的特点之间的关系是他们研究的热点之一。行为科学是一门研究人类行为规律的综合性学科，重点研究和探讨在社会环境中人类行为产生的根本原因及行为规律。行为科学是以行为作为研究的主要内容，所谓行为不仅仅是指有机体所表现出来的外在行为，广义的行为还包括内在行为，如人的思想、情绪、动机、态度、信仰、意见等。所有决定或影响行为的因素都作为研究对象，并且探讨行为所产生的后果，并使之系统化。行为科学强调的是人，并重视环境的影响。行为科学以心理学、社会学、社会心理学、人类学等为其理论基础，是一门综合性的学科。

2. 行为建筑学的概念

行为建筑学是建筑学与行为科学、心理学交叉的学科，主要研究人的行为与环境及建筑的关系。它是心理学、行为学的分支学科，是行为学逐渐渗透到建筑学，在环境行为学的基础上完善形成的理论科学，也是建筑设计理论的一个重要组成部分。行为科学产生于20 世纪 40 年代末、50 年代初，与建筑有关的环境行为研究也差不多同时出现。环境行为学传入我国的时间并不长，主要是在建筑学领域里开展研究。于是，就产生了与建筑学的关系问题。目前，两个学科之间的关系尚没有理清，某些概念的内涵和外延等问题还有待进一步探究。美国建筑学家C. 海姆塞斯（Clovis Heimseth）于1977年最早提出了行为建筑学这个名词，他在著作中强调以系统论的观点，来分析行为与环境的关系，并试图建立符合行为规律的理性设计程序和定量化的设计方法。后人习惯用行为建筑学这个词来涵盖与之相关的更为广泛的意义。建筑行为学的理论研究内容包括，人与建筑关系的理论研究、人的行为的研究、对于人的感知、认识和偏好的研究、通过设计来建构人与建筑共生的关系以及符合人的行为规律的设计方式等等。

行为学对建筑设计的作用主要表现在以下三个方面：

（1）行为学通过广泛研究人的需要，为建筑设计提供了科学依据和规范，尤其在可预见的特征不明显和项目的范围和规模不明显不太好确定的情况下，更需要行为学数据的辅助。

（2）行为学研究使建筑师在设计时，可以在前人的研究成果上继承发扬，同时也必须遵守许多规范条款，虽然这些规范在一定程度上阻碍了建筑师自由发挥的空间。

（3）行为学研究可以使建筑设计更富于理性，使我们对许多规定规范的来源更加理解，能够帮助建筑师掌握取舍的尺度，不用盲目追赶潮流，也不是异想天开的进行设计。

建筑行为学的研究内容涉及各种尺度大小的环境场所，如室内空间、居住区、保健机构、工作场所、邻里、园林、区域等；还包括各种特定的使用者群体，如基本群体、聚合群体、依据生活方式或生命周期不同阶段而定的群体等；和各种层次的社会行为现象，从生理反应到文化现象。环境场所、使用者群体和行为现象又随着时间的推移呈现出一种动态的发展机制，共同构成了环境—行为研究的四个维度（图2-6）。

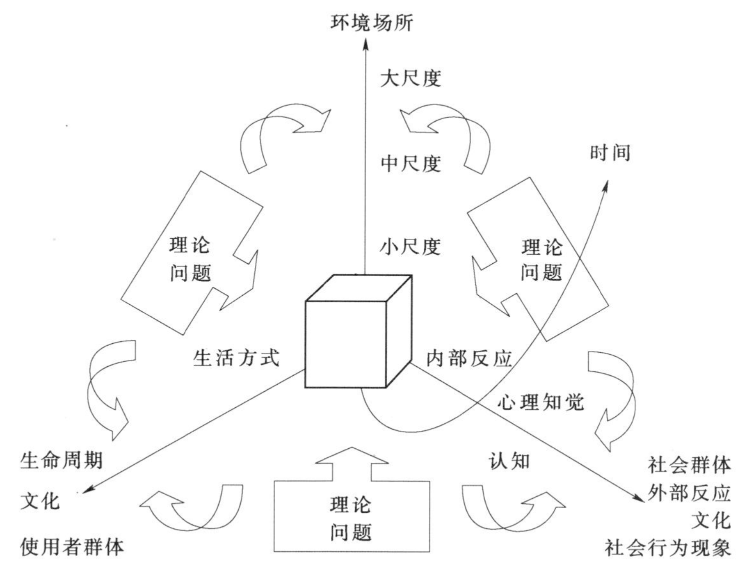

图2-6 环境—行为研究的四个维度

3. 行为建筑学研究方法

心理学家和建筑师在研究传统的设计方法与原则的基础上，对建筑行为的研究提出了新的看法，主要有两种方式：一种是 John Lang 及 Charles Bumette 首先提出的，从管理科学、系统论等角度去研究设计方法的正确模型，使设计过程科学化，并进一步应用计算机，把社会科学数据、观点综合到设计中去。

如图 2-7 所示，建筑行为研究方法：

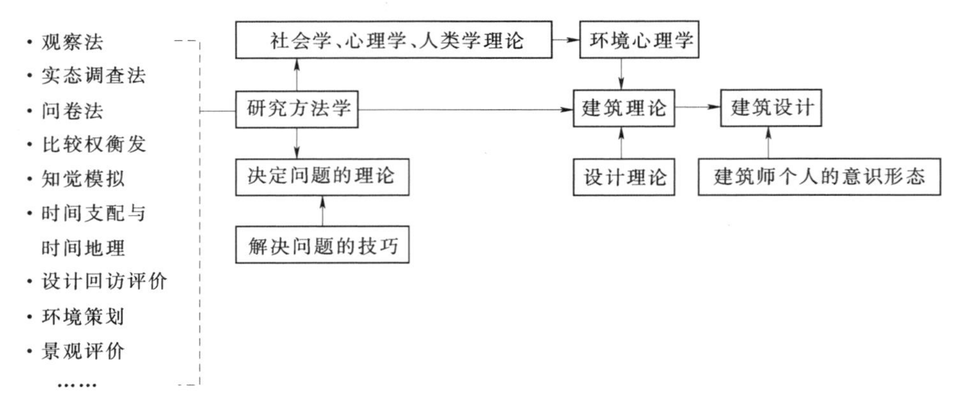

图 2-7　建筑行为研究

另一种是把将设计设想为多种模式的组合，每种模式都是空间模式与行为模式的结合。模式可以按层次进行分类，也可以灵活的结合，形成一个从规划到设计的大体系，这种方法重视空间与形式所表达的内容。20 世纪 70 年代以后，普遍强调对人们在使用空间中的行为作观察记录，同时对人们的行为与周围环境的关系作分析，以此作为设计构思的源泉之一。这种分析不仅是物质功能方面的，而且还涉及人们的感觉反应，强调做社会调查，收集社会科学的数据资料。

2.2.2　人的行为需求

Maslow Lang 把人的基本需要分为若干层级，从低级的需要开始到高级的需要，排成梯级。马斯罗认为：人的基本动机就是以其最有效和最完整的方式表现他的潜力，即：自我实现的需要。他将人的需要分为下列 6 个层级：

(1) 生理的需要，如饥、渴、寒、暖等。

(2) 安全的需要，如安全感、领域感、私密性等。

(3) 相属关系和爱的需要，如团体感、婚姻、家庭、情感、朋友等。

(4) 尊重的需要，如威信、自尊、受到他人的尊重等。

(5) 自我实现的需要。

(6) 学习与审美的需要。

较低或较高的需要，表示某种需要在发展过程中出现较早，与生理的要求关系较密切，范围也较狭窄。在人的发展中，在后一较高层级的需要充分出现之前，比它低级的需要必须得到适当满足。一个人生理上迫切的需要得到满足之后，才能专心去确保他的安全，只有在基本的安全感得到之后，跟别人的相属关系和爱才能得到其充分的发展，一个人对爱的需要的适度满足，追求被尊重和自尊才能充分施展。在所有前四级水平的需要相继达到了，自我实现的倾向才能达到其顶点。每一低级的需要不一定要完全地满足，较高一级的需要才出现，它更多像是波浪式演进的性质。这一需要层级理论，是指在一般社会处于正常情况下，而非指处于特殊情况下，如战争或革命年代，那时人们可以为了一个目标，不惜付出一切代价。

将需要层级理论联系到城市与建筑来看，第一、二两级需要是最基本的，即房屋建筑问题，满足人的物质需要，可见城市与建筑的物质功能仍然是第一性的。建筑的空间领域从空间形式上可以分为：主要领域，包括由个人或小群体所有，具有相对永久性、固定性，为日常生活的中心，可限制别人的进入，包括家、房间及其他私用空间。次要领域，次要领域比起主要领域不那么具有中心感与排他性，然而还是属于某一群体常去的，具有一定的公共性，如私人俱乐部、邻里中的酒吧茶馆等。公共性领域，即公众所共有的，个人只是暂时占用，如公园、公共交通等，属社会共有的空间。其所谓的次要领域，从秘密性到公共性之间，有一些微妙的层次，属一个连续的整体。从人的心理行为上可以将空间领域，视为围绕在人的身体周围而又看不见的个人空间，根据这个无形的空间会产生相应的安全感、亲密感等。Edward T Hall 根据人的心理体验和交往的亲疏程度，将人的领域空间划分为：亲密距离、个人距离、社交距离、公众距离。亲密距离范围：0～450mm，这是进行爱抚、格斗等，或与对方握手、跳舞等身体接触对方的距离。个人距离范围：450～1200mm，这个范围可以用手足挑衅他人，或是与他人进行面对面的交谈。社交距离范围：1200～3600mm，办理事情或工作中的相处都可在这个范围。公众距离范围：3600～7500mm 以上，在公共场合参与公开活动等的距离。由于人的文化背景和民族风俗的不同，其距离感的尺度也是不同的。在具体的设计中应该考虑实际的情况来进行相应的调整。

2.2.3 行为场所及其特点

1. 行为场所

心理学家巴克提出了行为场所的理论。他在观察环境行为时，发现在一些地方总有"持续不变的行为模式"发生。行为场所的三个内容包括：这种特殊的行为模式、适合这一模式的特定环境和时间范围。每人每天中的活动轨迹可分解成无数个行为场所，每个场所对应一种行为模式。我们可以理解为：当空间具有明确的行为特征时我们就可以称之为场所，场所之所以有意义是人的心理行为所赋予的。这些明确的行为特征就是我们设计空间的依据。但是在现实中，有些空间环境没有专门根据行为特征进行划分，而是要同时容纳多种行为模式，如郊游的年轻人与老年练功者对同一草坪的占用、游戏的儿童与打网球的年轻人在广场中的冲突等等。还有一些忽视行为场所的情形，那就是对潜在的和自发的行为场所的人为限制等等。

2. 行为场所的特点

行为场所作为环境—行为关系的基本单元，具有十分重要的意义，具有以下特点：

（1）行为场所具有固定的或重复发生的行为模式。例如：开会是会议室中固定的行为模式；而在道路上碰到熟人驻足谈话，则是重复发生的行为模式。

（2）这些行为模式或是有目的的，或是受到社交习惯的支配；听课是有目的的，而长时间在户外谈话则是老年人的社交习惯。

(3) 行为场所的实际特点与行为模式有着不可分割的联系。特定的环境（空间、时间）伴随有比较固定或重复发生的行为模式，反之亦然。如开会与会议室就存在着不可分割的必然联系，开会不能随意在走廊上进行。又如食堂有时也用来开会，但只是偶尔为之，因此食堂一般就不是开会这一行为的行为场所。

(4) 行为模式的发生在时间上具有一定的规律性。这些行为往往有着相对固定的时间，如小区的生活广场，总是在居民们都闲暇的时候，聚集在一起进行生活娱乐活动。

(5) 行为场所具有一系列不同的大小尺度，从小到大：家具、房间一角、房间、建筑物、建筑群直至居住区、区域和城镇。

2.2.4 行为与建筑空间的相互关系

行为建筑学提倡设计者对行为学的研究结论总结出规律并作为依据，透过行为规律找到与之相关的建筑空间属性。行为建筑学通过行为把建筑空间和时间联系起来，人是行为的主体，行为是由人控制的；空间能诱发、促进或阻碍人的行为，而空间又是由人设计产生的，所以行为与空间的关联是必然存在的，两者之间是相辅相成的。

行为空间和行为系统对建筑设计的影响是行为建筑学的研究重点之一。行为空间是指包容各种行为的空间，可以是一种行为也可以是同时包含多种行为。从行为学角度将行为空间中的行为分解成为主导行为和存续行为。主导行为是指在空间中以这个内容为主的行为，它在这个空间里发生的数量最大，频率最多，影响最大。比如教学楼设计中教学的行为，这是主导行为。存续行为，是指比较混杂的行为，伴随着主导行为的过程同时发生或相继发生的行为，如在教学楼课间休息时的社交活动、开会、上厕所等。行为系统是指由行为空间在时间层面上的并列及延续的总和而构成的时空系统，通过对行为空间和行为系统的研究能表现出行为的多样性，它可以使建筑师避免主观设计的错误，同时可以使建筑设计的兼容性更大一些，存续的时间长久一些。在建筑设计中更多的关注个人行为和大众的特殊性，给个人行为留有一定余地，使设计与文化特征取得更多联系，这比只尊重社会行为，只考虑大众的需求更能突出设计的特点和韵味，更能创造出富有个性的建筑空间和更有特色的人工环境。

2.2.4.1 行为诱导建筑空间

1. 心理空间与物理空间

人们在不同的空间环境中会产生不同的主观感受。它会随着不同的时间、地点，不同的心情和不同的生理状况的改变而改变。主观感觉是一种心理状态和心理感觉。人在空间中活动，但使他的行为受到影响的是他的心理环境，环境是人去感知的，人感知到的环境即成为心理空间。中国设计师追求的意境，就是把某个具体的空间触发为心理空间。心理空间越博大精深，意境的境界就越高、意味越深。

心理空间是一个无形的空间，如受到别人干扰，会立即引起下意识的自身的防范。心理空间可以扩大为一个领域单元，如一间私密性的房间、一个座椅、一张办公桌的周围……心理空间的大小随许多因素而变化，影响个人空间的因素如：文化、个性、种族、年龄、性别、相互接触的方式、社会影响、个人心理状况、环境以及双方亲近的程度等。

而且这些因素随着接触时间的推移也会起变化。

心理空间可大于物理空间，也可小于物理空间。大于时行为的范围就广，反之则窄。例如：同济西北三楼的卫生间，其小便池部分是敞开的一个大空间；大便器部分则是每个蹲位分隔开的。在清洁女工打扫卫生时，往往可看到这一现象：走向小便池的男生见有人在清扫，就退出等候。而另一些男生（占多数）遇到这种情况则毫不迟疑地改往分隔的小空间也就是大便器部分。在这里，前者的心理空间狭窄，仅限于他习惯性的活动空间，居然未意识到小解这一行为，完全可转移到另一个私密的小空间内完成。这就是心理空间小于物理空间的例子。

从心理感受来说，活动空间并不是越开阔、越宽广越好，任何建筑空间设计都要满足私密性与公共性的需要。当心理空间未扩大到固定的围合构件所限定的范围时，它是随人身体移动而移动的，具有伸缩性。人们通常在大型室内空间中更愿意有所“依托”物体。例如，在火车站和地铁车站的候车厅或站台上，人们并不较多地停留在最容易上车的地方，而是愿意待在柱子边，人群相对散落地汇集在厅内、站台上的柱子附近，适当地与人流通道保持距离。在柱边人们感到有了“依托”，更具安全感。这也表明，人的行为是受心理空间的影响的。

2. 行为特征对空间形态的限制

人与环境的相互作用是通过人的各种行为联系起来的，人的行为是与人对空间的感受体验密切相关的，它表现在人们对空间的感知，以及人们对空间提出各种要求。通过对人的心理因素和行为特征的分析，可以针对性的满足使用者的要求，为设计者的设计提供指导。以幼儿园的环境设计为例，由于幼儿心理、行为的特殊性，幼儿园在日照、色彩等方面都有着特殊的要求。日照对幼儿的成长发育、身体健康影响很重要，能有效地防止幼儿佝偻病的发生。所以，在幼儿园建筑设计规范中明确要求，场地设计应充分考虑日照的要求，全园不仅要有共用的室外游戏场地，每个班还必须设置专用的室外游戏场地，供每班游戏的场地面积不得小于 $60m^2$ 的严格规定，这是从幼儿成长的因素考虑做出的特殊要求。其次，是幼儿对色彩的特殊要求。另外，教室里经常变换的座椅排列方式，也是为了符合儿童的心理行为特征，教室里座椅的排列方式在一周的每一天都以不同的形式排列，将座椅排成圆形、方形、长方形、三角形等，也是为了能更适应儿童的行为特点。

居住区内的行为活动是一种群体社交活动，它没有明确的指向性，往往伴随着居民的交谈、休闲娱乐等行为而发生。在居住区的公共环境中，要能提供居民从事一定户外活动的活动空间。并能够容纳几种功能，给予不同的使用者以不同的功能空间，以满足不同使用者之间的交往与交流。居民的相互交往行为，要求居住区内合理的道路植物绿化配置，形成居住区内居民生活的休闲空间。居住区内道路的线型、宽度、铺地材料及形状色彩可以影响行走速度、节奏和情绪。植物的绿化配置可以影响人的情绪、行为，居住区主干道的植物绿化配置主要以防尘、降噪为主要功能，大多种植高大整齐的树木给人干净整洁的规律感，而居住区内的小路要能使居民休闲散步、驻足交流，所以侧重于营造一个幽静的生活环境。

2.2.4.2 建筑空间影响行为

关于建筑对行为的影响有几个学派：环境决定论，盛行于在19世纪末，受达尔文进化论优胜劣汰观点的影响。在建筑中体现为建筑决定论，物质技术决定建筑形式、形式追随功能等。认为物质决定一切，这种观点有时过于极端和片面。环境可能论，“可能论”者视环境为一种介质，由此给人提供契机，决定性因素是人直观能动性。认为环境只是行为的范围，环境只能限制行为的发展。环境忽然率论，是一种更具适应性的观点，认为环境与行为之间存在着一定的规律性关系。主张运用忽然率模型的概念去研究个人或群组行为，个人的决定不能预测，但其做出决定的幅度，以及选择其中那一种行为的忽然率是可以判断的。

根据观察研究，我们总结出建筑对行为的影响作用主要表现在三方面：建筑空间诱发行为、建筑空间促进行为、建筑空间阻碍行为。建筑空间诱发行为是指空间对行为的诱发作用，主要体现在通过建筑师对空间的功能进行有意识的安排设计，从而对行为产生诱发作用。建筑空间促进行为是指人们的活动是自发的，空间形态促进了这种自发的活动，这种行为活动是一种促进模式。建筑空间阻碍行为是指为了不鼓励某种行为在空间内发生，而对空间进行的有意的安排设计。因为建筑空间存在诱发行为的各种因素，所以在建筑空间中可以很自然地出现某种被引导的行为。而这些因素就是人的各种心理行为习惯，它可以帮助设计者做出更人性化、现代化的建筑设计。各种不同的建筑空间环境可以给人不同的氛围感。人们在其中可以感到亲切或冷漠，是高大或亲切，是热烈或淡雅，是宽敞或拥挤，是动感或是宁静。这些心理感受和空间环境的关系十分密切，不同的建筑空间形态设计可以诱导产生不同的心理效应。由各个界面围合而成的建筑室内空间，其形状特征常会使活动于其中的人们产生不同的心理感受。著名建筑师贝聿铭先生曾论述过他的作品——具有三角形斜向空间的华盛顿艺术馆新馆，他认为三角形、多灭点的斜向空间常给人以动态和富有变化的心理感受。

1. 建筑内部设施对行为的诱发

通过特别设计的空间能诱发人们产生特定的情绪或心理上的反应，从而诱发人的行为。在空间的设计中可以通过诱发人们的好奇这一心理，促使人们去探索新环境的行为，从而促使人们在某一空间内前行和长时间逗留。若是在商业环境中，就会进而诱发购物、消费等行为。心理学家柏立纳（berlyne）通过实验和分析提出了诱发人们好奇心的五个因素：布局的不规则，材料数目的增多，成分的多样性，复杂性，新奇之物。

因为人们的感觉器官会产生通感，设计时应充分考虑视觉印象带来的其他感受，以及人的心理变化[1]。通过光环境的营造所产生的光影效果可诱发出各种各样的心理效应。利用对光的色彩感知，可以使人产生各种心理感受。西方教堂的彩色玻璃窗设计就是对光中所隐含着的色彩的典型运用。同样的日光在透过不同的界面后就发生了奇妙的变化，这是自然赋予的最有力的设计手段。

对于具有方向性的建筑内部空间，应该在线性尽端设置有吸引力的内容，在走道中，若尽端什么也没有，建筑空间的质量是低劣的，空间由于扩散而难以吸引人、留住人。相反在尽端有目的物或吸引人的内容时，线性空间中也容易感动人。人在有组织的空间序列中运动，既包括对空间的静观，也包括对空间的动态观察，由“点”的单体观赏，向“线”的群体运动转化。建筑内的雕塑、灯柱、景观等既是建筑空间中的装饰，又是构成建筑空间的基本要素。其可以形成建筑空间的视觉中心，有时这些小品也可以起到限定空间的作用。这些“点景观”和“线景观”，如果具有一定的文化意义或知名度，就能够诱发人们来此观赏和游逛。

组织丰富多彩的活动让来到此的人们参与进来，这也是一种诱发，这样不仅能增加人们之间的交流，还会给人们留下深刻的印象，从而达到诱发行为的目的。通过对行为的诱发，我们可以设计出更加富有意义的建筑。

2. 建筑形态对行为的诱导

良好的空间设计，不需要路标和文字说明牌就可引导人们的行动方向，这种用建筑所特有的表达方式来传递信息，使人自觉或不自觉地随之行动就是空间对行为的诱导，没有良好的空间诱导，便使人没有方向感不知所向。通过视觉形象和形式特征使人产生刺激反应和心理感受，可以增强建筑空间形态对行为的诱导性。连续排列的物体，如列柱、连续的柜台，带有方向性的色彩、线条，地面、顶棚的处理等可以形成行为诱导。无形的界限也可以使结构形成诱导特征，如空间通过光影变化来体现，用音乐覆盖面表达，也可以用水幕分界，用图形符号来传递。也可以利用装饰、小品、绿化等组成各种空间形状，使其对心理进行暗示来引导行为。入口大门是整个建筑最直接、最突出的形象代表，同时也引导着人进入建筑的一系列行为。不同类型的建筑，会采用风格迥异的入口设计，例如：一些大型的行政办公建筑，通常加大其入口尺度、抬高入门标高、增设踏步；古典的行政建筑，大楼两旁往往用列柱、石狮以增强其崇高和威严的特征；商业性建筑入口则考虑人流、购物的需要以及氛围的营造，与室外地面拉平，并辅以绚丽的橱窗、多彩的灯光、各种色彩鲜艳的装饰，来创造富丽的商业气息。这些都是在建筑形态上的设计对心理的暗示，从而进一步引导人的行为。

3. 建筑空间对行为的阻碍

建筑空间设计可诱导某些行为，反之也可阻碍抑制某些行为。例如，为了防止在公共场所的随意乱涂乱画，那么将建筑物的表面材料选用粗糙一些的，使得难以用普通的手段在上面书写或者采用相反的方法，将表面做得异常光洁。这些都是阻止行为的暗示手段，使违规行为不禁而止。为了发挥居住区的防控效应，合理的建筑物空间设计是有效的手段，尽可能简洁的外立面使罪犯没有可轻松攀缘的“阶梯”。去掉住宅楼为了美观而向空中索取的空间，简化外立面阳台、窗户，和一些不十分必要的附着物所形成凸凹不平的立面，甚至将阳台设计成与外墙平的室内阳台。

4. 潜在环境对行为的诱导

由于空间的行为诱导作用，使人自发地对闲置公共空间利用的形式，无意识地创造了一种公共空间内的潜在行为空间。当人并没有很清楚地意识到自己的行为需求时，他人的行为活动会激发人的行为欲望，尤其是在闲置的公共空间内会激发出更多社交活动。例如，在老式住宅里人们对闲置街道的利用，有人会在街边下棋而旁边总会有几个观棋者。人们在生活广场健身、闲聊、组织活动等，也是对生活广场的潜在环境的充分利用。

实 训 练 习 题

1. 测量出某同学的常用人体尺度。

2. 测绘一个房间，绘出平面图、剖面图（1∶50），平面画出家具、设备等。

（1）图纸规格：A4。

（2）墨线绘图。

（3）附以简单文字说明。

3. 设计一个阅览室，面积 $200m^2$，绘出平面图、立面图、剖面图，比例自定。

（1）图纸规格：A4。

（2）墨线绘图。

（3）附以简单文字说明。

（4）符合人体尺度和空间功能的要求。

4. 选择某一建筑环境，分析该区域环境特征、调查统计该区域内的行为状况，并总结其行为原因。

第3章　中西方传统建筑的构图元素

3.1　古希腊与古罗马柱式

古希腊、罗马时期，创造了一种以石制梁柱作为基本单元的建筑形式。这种形式经过文艺复兴及古典主义时期的进一步发展，一直延续到20世纪初，在世界上成为一种具有历史传统的建筑体系，称“西方古典建筑”。

3.1.1　古希腊的建筑与柱式

公元前8世纪起，在巴尔干半岛，小亚细亚西岸和爱琴海的岛屿上建立了很多小小的奴隶制国家，他们向外移民，又在意大利、西西里和黑海沿岸建立了许多国家。它们之间的政治、经济、文化关系十分密切，总称为古代希腊。古希腊是欧洲文化的摇篮，古希腊的建筑同样也是西欧建筑的开拓者。它的一些建筑物的型制和艺术形式，深深地影响着欧洲2000多年的建筑史。

古希腊建筑风格的特点主要是和谐、完美、崇高。而古希腊的神庙建筑则是这些风格特点的集中体现者，也是古希腊，乃至整个欧洲最伟大、最辉煌、影响最深远的建筑。这些风格特点，在古希腊神庙的各个方面都有鲜明的表现。

1. 古希腊柱式

古希腊的“柱式”，不仅仅是一种建筑部件的形式，而且更准确地说，它是一种建筑规范的风格，这种规范和风格的特点是，追求建筑的檐部（包括额枋、檐壁、檐口）及柱子（柱础、柱身、柱头）的严格和谐的比例和以人为尺度的造型格式，见图3-1。

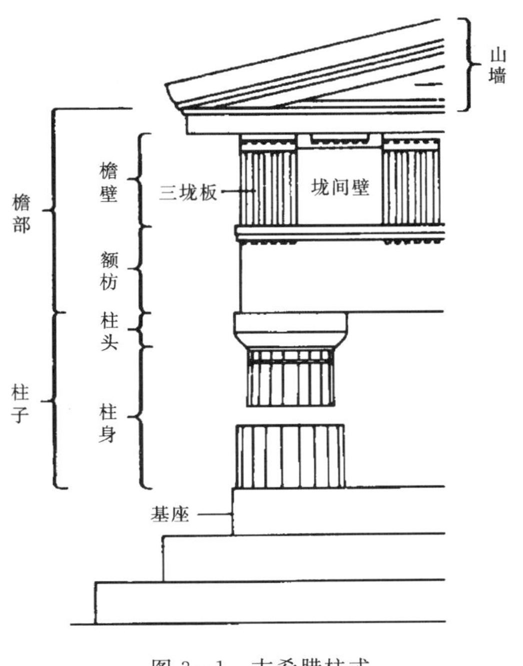

图3-1　古希腊柱式

古希腊最典型、最辉煌的柱式主要有三种，即多立克柱式（Doric Order）、爱奥尼柱式（Ionic Order）和科林斯柱式（Corinthian Order）（图3-2）。这些柱式，不仅外在形体直观地显示出和谐、完美、崇高的风格，而且其比例规范也无不显出和谐与完美的风格。从外在形体看，三种柱式各有特点，多立克的柱头是简单而刚挺的倒立圆锥台，柱身凹槽相交成锋利的棱角，没有柱础，雄壮的柱身从台面上拔地而起，柱子的

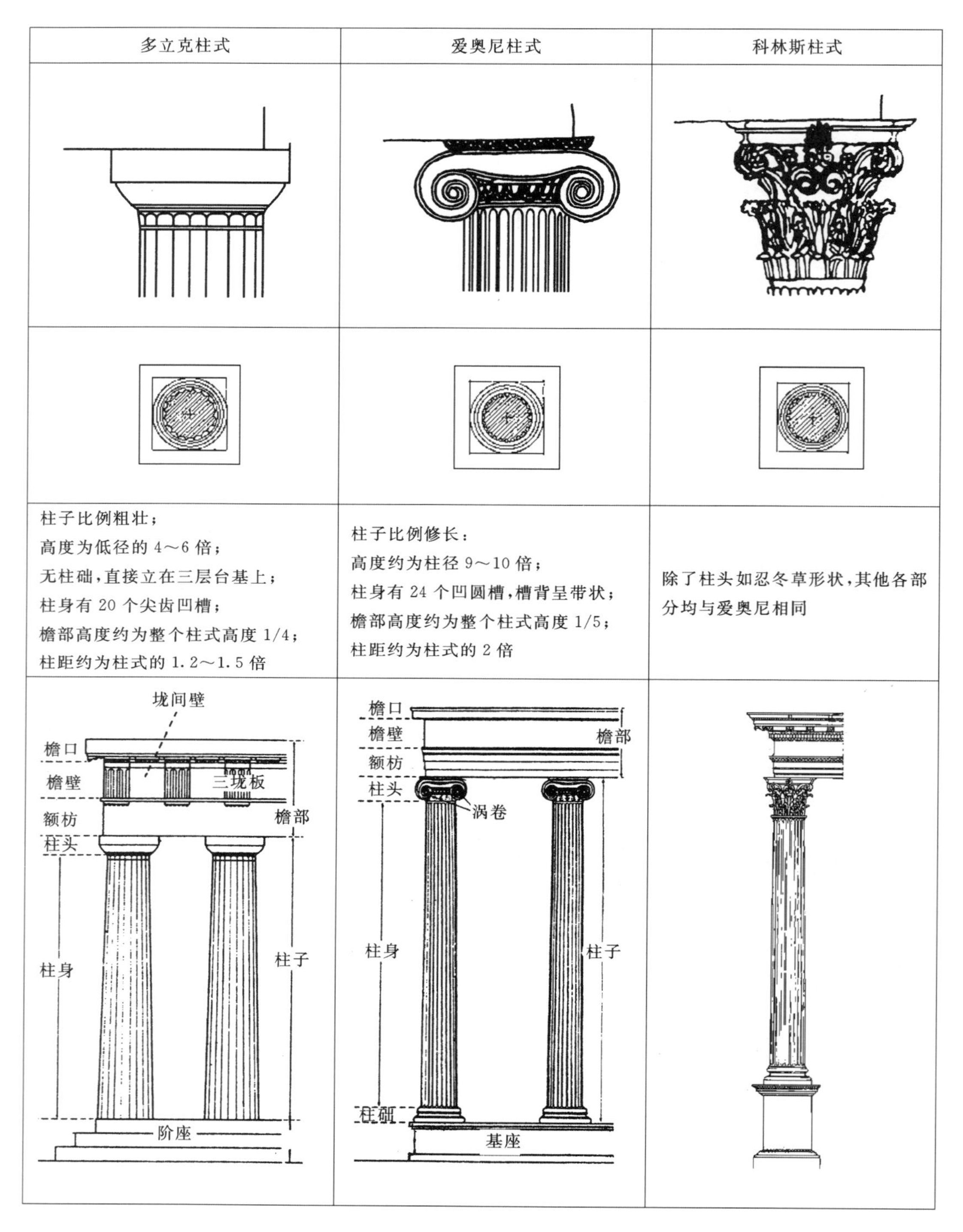

多立克柱式	爱奥尼柱式	科林斯柱式
柱子比例粗壮； 高度为低径的 4～6 倍； 无柱础，直接立在三层台基上； 柱身有 20 个尖齿凹槽； 檐部高度约为整个柱式高度 1/4； 柱距约为柱式的 1.2～1.5 倍	柱子比例修长： 高度约为柱径 9～10 倍； 柱身有 24 个凹圆槽，槽背呈带状； 檐部高度约为整个柱式高度 1/5； 柱距约为柱式的 2 倍	除了柱头如忍冬草形状，其他各部分均与爱奥尼相同

图 3-2　古希腊三种柱式

收分和卷杀十分明显，力透着男性体态的刚劲雄健之美。爱奥尼，其外在形体修长、端丽，柱头则带婀娜潇洒的两个涡卷，尽展女性体态的清秀柔和之美。科林斯的柱身与爱奥尼相似，而柱头则更为华丽，形如倒钟，四周饰以锯齿状叶片，宛如盛满卷草的花篮。

2. 古希腊建筑

在古希腊的建筑中，不仅柱式以及以柱式为构图原则的单体神庙建筑生动、鲜明地表现了古希腊建筑和谐、完美、崇高的风格，而且，以神庙为主体的建筑群体，也常常以更为宏伟的构图，表现了古希腊建筑和谐、完美而又崇高的风格特点。

古希腊最有代表性的建筑群体，非雅典卫城莫属（图 3-3）。

图 3-3 雅典卫城

卫城是古希腊人进行祭神活动的地方，位于雅典城西南的一个高岗上，由一系列神庙构成。卫城入口是一座巨大的山门，山门向外突出两翼，犹如伸开双臂迎接四面八方前来朝拜"神"的人们。左翼城堡之上坐落着胜利神庙，在构图上均衡了山门两侧不对称的构图，山门因地制宜，内外划分为两段，外段为多立克式，内段为爱奥尼式，其体量和造型处理都恰到好处，既雄伟壮观又避免了体量过大而影响卫城内主体建筑的效果。在卫城内部，沿着祭神流线，布置了守护神雅典娜像、主体建筑帕提农神庙（图 3-4）和以女像柱廊（图 3-5）闻名的伊瑞克提翁神庙（图 3-6）。

卫城的整体布局考虑了祭典序列和人们对建筑空间及形体的艺术感受特点，建筑因山就势，主次分明，高低错落，无论是身处其间或是从城下仰望，都可看到较为完整的艺术形象。建筑本身则考虑到了单体相互之间在柱式、大小、体量等方面的对比和变化，加上巧妙地利用了不规则不对称的地形，使得每一景物都各有其一定角度的最佳透视效果，当人身处其中，从四度空间的角度（即运动的角度）来审视整个建筑群时，一种和谐、完美的观感就会油然而生。

3.1.2 古罗马的建筑与柱式

古罗马建筑是古罗马人沿袭亚平宁半岛上伊特鲁里亚人的建筑技术，继承古希腊建筑成就，在建筑形制、技术和艺术方面广泛创新。古罗马建筑在 1～ 3 世纪为极盛时期，达

图 3-4　帕提农神庙

图 3-5　女神柱廊

图 3-6　伊瑞克提翁神庙

到西方古代建筑的高峰。由于古罗马公共建筑物类型多，型制相当发达，样式和手法很丰富、结构水平高，而且初步建立了建筑的科学理论，所以对后世欧洲的建筑，甚至全世界的建筑，产生了巨大的影响。

1. 古罗马柱式

古罗马的建筑艺术是古希腊建筑艺术的继承和发展。这种“继承”不仅是从时间先后来说的，而且是从建筑艺术的根本风格来说的。罗马人继承了希腊柱式，根据新的审美要求和技术条件加以改造和发展。他们完善了科林斯柱式，广泛用来建造规模宏大、装饰华丽的建筑物，并且创造了一种在科林斯柱头上加上爱奥尼柱头的混合式柱式，更加华丽。他们改造了希腊多立克柱式，并参照伊特鲁里亚人传统发展出塔斯干柱式。这两种柱式差别不大，前者檐部保留了希腊多立克柱式的三垅板，而后者柱身没有凹槽。爱奥尼柱式变化较小，只把柱础改为一个圆盘和一块方板。塔斯干、多立克、爱奥尼、科林斯和混合柱式，被文艺复兴时期的建筑师称为罗马的五种柱式（图 3-7）。

柱式理论由维特鲁威等建筑师开创，在意大利文艺复兴时期最终确立的柱式建筑结构，是最确切地显现罗马建筑复杂性的一个方面。维特鲁威在他的《建筑十书》里给柱式本身和柱式组合作了相当详细的量的规定，用柱身底部的半径作量度单位。他注意到这些规定要根据建筑物大小、位置等具体条件作必要的调整。柱式作为基本的建筑造型手段，在罗马帝国流行，形成统一的罗马建筑风格。维尼奥拉（1507～1573 年），一位意大利文

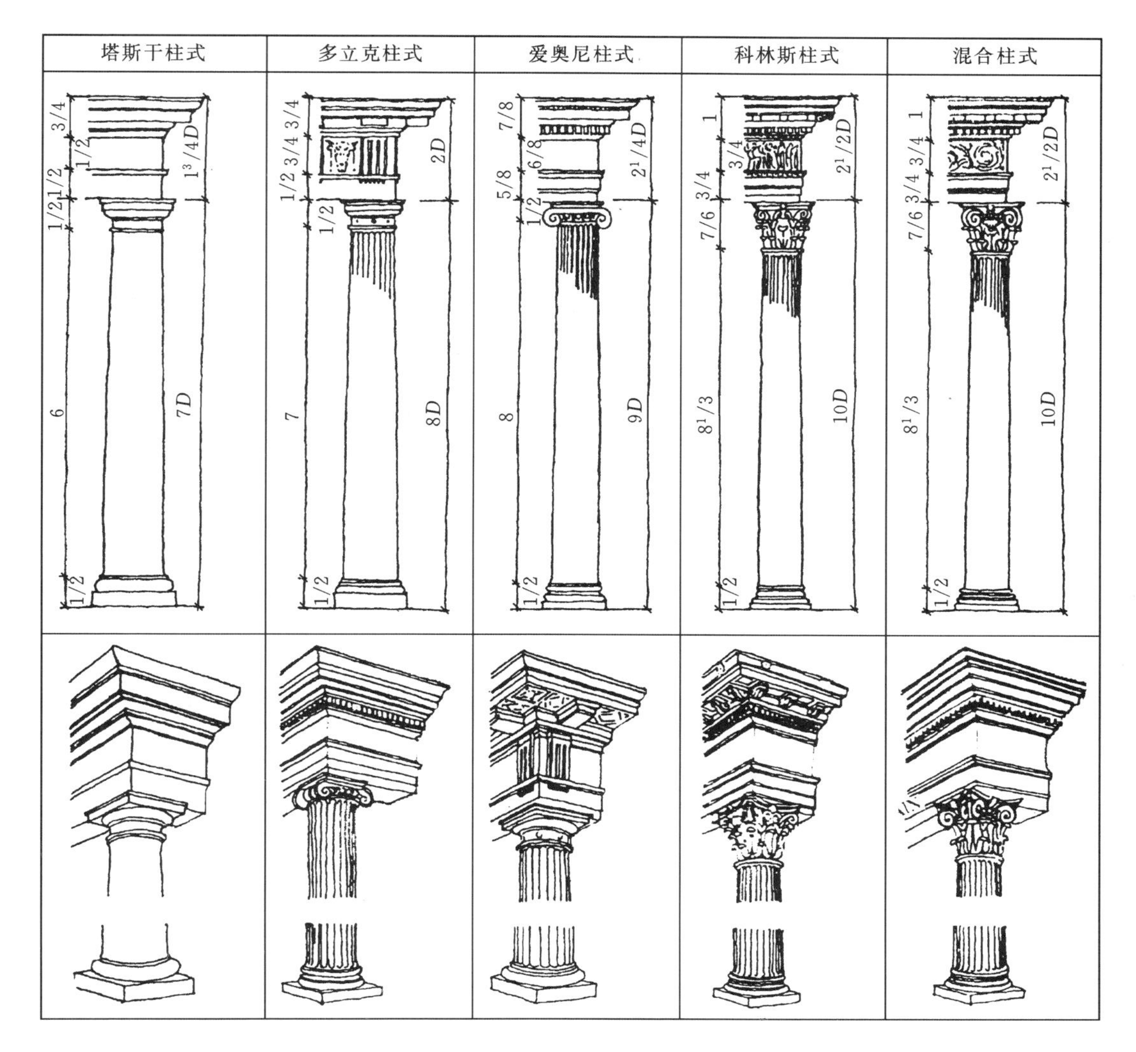

图 3－7　罗马的五种柱式

五种柱式均以自身柱下端直径 D—度量单位（D=2 母度）

艺复兴时期建筑师和理论家，最重要的著作是《建筑四书》。他在这部著作中以罗马的五种柱式为基础，制定出严格的比例数据，总结成一定的法式，一般对古典柱式的学习常以它们为蓝本。

这位意大利建筑师不仅列举了各种柱式，而且提出确定柱式的三个组成部分，即柱墩、柱身和柱顶檐部的一整套综合方法，精确定出每个部分的尺寸，其外形关系和相互间的比例，从而形成一个极为严谨的建筑学体系。

2. 古罗马的建筑

古罗马建筑的类型很多。有罗马万神庙、维纳斯和罗马庙，以及巴尔贝克太阳神庙等宗教建筑，也有皇宫、剧场角斗场、浴场以及广场和巴西利卡（长方形会堂）等公共建筑。居住建筑有内庭式住宅、内庭式与围柱式院相结合的住宅，还有四、五层公寓式住宅。

古罗马世俗建筑的形制相当成熟，与功能结合得很好。例如，古罗马建筑的代表作之一大角斗场（图 3－8）。大角斗场长轴 188m，短轴 156m，中央的“表演区”长轴 86m，短轴 54m。观众席大约有 60 排座位，逐排升起，分为五区。前面一区是荣誉席，最后两区是下层群众的席位，中间是骑士等地位比较高的公民坐的。为了架起这一圈观众席，它的结构是真正的杰作。运用了混凝土的筒形拱与交叉供，底层有土圈灰华石的墩子，平行排列，每圈 30 个。底层平面上，结构面积只占 1/6，在当时是很大的成就。这座建筑物的结构，功能和形式三者和谐统一，成就很高。它的形制完善，在体育建筑中一直尚用至今，并没有原则上的变化。

图 3－8　罗马角斗场

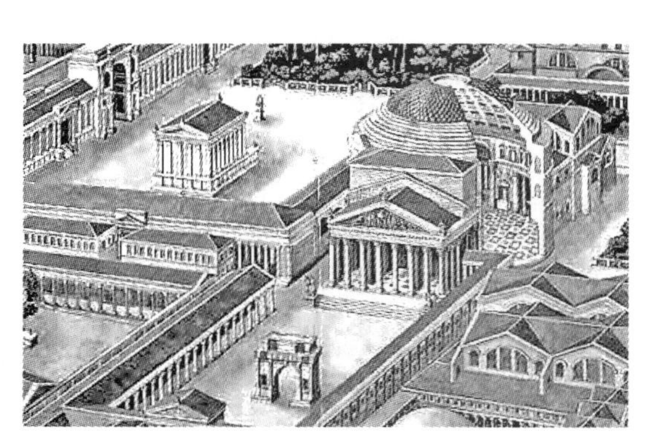

图 3－9　罗马万神庙

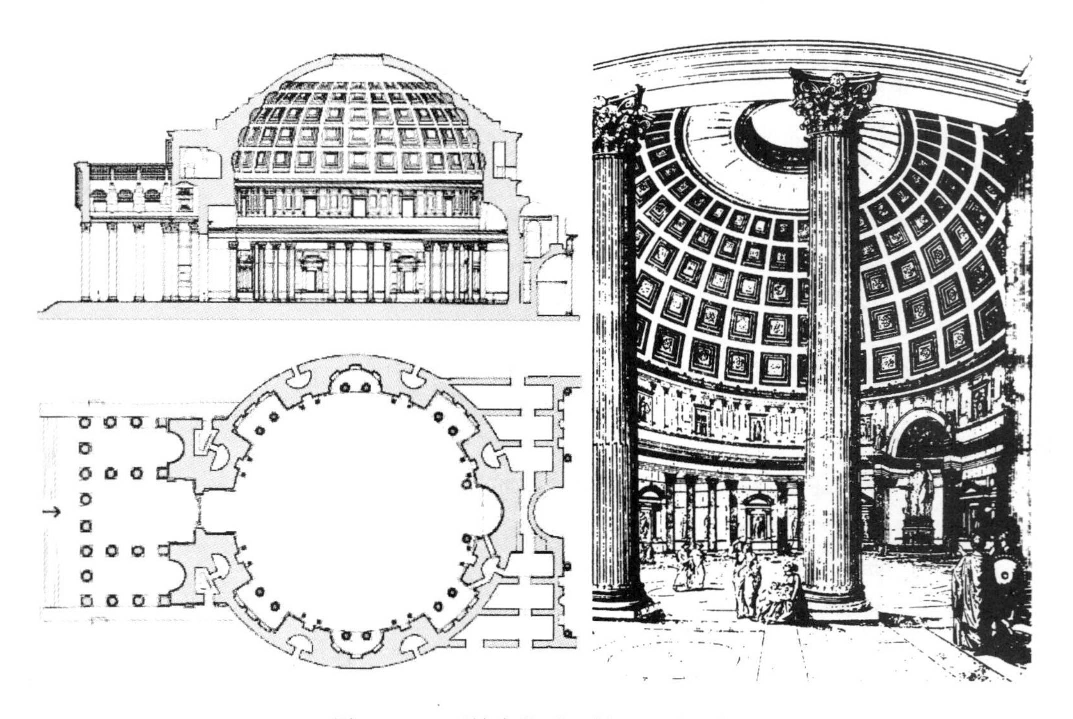

图 3－10　万神庙的平、剖面以及室内

古罗马建筑艺术成就很高，大型建筑物的风格雄浑凝重，构图和谐统一，形式多样。罗马人开拓了新的建筑艺术领域，丰富了建筑艺术手法。单一空间、集中式构图的建筑物的代表是罗马城的万神庙（图3-9），它是罗马穹顶技术的最高代表。在现代结构出现以前，它一直是世界上跨度最大的大空间建筑。早期的万神庙也是前柱廊式的，但焚毁之后，重建时，采用了穹顶覆盖的集中式型制。新万神庙是圆形的，穹顶直径达43.3m。顶端高度也是43.3m。按照当时的观念，穹顶象征天宇。它中央开一个直径8.9m的圆洞，象征着神和人的世界的联系，有一种宗教的宁谧气息（图3-10）。结构为混凝土浇筑，为了减轻自重，厚墙上开有壁龛，龛上有暗券承重，龛内置放神像。神像外部造型简洁，内部空间在圆形洞口射入的光线映影之下宏伟壮观，并带有神秘感，室内装饰华丽，堪称古罗马建筑的珍品。

3.2 中国木构架建筑的特点

中国悠久的历史创造了灿烂的古代文化，而古建筑便是其重要组成部分。中国古代涌现出许多建筑大师和建筑杰作，营造了许许多多传世的宫殿、陵墓、庙宇、园林、民居……中国古代建筑不仅是我国现代建筑设计的借鉴，而且早已产生了世界性的影响，成为举世瞩目的文化遗产。中国传统木构架建筑的特点，我们可以从以下几个方面阐述：

1. “三段式”的建筑形体

中国古建筑从总体上说是以木结构为主，以砖、瓦、石为辅发展起来的。从建筑外观上看，每个建筑都有上、中、下三部分组成（图3-11）。上为屋顶，下为基座，中间为柱子，门窗和墙面。在柱子之上屋檐之下还有一种由木块纵横穿插，层层叠叠组合成的构件叫做斗拱（图3-12）。这是以中国为代表的东方建筑所特有的构件，在建筑中起着十分重要的作用。主要有三个方面：①斗拱位于柱与梁之间，由屋面和上层构架传下来的荷载，通过斗拱传给柱子，再由柱传到基础，因此，它起着承上启下，传递荷载的作用；②它向外出挑，可把最外层的桁檀挑出一定距离，使建筑物出檐更加深远，造型更加优

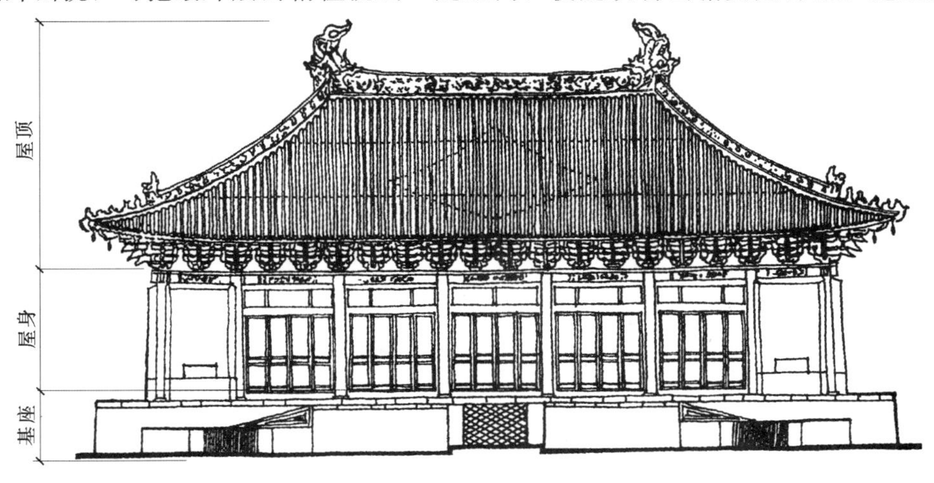

图3-11 中国传统建筑立面

美、壮观；③它构造精巧，造型美观，是很好的装饰性构件。它既可承托屋檐和屋内的梁与天花板，有俨然具有较强的装饰效果。由于斗拱在历代建筑中的做法极富变化，因而成为古建筑鉴定的最主要依据。

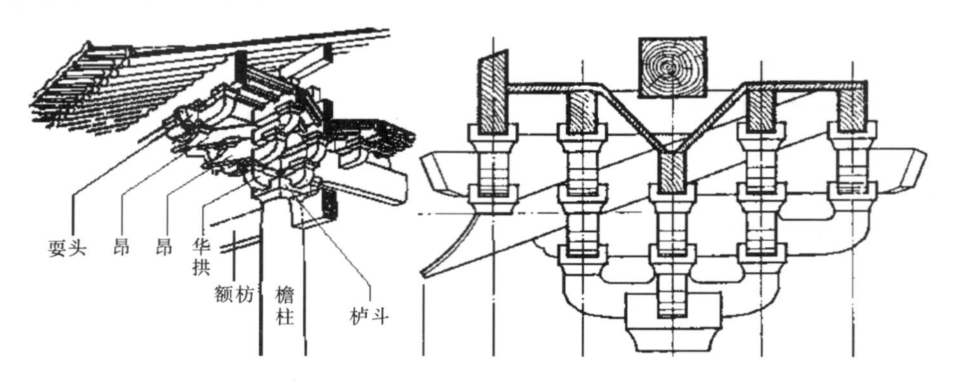

图 3－12　斗拱

2. 飞扬的曲面屋顶

中国古代建筑以它优美柔和的轮廓和变化多样的形式而引人注意，令人赞赏。但是这样的外形不是任意造成的，而是适应内部结构的性能和实际用途的需要而产生的。如像那些亭亭如盖，飞檐翘角的大屋顶，即是为了排除雨水、遮阴纳阳的需要，适应内部结构的条件而形成的。2000 多年前的诗人们就曾经以“如翚斯飞”这样的诗句来描写大屋顶的形式。在建筑物的主要部分柱子的处理上，一般是把排列的柱子上端做成柱头内倾，让柱脚外侧的“侧脚”呈现上小下大的形式，还把柱子的高度从中间向外逐渐加高，使之呈现出柱头外高内低的曲线形式。这些做法既解决了建筑物的稳定功能，又增加了建筑物外形的优美曲线，把实用与美观恰当地结合起来，可以说是适用与美观的统一佳例。

中国古建筑的平面、立面和屋顶的形式丰富多彩，有方形的、长方形的、三角形的、六角形的、八角形的、十二角形的、圆形的、半圆形的、日形的、月形的、桃形的、扇形的、梅花形，圆形、菱形相套的等等。屋顶的形式有平顶、坡顶、圆拱顶、尖顶等（图 3－13）。坡顶中又分庑殿、歇山、悬山、硬山、攒尖、十字交叉等种类。还有的把几种不同的屋顶形式组合成复杂曲折、变化多端的新样式。

图 3－13　屋顶式样

中国古建筑的屋顶样式可有多种。分别代表着一定的等级；等级最高的是庑殿顶，特点是前后左右共 4 个坡面，交出 5 个脊，又称五脊殿或吴殿。这种屋顶只有帝王宫殿或刺建寺庙等方能使用；等级次于庑殿顶的是歇山顶，系前后左右 4 个坡面，在左右坡面上各有一个垂直面，故而交出 9 个脊，又称九脊殿或汉殿，曹殿，这种屋顶多用在建筑性质较为重要，体量较大的建筑上；等级再次的屋顶主要有悬山顶（只有前后两个坡面且左右两端挑出山墙之外）。硬山顶（亦是前后两个坡面但左右两端并不挑出山墙之外）。还有攒尖顶（所有坡面交出的脊均攒于一点）等。所有屋顶皆具有优美舒缓的屋面曲线。无论它是源于古人对杉树枝形还是对其他自然界物质的模仿。这种艺术性的曲线先陡急后缓曲，形成弧面。不仅受力比直坡面均匀，而且易于屋顶合理的排送雨雪。

3. 以木为主的建筑材料

与西方古建筑相比，中国古建筑在材料的选择上偏爱木材，几千年来一直如此，并以木构架结构为主。此结构方式，由立柱、横梁及顺檩等主要构件组成。各构件之间的结点用榫卯相结合，构成了富有弹性的框架。这种榫卯结合的形式，在浙江余姚河姆渡原始社会建筑遗址中已有发现，表明它在距今 7000 多年前就已经形成了（图 3－14）。

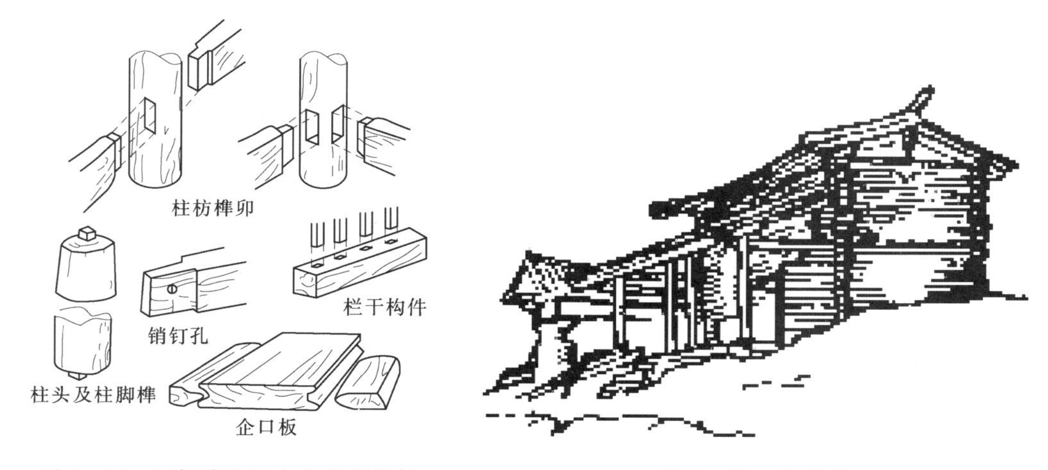

图 3－14　河姆渡遗址中的榫卯构件　　　　图 3－15　井干式

中国古代木结构，主要有三种形式。一是井干式（图 3－15），即是以圆木或方木四边重叠结构如井字形，这是一种最原始而简单的结构，现在除山区林地之外，已很少见到了。二是“穿斗式”（图 3－16），是用穿枋、柱子相穿通接斗而成，便于施工，最能抗震，但较难建成大形殿阁楼台，所以我国南方民居和较小的殿堂楼阁多采用这种形式。三是“抬梁式”（也称为叠梁式）（图 3－17），即在柱上抬梁，梁上安柱（短柱），柱上又抬梁的结构方式。这种结构方式的特点是可以使建筑物的面阔和进深加大，以满足扩大室内空间的要求，成了大型宫殿、坛庙、寺观、王府、宅第等豪华壮丽建筑物所采取的主要结构形式。有些建筑物还采用了抬梁与穿斗相结合的形式，更为灵活多样。

“墙倒屋不塌”这一句中国民间的俗语，充分表达了梁柱式结构体系的特点。由于这种结构主要以柱梁承重，墙壁只作间隔之用，并不承受上部屋顶的重量，因此墙壁的位置可以按所需室内空间的大小而安设，并可以随时按需要而改动。正因为墙壁不承重，墙壁

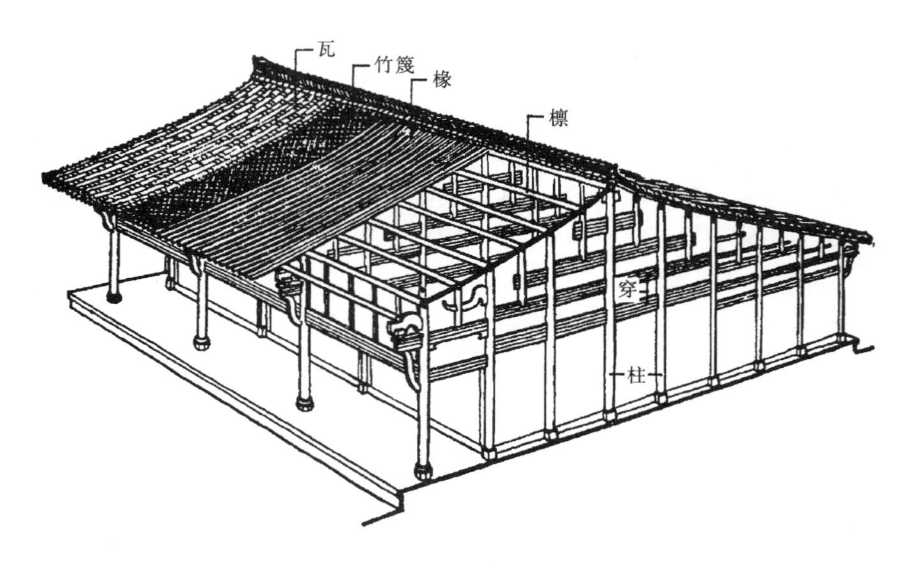

图 3-16　穿斗式

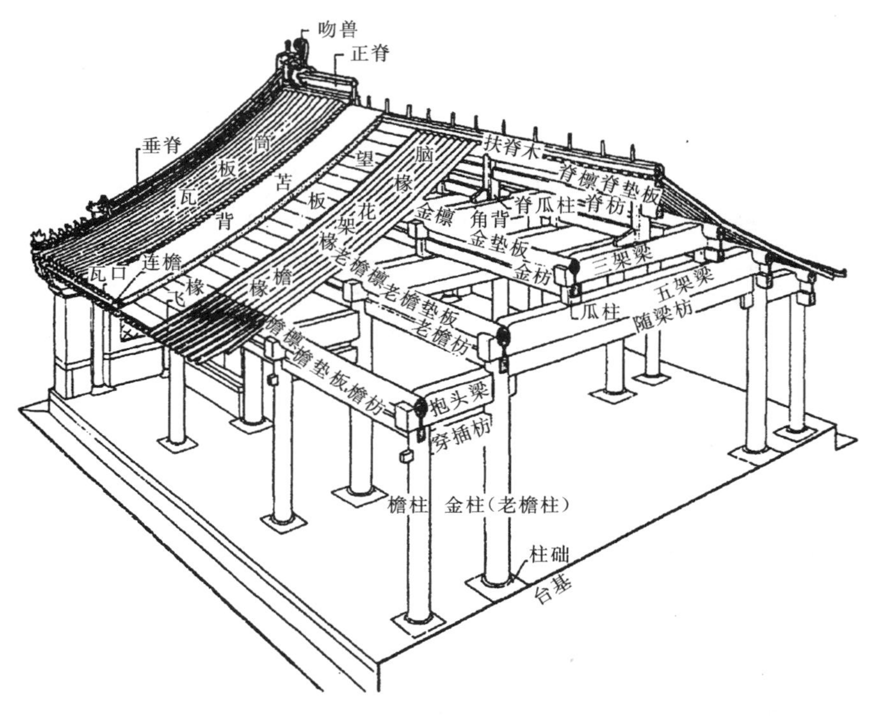

图 3-17　抬梁式

上的门窗也可以按需要而开设，可大可小，可高可低，甚至可以开成空窗、敞厅或凉亭。

由于木材建造的梁柱式结构，是一个富有弹性的框架，这就使它还具有一个突出的优点即抗震性能强。它可以把巨大的震动能量消失在弹性很强的结点上。这对于多地震的中国来说，是极为有利的。因此，有许多建于重灾地震区的木构建筑，上千年来至今仍然保存完好。如像高达67m多的山西应县辽代木塔（图3-19），为现存世界上最高的木塔，天津蓟县辽代独乐寺观音阁高达23m（图3-18），这两处木构已经近1000年或超过了1000年。后者曾经经历了在附近发生的八级以上的大地震，1976年又受到唐山大地震的冲击，还安然无恙，充分显示了这一结构体系的抗震性能的优越性。这是中国古建筑的特点之一。

图3-18 独乐寺观音阁

图3-19 应县木塔

4. 特点鲜明的建筑群落

建筑的平面布局是决定一座建筑、一组建筑、一群建筑，甚至一个村镇、一个城市形制的重要因素。在中国古代建筑中，基本上有两种平面布局的方式。一种是庄严雄伟，整齐对称（图3-20），另一种是曲折变化，灵活多样（图3-21）。举凡帝王的京都、皇宫、坛庙、陵寝，官府的衙署厅堂、王府、宅第，宗教的寺院、宫观以及祠堂、会馆等，大都是采取前一种形式。其平面布局的特点是有一条明显的中轴线，在中轴线上布置主要的建筑物，在中轴线的两旁布置陪衬的建筑物。这种布局主次分明，左右对称。以北京的寺庙为例，在它的中轴线上最前有影壁或牌楼，然后是山门，山门以内有前殿、其后为大殿（或称大雄宝殿），再后为后殿及藏经楼等。在中轴线的两旁布置陪衬的建筑，整齐划一，两相对称，如山门的两边有旁门，大殿的两旁有配殿，其余殿楼的两旁有廊庑、配殿等。工匠们运用了烘云托月，绿叶托红花等手法，衬托出主要建筑的庄严雄伟。这类建筑，不论建筑物的多少、建筑群的大小，一般都采用此种布局手法。从一门一殿到两进、三进以至九重宫阙，庞大帝京都是这样的规律。这种庄严雄伟、整齐对称、以陪衬为主的方式完全满足了统治者和神佛教义对于礼敬崇高、庄严肃穆的需要，所以几千年来一直相传沿袭，并且逐步加以完善。

另一种布局方式则与之相反，不求整齐划一，不用左右对称，因地制宜，相宜布置。举凡风景园林、民居房舍以及山村水镇等，大都采用这种形式。其布局的方法是按照山川形势、地理环境和自然的条件等灵活布局。例如民居甚至寺庙、官衙，凡位于山脚河边

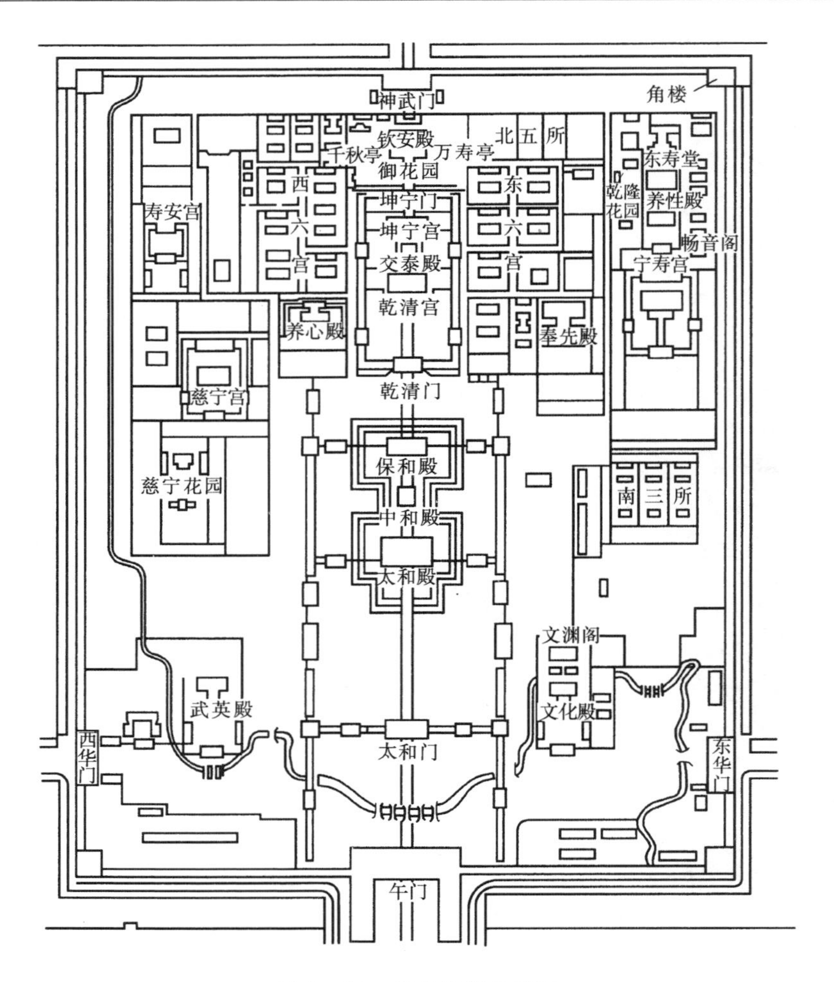

图 3－20　北京故宫总平面

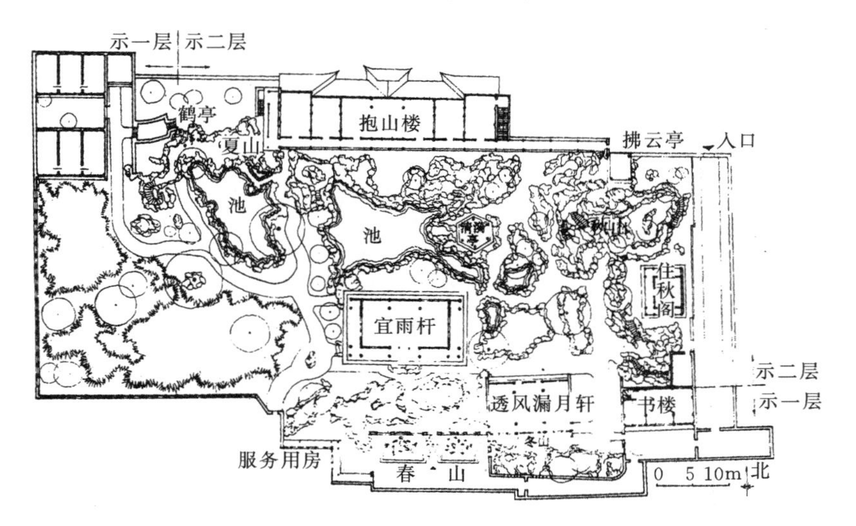

图 3－21　扬州个园平面

者，总是迎江背山而建，并根据山势地形，层层上筑。这种情况最适宜于西南山区和江南水网地区以及地形变化较多的地点。这种布局原则，由于适应了我国广大的不同自然条件的地区和多民族不同文化特点、风俗习惯的需要，几千年来一直采用着，并有科学的理论基础。中国式的园林更是灵活布局，曲折变化的实例（图 3－22）。山城、水乡的城市、村镇布局也根据自然形势、河流水网的情况，因地制宜布局，出现了许多既实用又美观的古城镇规划和建筑风貌。

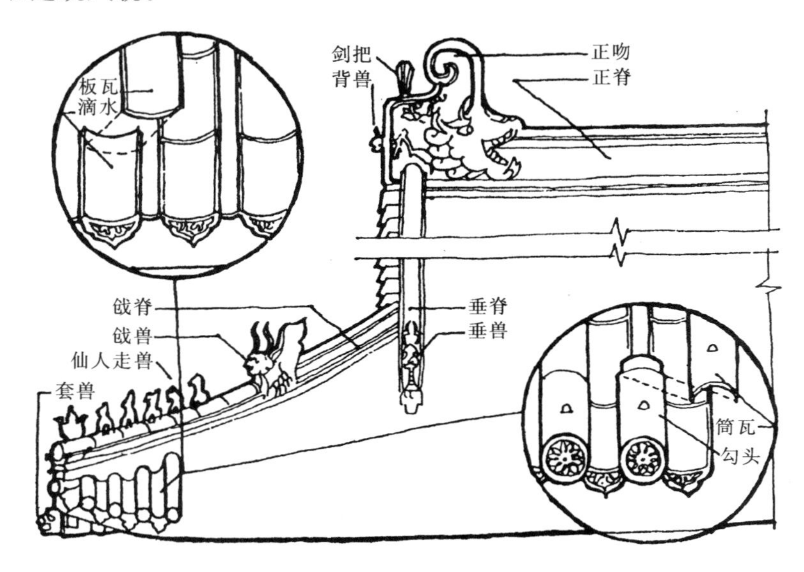

图 3－22 歇山屋顶的吻兽与瓦作

5. 华丽的色彩

中国古代建筑的色彩非常丰富。有的色调鲜明，对比强烈，有的色调和谐，纯朴淡雅。建筑师根据不同需要和风俗习尚而选择施用。大凡宫殿、坛庙、寺观等建筑物多使用对比强烈，色调鲜明的色彩：红墙黄瓦（或其他颜色的瓦）衬托着绿树蓝天，再加上檐下的金碧彩画，使整个古建筑显得分外绚丽。在表现中国古建筑艺术的特征中，琉璃瓦和彩画是很重要的两个方面。

琉璃瓦是一种非常坚固的建筑材料，防水性能强，皇家建筑和一些重要建筑便大量使用了琉璃砖瓦。琉璃瓦的色泽明快，颜色丰富，有黄、绿、蓝、紫、黑、白、红等。一般以黄绿蓝三色使用较多，并以黄色为最高贵，只用在皇宫、社稷、坛庙等主要建筑上。就是在皇宫中，也不是全部建筑都用黄色琉璃瓦，次要的建筑用绿色和绿色“剪边”（镶边）。在王府和寺观，一般是不能使用全黄琉璃瓦顶的。清朝雍正时，皇帝特准孔庙可以使用全部黄琉璃瓦，以表示对儒学的独尊。琉璃瓦件大约可分作四类：第一类是筒瓦、板瓦，是用来铺盖屋顶的。第二类是脊饰，即屋脊上的装饰，有大脊上的鸱尾（正吻），垂脊上的垂兽，戗脊上的走兽等，走兽的数目根据建筑物的大小和等级而决定。明清时期规定，最多的是 11 个，最少的是 3 个，它们的排列是，最前面为骑鹤仙人，然后为龙、凤、狮子、麒麟、獬豸、天马……第三类是琉璃砖，用来砌筑墙面和其他部位的。第四类是琉璃贴面花饰，有各种不同的动植物和人物故事以及各种几何纹样的图案，装饰性很强。

彩画是中国古建筑中重要的艺术部分。建筑彩画也有实用和美化两方面的作用。实用方面是保护木材和墙壁表面。古时候有一种椒房，即是在颜色涂料中加上椒粉，不仅可以保护壁面和梁柱而且还可散发香气驱虫。装饰方面的作用即是使房屋内外明快而美观。彩画的图案早期是在建筑物上涂以颜色，并逐渐绘画各种动植物和图案花纹，后来逐步走向规格化和程式化，到明清时期完成了定制。明清时期的彩画主要分两大类：一类是完全成为图案化的彩画，分为和玺彩画（以金色龙凤为主要题材）、旋子彩画，它们都以用金多少和所用的主要题材来定其等次贵贱。另一类是后来才兴起的“苏式彩画”（苏指苏州），它的特点是在梁枋上以大块面积画出包袱形的外廓，在包袱皮内绘各种山水、人物、花鸟鱼虫以及各种故事、戏剧题材（图 3－23）。

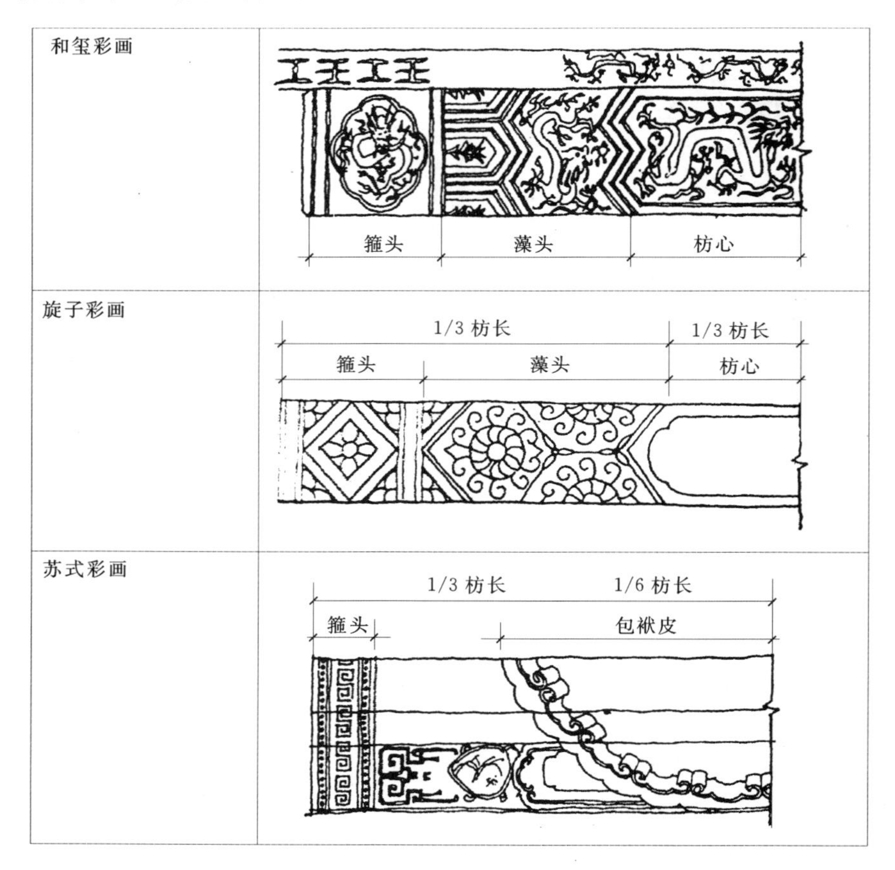

图 3－23　中国古建筑彩画

第 4 章　建筑表现技法初步练习

4.1　建筑工程制图中的字体简介

建筑工程制图中书写的汉字称为工程字，包含汉字、阿拉伯数字和拉丁字母，它是工程图纸文件中非常重要的组成部分，要求字体书写规范、工整、清晰、美观、易辨认。

4.1.1　汉字

在建筑工程制图中汉字主要为仿宋字和黑体字，并应该按照国家正式公布推行的简化字进行规范书写。

1. 仿宋字

仿宋字是由宋体字发展、演变而来的长方形字体，具有笔画匀称、明快、清晰、书写方便的特点。因而是工程图纸中最常用的字体。

（1）字体格式。仿宋字的高宽比为 3∶2；字间距约为字高的 1/4；行距约为字高的 1/3；字的笔画粗细约为字宽的 1/10 如图 4－1 所示。在图纸上书写和平时练习时，都要结合字体的格式，先在书写的位置上用铅笔淡淡地打好格子，再进行书写，这样就可以使字体排列整齐、大小一致、图面美观。

轼	愀	稀	鹊	侣	藉	枯	种	轴	贻	视	喊	柏	珍
玻	璃	球	珍	班	明	昭	晰	昨	堆	坝	战	戟	戳
得	很	往	行	征	贻	赔	败	购	贩	初	袖	衬	雄
盐	盟	监	盆	盛	蚕	茧	螯	蜇	蜃	素	紫	絮	索
破	瞬	楫	烟	诚	泵	卿	倡	城	箱	病	症	群	暮
鸿	儒	蚕	暮	狼	眠	仰	钟	劼	旷	临	贼	愉	侣

图 4－1　建筑工程图纸中的长仿宋字体

（2）字体笔画。仿宋字的笔画要横平竖直，注意起笔和收笔。常用的基本笔画如图 4－2 所示。

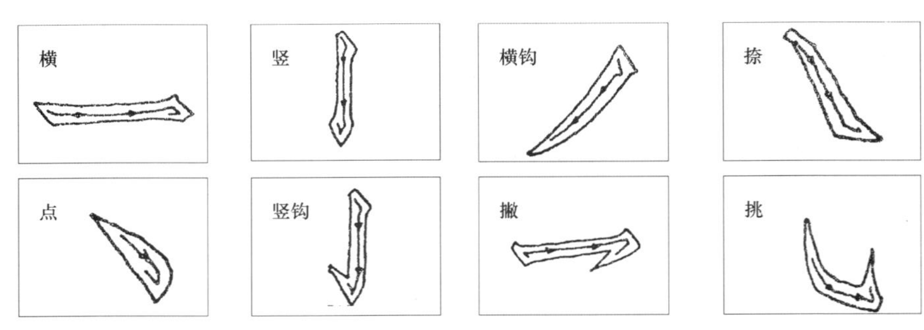

图 4-2　基本笔画

（3）字体结构。要写好仿宋字，了解汉字的结构非常重要，无论是何种结构的汉字，都必须做到：各部分大小、长短、间隔合乎比例，上下左右匀称；各部分的笔画疏密要适当，这样写出来的字体才能美观，如图 4-3 所示。

图 4-3　不同结构字体

2. 黑体字

又称黑方头，为正方形粗体字。具有笔画粗壮有力、字型端庄大方的特点。因此常用作标题和加重部分的字体，如图 4-4 所示。

建筑工程制图仿宋字练习一二三四五

图 4-4　黑体字

4.1.2　数字

在建筑工程制图中的数字常用阿拉伯数字，字体可直写也斜写（倾斜 75°左右）两种。常用于编号、尺寸标注及批注等。阿拉伯数字写法见图 4-5。

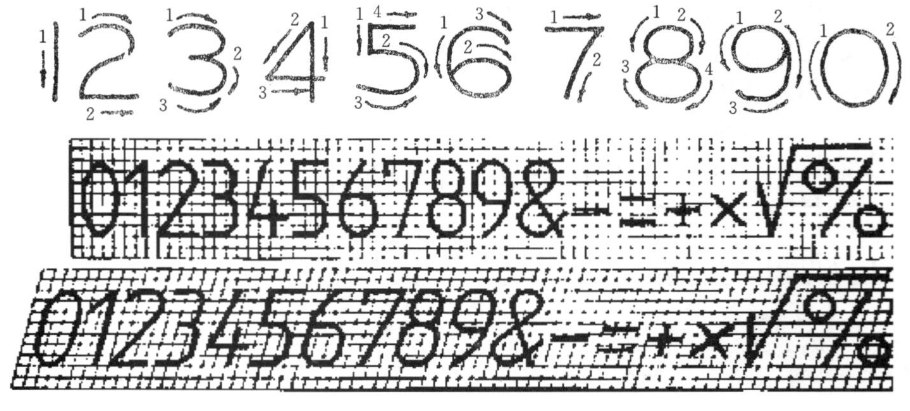

图 4-5　阿拉伯数字写法

4.1.3 拉丁字母

在建筑工程制图中的拉丁字母的书写，要注意笔画的顺序和字体的结构，运笔光滑圆润，字体分直体和斜体（倾斜75°左右）两种，同一图面只能使用一种字体，如图4－6所示。

图4－6 美国全国标准字母写法

4.2 工 具 线 条 图

使用绘图工具工整的绘制出来的图样称为工具线条图，根据所使用的工具不同分为铅笔线条图和墨线线条图两种。工具线条图作图参考顺序：先上后下、丁字尺一次平移而下；先左后右、三角板一次而右；先曲后直、用直线易准确地连接直线；先细后粗、铅笔粗线易污图面，墨线条粗线不易干影响画图进度。

4.2.1 绘图工具

常用绘图工具有丁字尺、三角板、图纸、2H～2B铅笔、针管笔、鸭嘴笔、比例尺、曲线板、量角器、圆规、绘图墨水、擦图片、胶纸、图钉、刷子、手帕、橡皮、双面胶、胶带纸等如图4－7所示。

4.2.2 铅笔线条图

铅笔线条图是所有建筑画的基础，要求画面整洁、线条光滑、粗细均匀、交接清楚、颜色深浅一致，通常用于建筑画的起稿和方案草图的绘制。

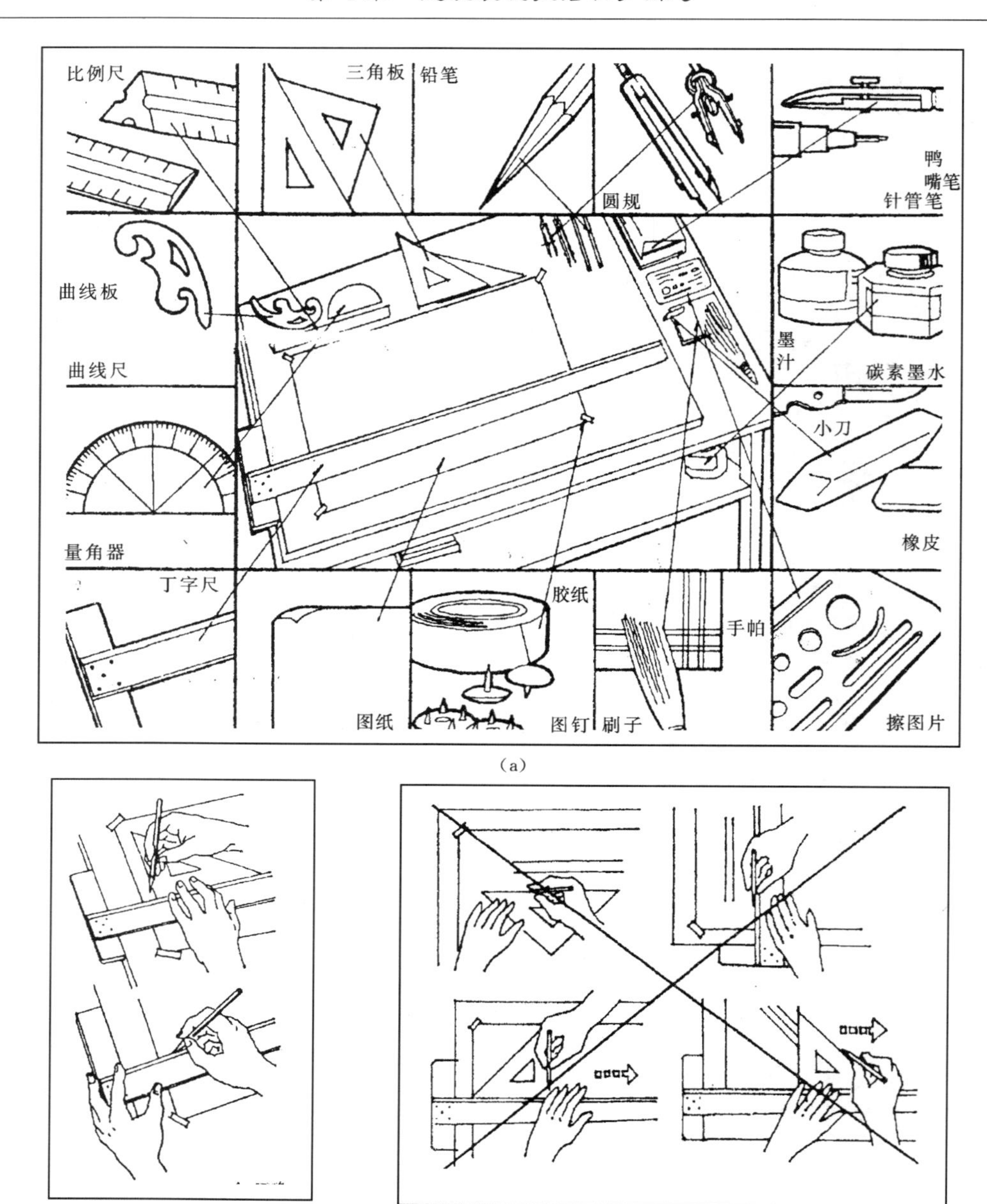

图 4－7　常用绘图工具及其使用方法

(a) 常用绘图工具及其在作图时的置放；(b) 丁字尺、三角板正确的使用方法；(c) 丁字尺、三角板不正确的使用方法

1. 绘图工具——绘图铅笔（图 4－8）

绘图铅笔的铅芯用石墨或加颜料的黏土制成，有黑色和各种颜色之分，黑色的绘图铅笔以 H 和 B 划分硬、软度，有 6H～6B 多种型号。表硬度为 H 型的铅笔多用于制图，绘画则根据需要分别采用 B 至 6B 型号，在建筑工程制图中常用的铅笔型号是 H、HB、B 三种型号。

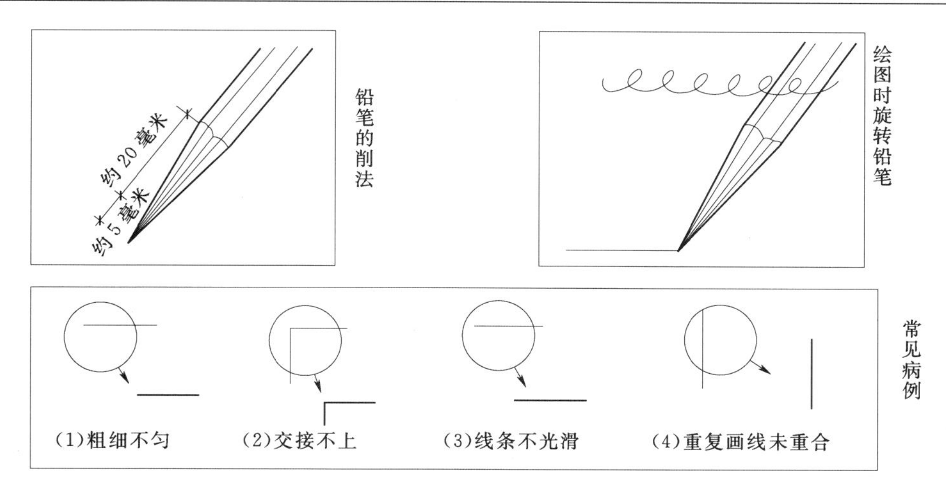

图 4-8　工具铅笔线条图的工具及使用方法

2. 铅笔绘图图例（图 4-9、图 4-10）

图 4-9　工具铅笔线条绘图——西方古典柱式

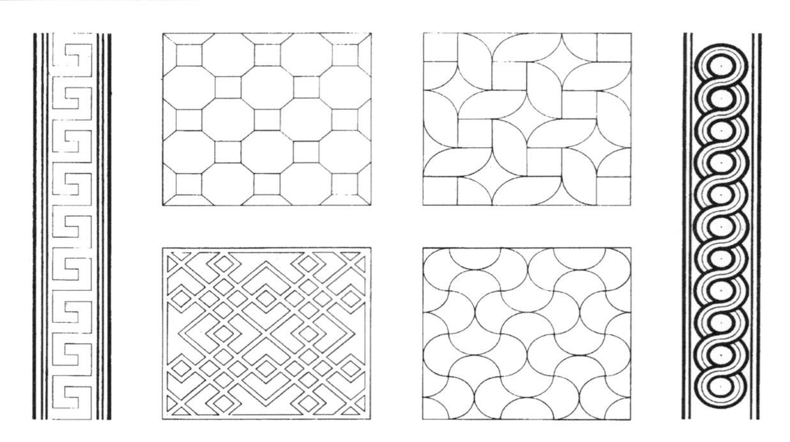

图 4 - 10　工具铅笔线条绘图——几何图形

4.2.3　墨线条图

（1）绘图工具——针管笔、直线笔（图 4 - 11）。

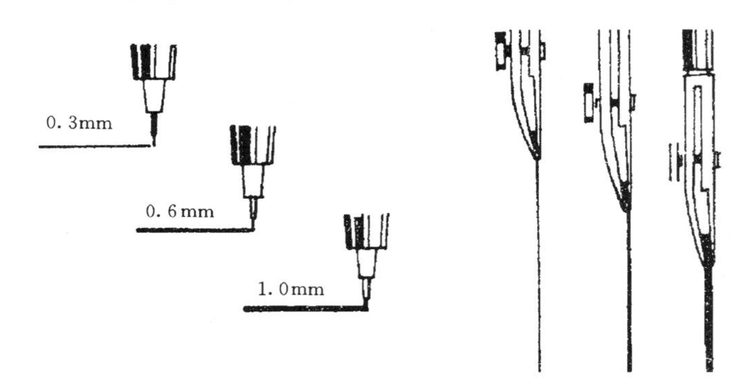

图 4 - 11　直线笔和针管笔

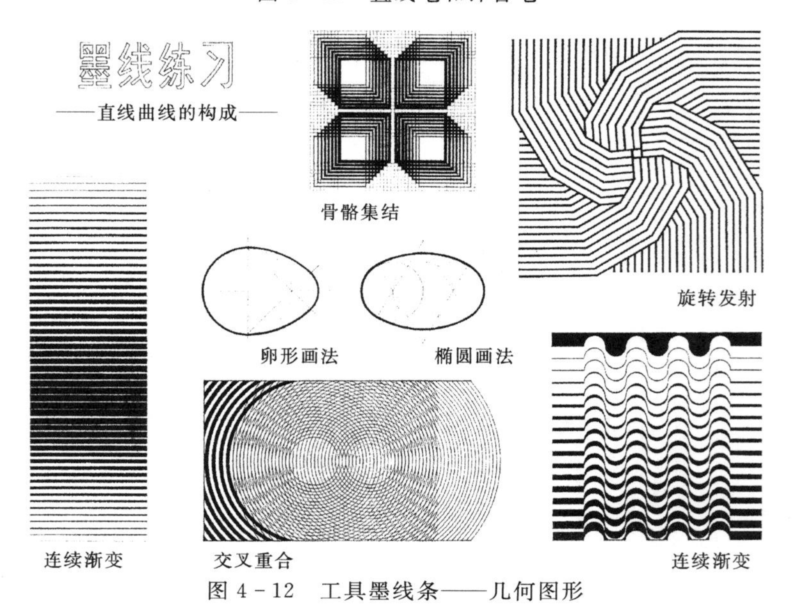

图 4 - 12　工具墨线条——几何图形

针管笔：使用碳素墨水，使用方便，颜色较淡。

直线笔（鸭嘴笔）：使用绘图墨水或墨汁，颜色较浓，线条亦较挺，使用时应保持笔尖内外侧无墨迹，以免晕开，上墨水量要适中，过多易滴墨，过少易使线条干湿不均匀。

（2）墨线条图例（图4－12和图4－13）。

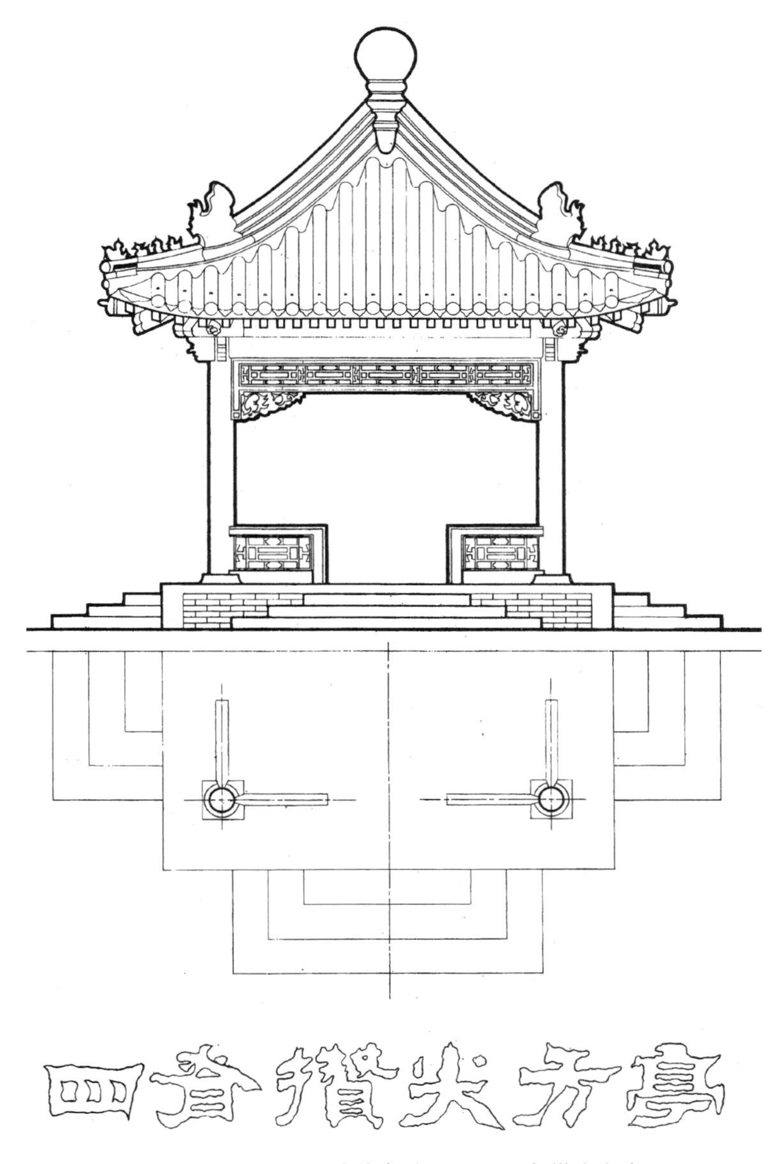

图4－13　工具墨线线条绘图——四角攒尖方亭

4.3　建筑徒手钢笔画技法

徒手钢笔画是纯粹的线条的组合，以线条的粗细、疏密、长短、虚实、曲直等来组织画面，具有画面效果明快、用材简易的特点，是建筑师表达建筑的基本技能之一，也是建筑创作构思、方案设计推敲最便捷的最有效的表现手段，因而是建筑师必须掌握的非常重要的基本技能。

4.3.1　钢笔画常见的几种基本画法

（1）以勾形为主的单线画法，即所谓白描。这种画法以画出物体的轮廓及面的转折线为主，在内容较繁杂处可加重前后交叠物体的轮廓线，已增加画面的层次。一般来说，轮廓线最重，体与面的转折线次之，平面上的纹理最轻。此种方法易取得淡雅的效果。

（2）单线勾形再加上物体质感和色感的表现。当然，表现质感的同时也可表现色感，色感的深浅以表现质感的线组的疏密来调整。此种方法有一定的装饰效果，适用于室内设计图。

（3）单线勾形再加简单的明暗色调的表现。这种方法有一定的立体感，可产生明快简朴的效果。另一相似的方法是在画面主题上施以简单的明暗色调，而在配景中则免去明暗色调，以加强“聚焦”的效果。

（4）以色感与光影的表现为主的画法。体和面以色和光来区分，以面的表现为主，不强调构成形的单线。此种画法的空间感强，层次多，较富有表现力，但掌握全局较难。

4.3.2　学习建筑钢笔画的基本步骤

一幅完整的建筑钢笔画我们可以把它看成由不同的元素构成，通过对这些元素的分解学习，来达到我们对钢笔画学习的目的。

步骤一：钢笔线条的练习。

通过使用不同粗细的钢笔来进行大量的线条（直线、曲线、折线、长线、短线、粗线、细线等）练习，达到能够轻松、熟练地画出这些线型为止。练习时应注意：运笔要放松，一次一条线（线条粗细、光滑基本一致），切忌分小段往复描绘；过长的线条可断开，分段再画，分开画时应留点小间隙，避免搭接时出现小点；画直线时宁可局部小湾，但要做到整体大直；画物体时轮廓、转折等处可加粗强调。

步骤二：钢笔线条的组织练习（图 4－14）。

由于对各种线条的曲直、长短、方向、疏密、叠加等方式进行不同的排列组合，会产生不同的视觉效果，来达到表现出画面的色调（明暗光影）变化和材料的质感呈现的效果之目的，因此通过大量的线条的组合练习，来熟练掌握和了解其变化规律和特点及所表现出的效果，可为后面的学习打下坚实的基础。

步骤三：钢笔画的配景练习。

1. 树木（图 4－15～图 4－19）

树木是建筑配景的一部分，通常采用一般的品种和常规的表现方法，不宜过多强调趣味性，如盘根错节的老树枯藤或久经风吹的强烈动感等。在画面中，树木不应遮挡建筑物的主要部分。远景树木应在建筑的后面，起烘托建筑物和增加画面空间感的作用，色调和明暗与建筑物要有对比，形体和明暗变化应简化；中景树木，可在建筑物的两侧或前面。当其在建筑物的前面时，应布置在既不挡住重点部分又不影响建筑物完整性部位；近景树木为了不挡住建筑物，同时也由于透视的关系，一般只画树干和少量的树叶，使其起

“框”的作用，不宜画全貌。

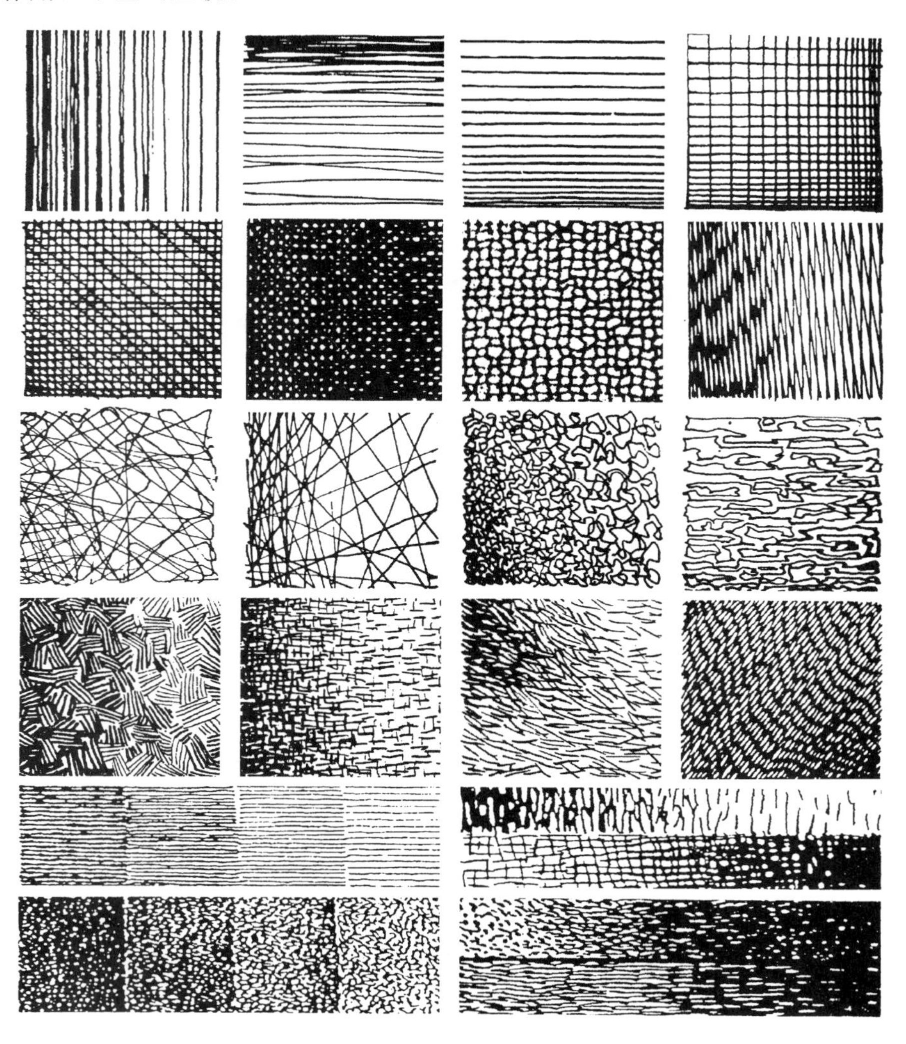

图 4-14 钢笔线条的组合——肌理和退晕

2. 人物（图 4-20～图 4-23）

人物亦是建筑配景的一部分，它可增加画面的空间感、生动感，形成一定的气氛和生活气息。人体各部分的比例关系一般以头长为单位，我国大多数人的高度是 7～7.5 头长。建筑画中人物尺度较小，一般只要表现比例大致准确即可；忌头大，应身材修长；人物动向应有向心的“聚”的效果，忌过分分散和动向混乱；近景人物只需轮廓简略概括即可。

3. 车辆、飞机和船舶（图 4-24 和图 4-25）

它们也是建筑配景的一部分，可以起到丰富画面空间的良好效果。

步骤四：钢笔画的综合练习（图 4-26～图 4-28）。

选取一些不同风格的，内容比较丰富的建筑钢笔画名作进行反复临摹练习，要达到能轻松熟练几可乱真即止。这是培养和提高徒手钢笔画技能的有效方法和必经之途。

图 4－15　建筑配景——树木的叶丛

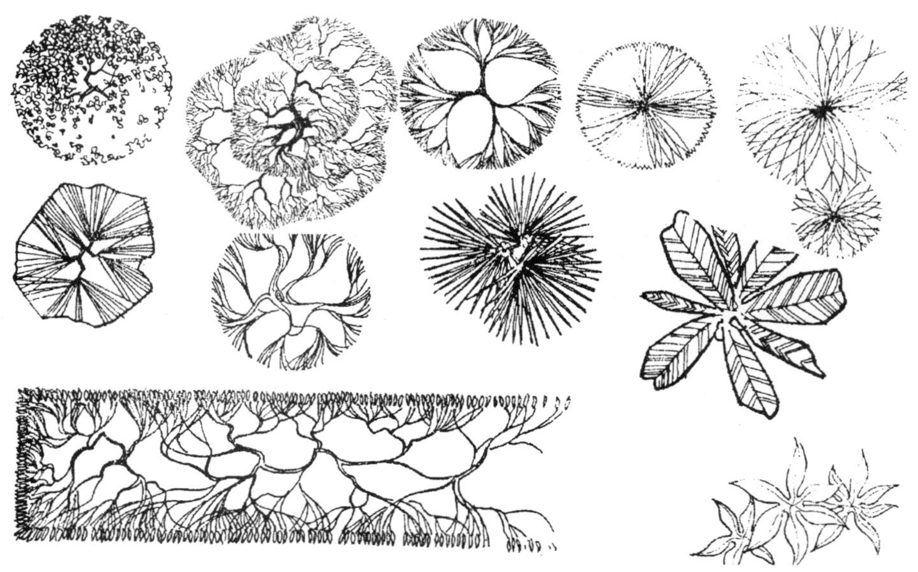

图 4－16　建筑配景——树木的平面

步骤五：钢笔画的创作练习（图 4－29～图 4－32）。

通过把建筑实景照片创作成徒手建筑钢笔画的练习，可以达到培养和锻炼学生的观察分析能力、整体把握能力、尺度平衡能力、表现技法运用的能力之目的。从而达到进行自由的钢笔画创作之路。

图 4－17 建筑配景——树木（写意）

图 4－18　建筑配景——树木（写实）（一）

图 4-19　建筑配景——树木（写实）（二）

图 4-20　人物

图 4-21　建筑配景——人物（远景）

图 4-22　建筑配景——人物（近景）

图4-23 建筑配景——人物（中、近景）

图 4-24　建筑配景——小轿车

图 4-25 建筑配景——飞机、船舶

图 4-26　钢笔画临摹——老屋

Set-Trinite 教堂前的大街车水马龙
the heavy traffic before Ste-Trinite

图 4-27 钢笔手绘巴黎建筑（陈新生作品）

造型优美的 Ste-Trinite 教堂
the elegant Ste-Trinite church

图 4-28　钢笔手绘巴黎建筑（陈新生作品）

图 4-29 建筑实景照片——流水别墅

图 4-30 建筑实景照片改画——流水别墅(细部)

图 4 - 31 建筑实景照片——荷兰小镇

图 4-32 建筑实景照片改画——荷兰小镇（细部）

图 4－33　建筑配景练习（一）

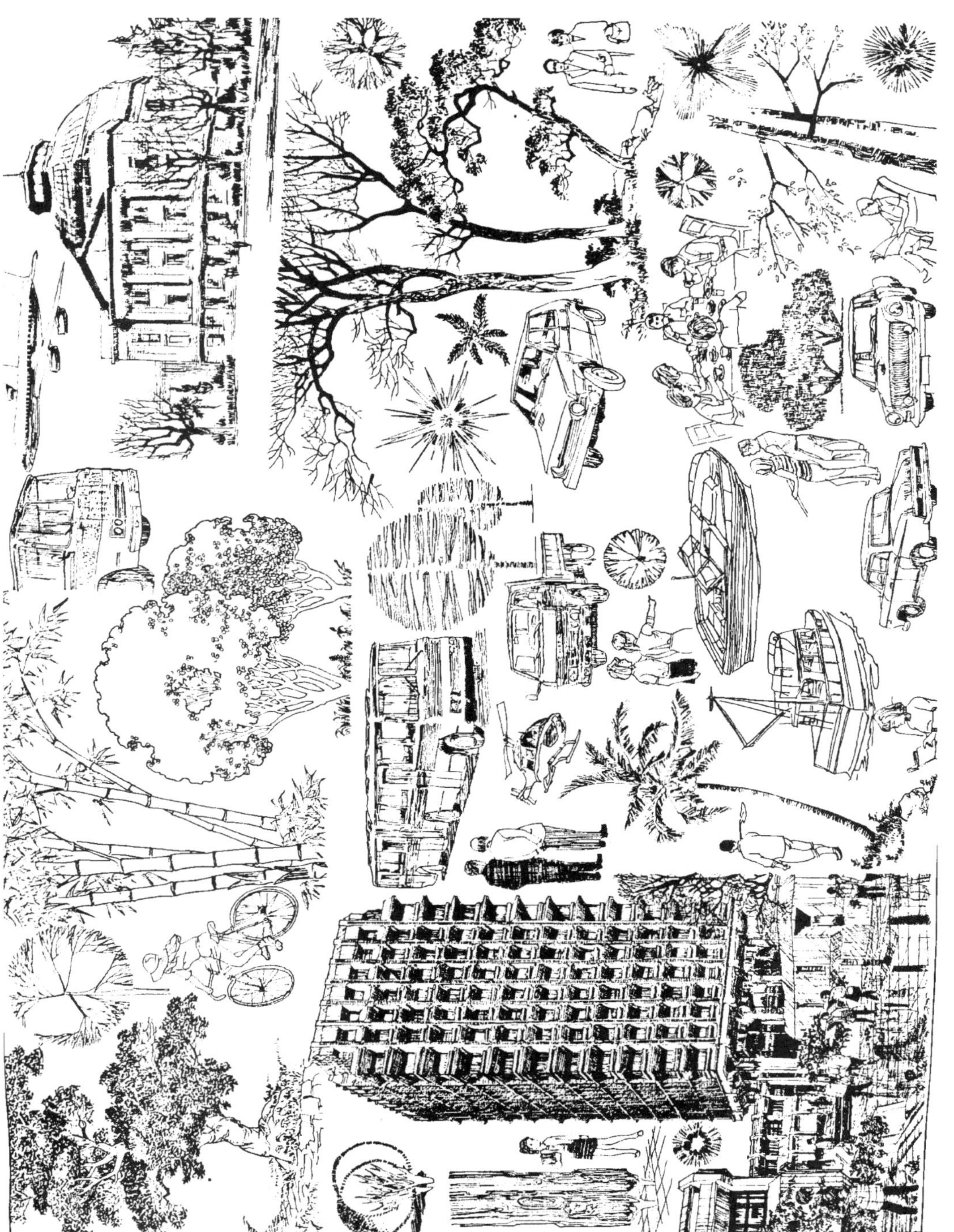

图 4-34 建筑配景练习(二)

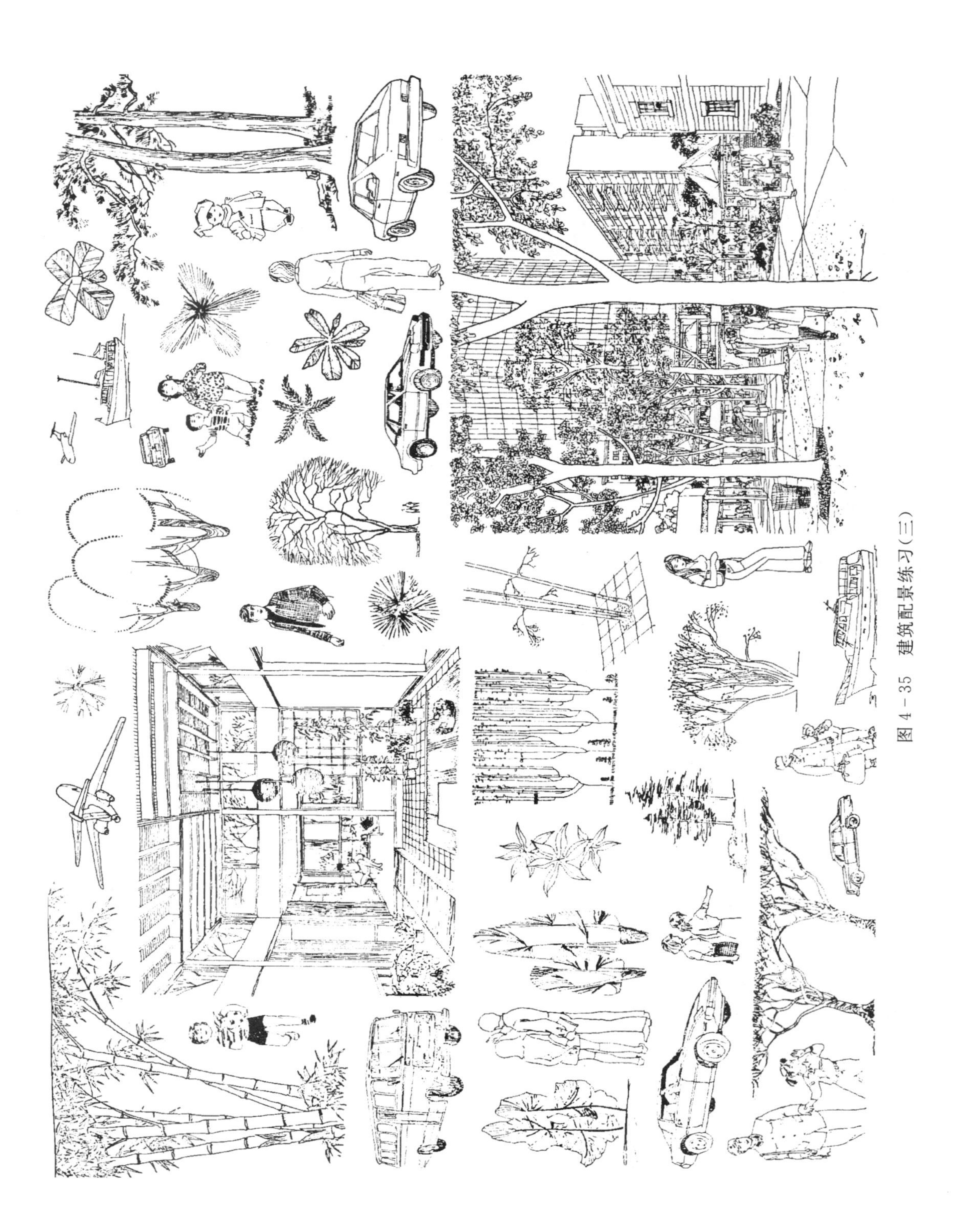

图 4－35　建筑配景练习(三)

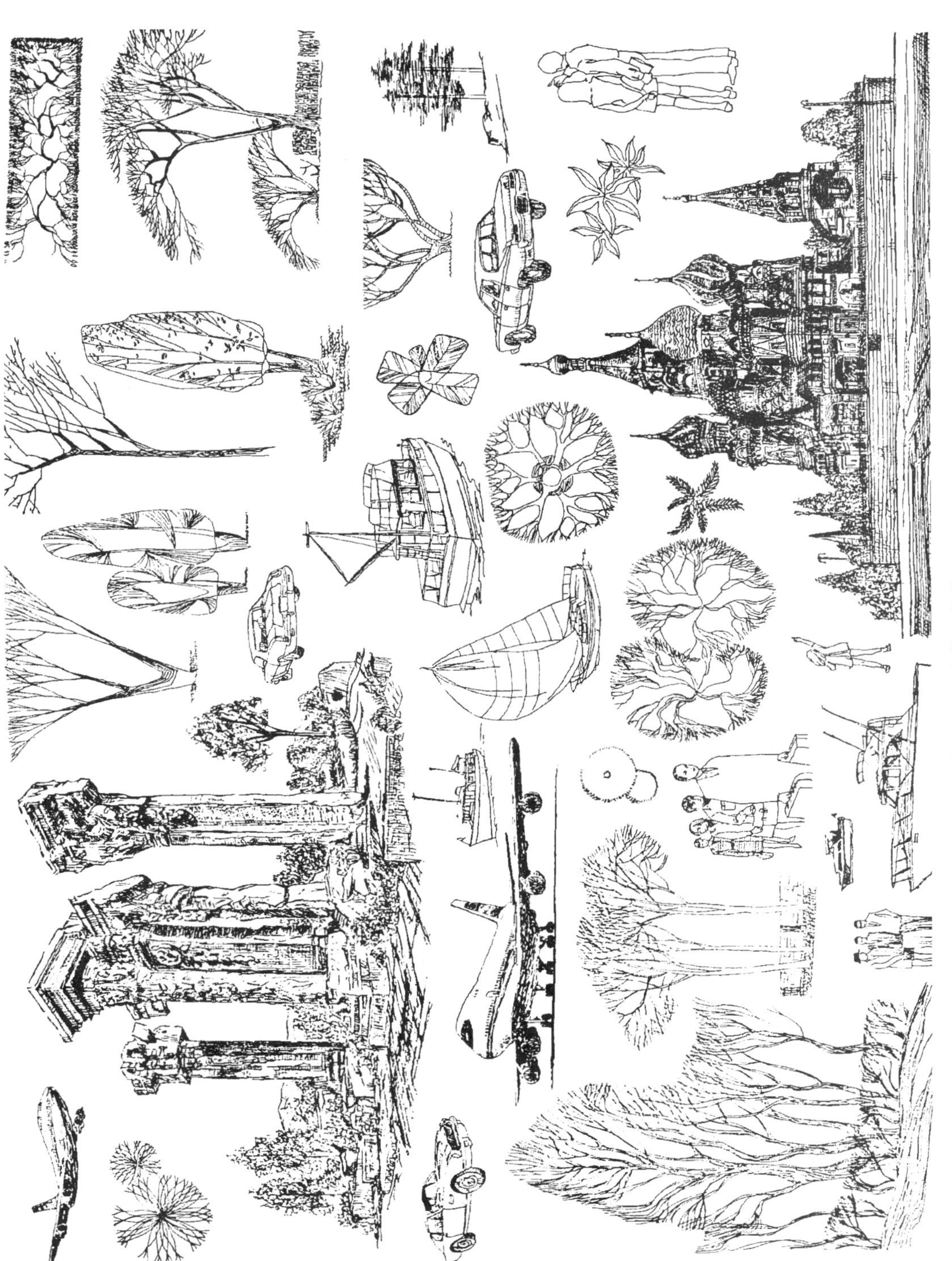

图 4-36 建筑配景练习(四)

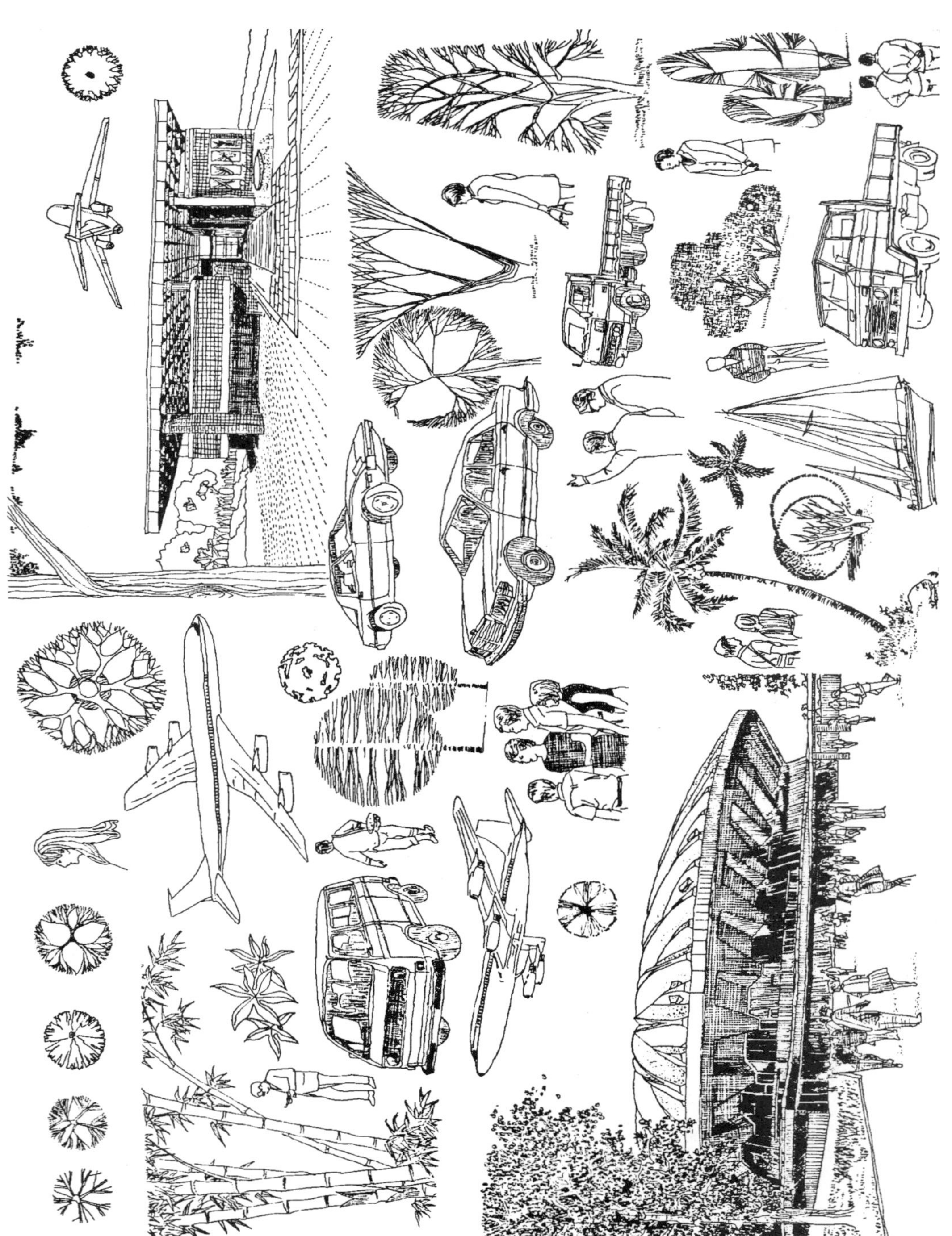

图 4-37　建筑配景练习(五)

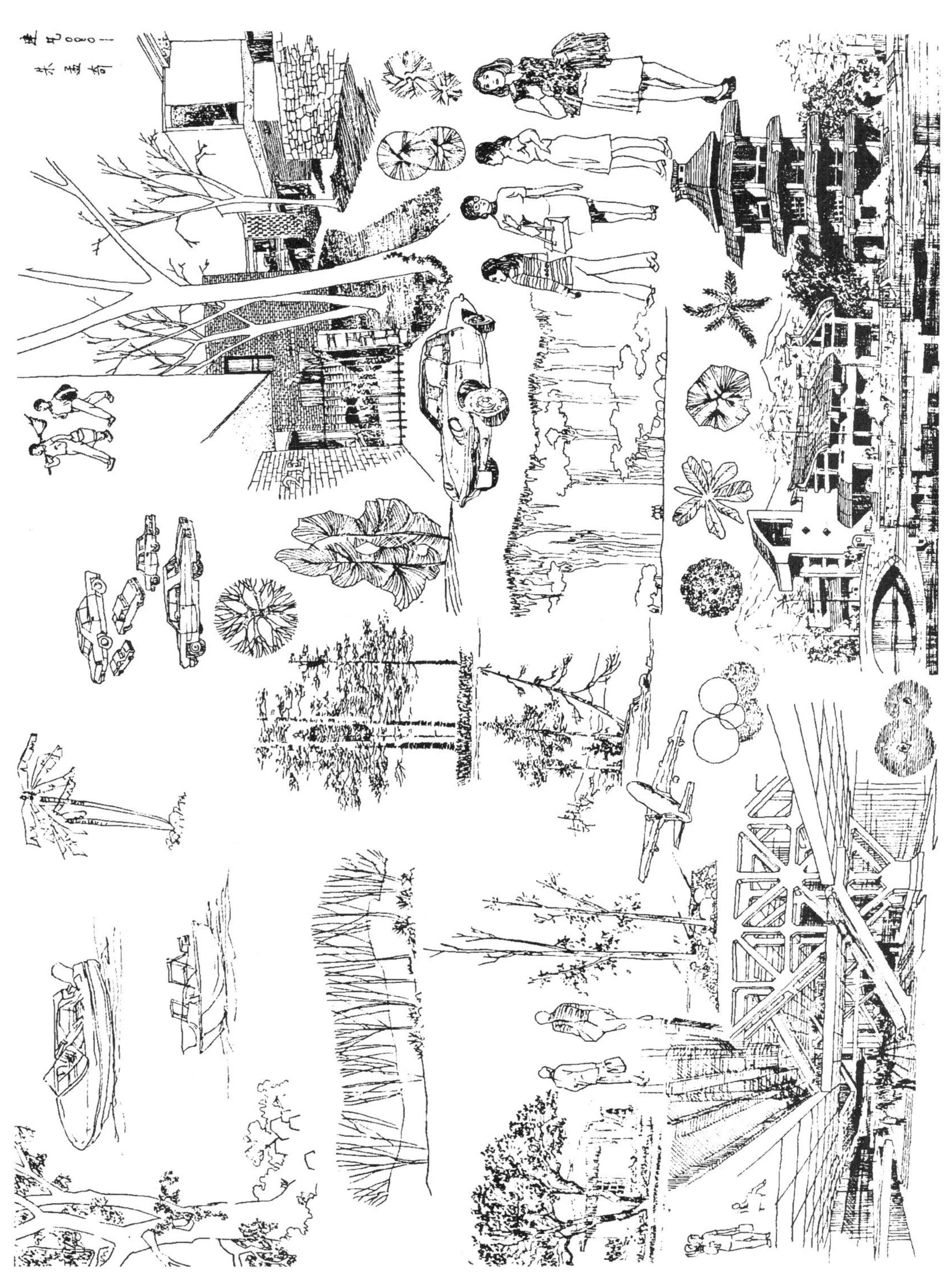

图 4-38 建筑配景练习(六)

图 4-39　建筑配景练习(七)

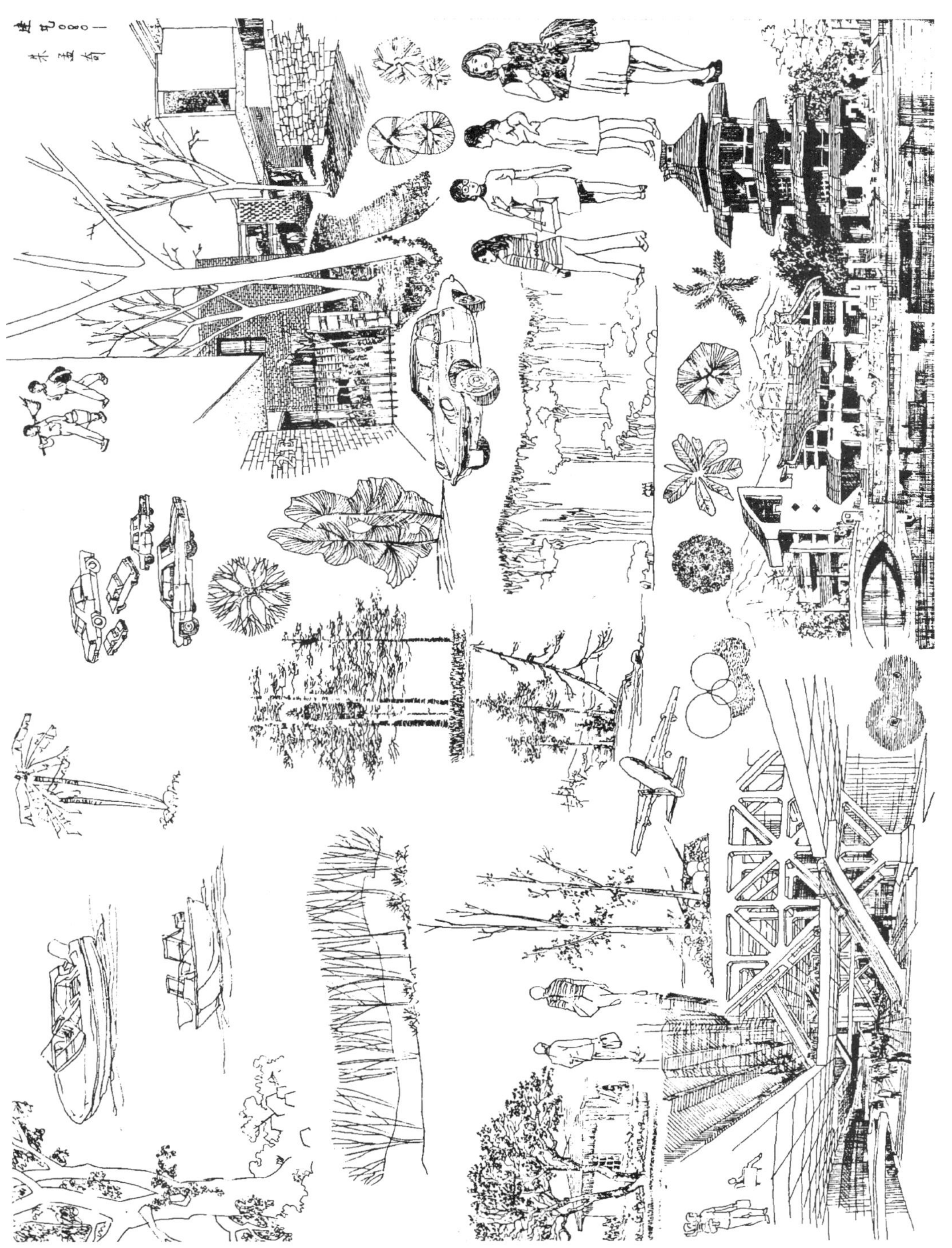

图4-40　建筑配景练习(八)

实训练习题

（图纸二号图幅）

1. 工程字体练习——仿宋字、阿拉伯数字、拉丁字母（图 4-33）。

2. 工具铅笔线条练习——几何图形。

3. 工具铅笔线条练习——西方古典柱式。

4. 徒手铅笔线条练习——西方古典柱式、中式古亭。

5. 工具墨线条练习——几何图形。

6. 墨线条综合练习——为自己设计名片或书刊杂志封面（含线条、数字、文字）。

7. 钢笔画练习——线条与肌理。

8. 钢笔画练习——建筑配景（人、交通工具、植被）（图 4-34～图 4-40）。

9. 钢笔画练习——临摹钢笔画。

10. 钢笔画练习——实景照片画成钢笔画。

11. 钢笔画综合练习——画一幅钢笔画（含天空、建筑、人、植被、道路、水、动物、汽车、飞机、路灯、石头等）。

12. 钢笔画综合练习——为自己画一幅工作场景漫画。

第5章　构图基本知识

“构图”是艺术家为了表现作品的主题思想和美感效果，在一定的空间内，安排和处理人、物的关系和位置，把个别或局部的形象组成艺术的整体。研究构图就是需要从自然美的背后发掘一下美的规律。一般来说，构图涉及各种形式法则，其基本原理主要是对变化统一法则的应用，由此产生对比、均衡、统一、节奏、韵律、比例等构图的基本规律。

5.1　构图要素及应用

在建筑形态中，点、线、面、体是建筑的基本元素。

从几何学的角度来看，从无方向的点到一维的线；从一维的线到两维的面；从两维的面到三维的体。这些都是概念性的要素，只有在人的头脑中可以感知到。

但是，从建筑学的角度来看，其构成情况恰好相反，体是建筑形态的基本元素，体在它的一个、两个或三个维度上的缩减则得到面、线和点元素（图5－1）。从这个意义上看，建筑设计本质上是属于立体构成的范畴。我们在建筑图上所画出的每一个点、每一条线或每一个面，在实际中都占有一定的空间，具有长、宽和高上的规定。在建筑设计中，区分几何学的点、线、面、体与建筑学的点、线、面、体很重要。一个短而高的线体在实际中很可能被当做一个点元素来理解。因此，我们应培养从建筑学的角度来看待平面设计中的各种元素。

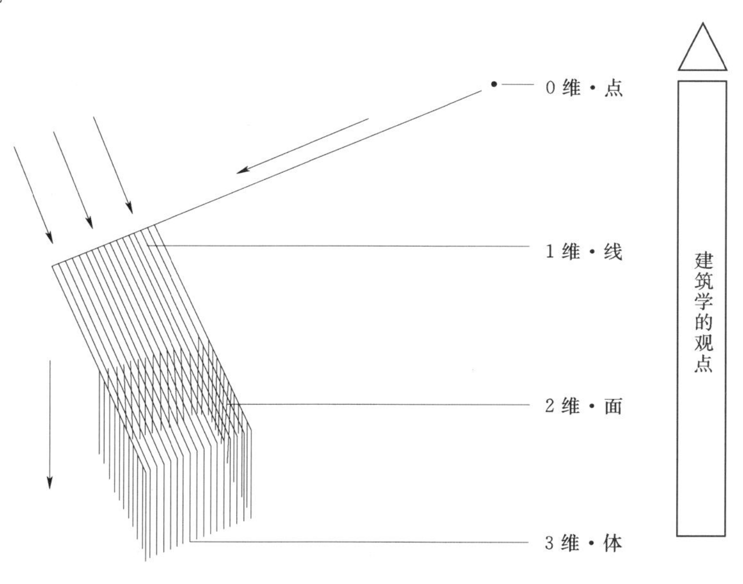

图5－1　点线面体的转化

5.1.1 点

5.1.1.1 点的基本概念

点是所有形式之中的基本要素。在构图的各要素中，点是相对较小的元素，它与面的概念是相互比较而形成的，同样是一个圆，如果布满整个构图画面，它就是面了；如果在一个构图中多处出现，就可以理解为点。

1. 点标识的基本内容

点最重要的功能就是表明位置和进行聚集；一个点在平面上，与其他元素相比，是最容易吸引人的视线的。点可以标识以下内容（图5-2）。

（1）端点：一条线的两端。

（2）交点：两条线的相交处。

（3）角：面或体的边界线相交处。

（4）中心：一个范围或空间的中心。

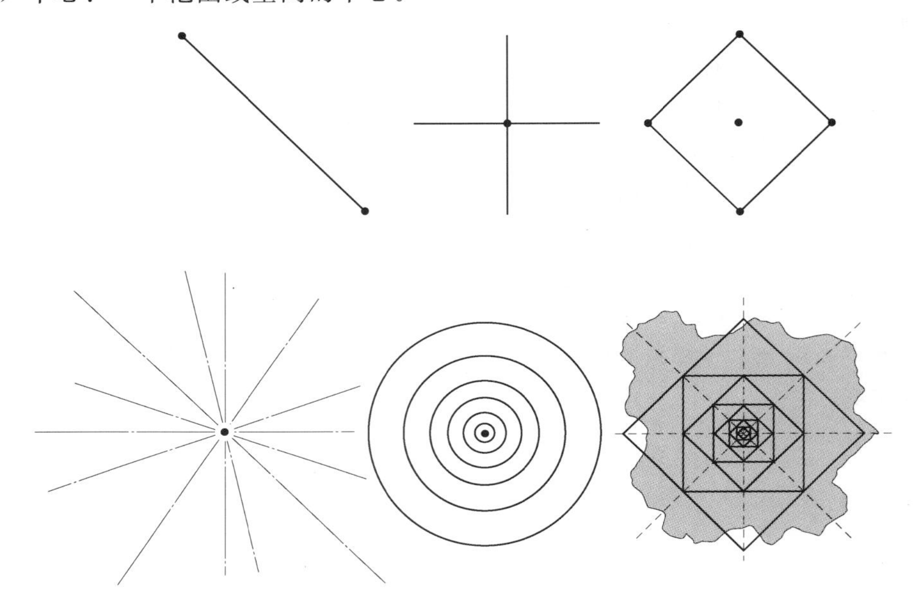

图5-2 点的标识内容

2. 点的心里感觉

尽管从理论上讲一个点是没有长、宽或高的，但当把它放在某个空间中时，表示在空间中的一个位置。

当一个点处在某个空间的中心时，它是稳定的、静止的，以其自身为中心来组织围绕在它周围的各个要素，并且控制着它所处的范围（图5-3）。

但是，当这个点从某个空间中心偏移的时候，它所处的这个空间就会变得比较有动势，并开始与这个点争夺在视觉上的控制地位。点和它所处的空间之间就造成了一种视觉上的紧张关系（图5-4）。

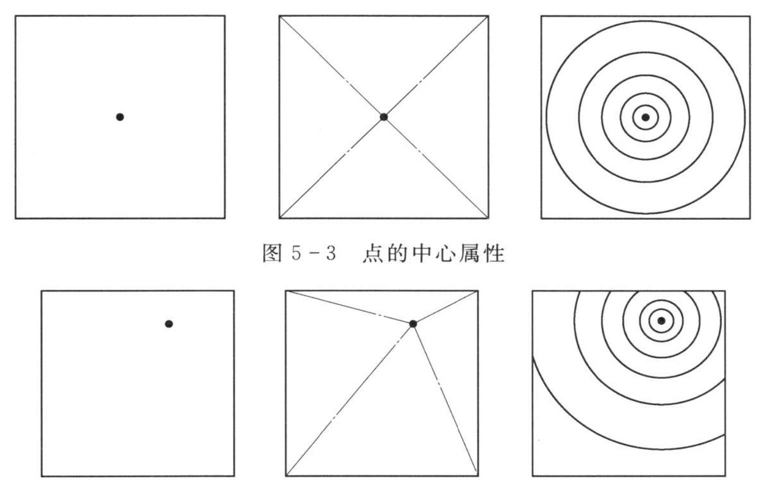

图 5-3 点的中心属性

图 5-4 点所造成的动势

3. 点的限定

两点可以确定一条直线。虽然两点使此线的长度有限，但此线也可以被认为是一条无限长直线上的一个线段（图 5-5）。

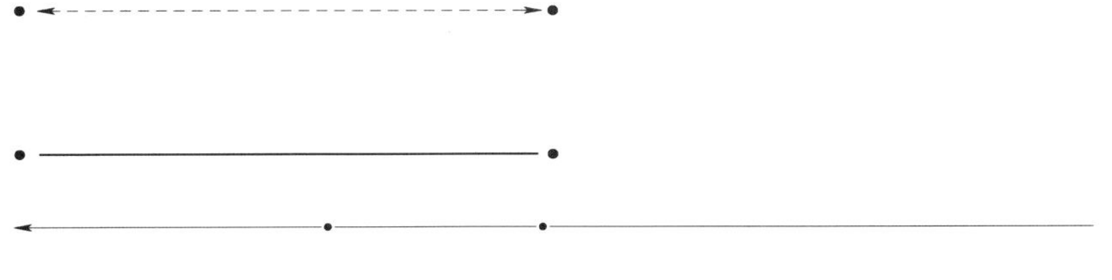

图 5-5 两点确定的线

我们也可以从两点的连线中引伸出一条垂直于此线段的轴线。由于这条轴线可能是无限长的，所以在某种情况下，可能比所连成的直线更居于主导地位（图 5-6）。

由这两点可以确定两条相互垂直的线；同时，由于点的无方向性，其自身又可以限定无数条通过这些点的直线，此时，前述两条相互垂直的线更居于主导地位（图 5-7）。

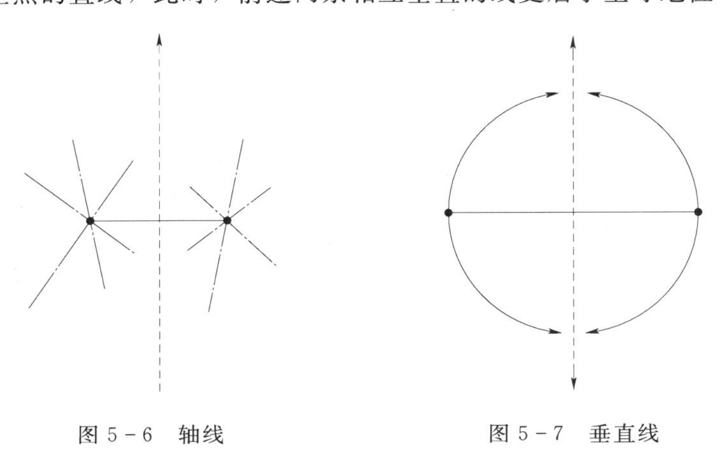

图 5-6 轴线　　图 5-7 垂直线

点的排列不同强调不同性格：连续的、规律性的点排列在一起强调韵律；非线性规律的组合在一起强调变化。

5.1.1.2 点在建筑中的运用

点可以标志一个位置，这一功能在建筑设计中有着广泛的应用。表现如下：

(1) 在平面中：列柱或者垂直的线要素。

(2) 在立面中：门窗、装饰。

(3) 在群体布局中：建筑单体。

1. 端点

在平面中，两个端点可以用来指示一个门道。这两个点升起来限定入口的面，并垂直于它的引道（图5-8）。

图5-8 两个端点形成一个门道

2. 交点

点是最基本和最重要的元素，一个较小的元素在一幅图中或者两个以上的非线元素同时出现在一个图中，我们都可以将其视为点。它在自由构图中往往作为一种平衡手段来应用，并且在实际的应用中较容易地取得均衡的心理体验（图5-9）。

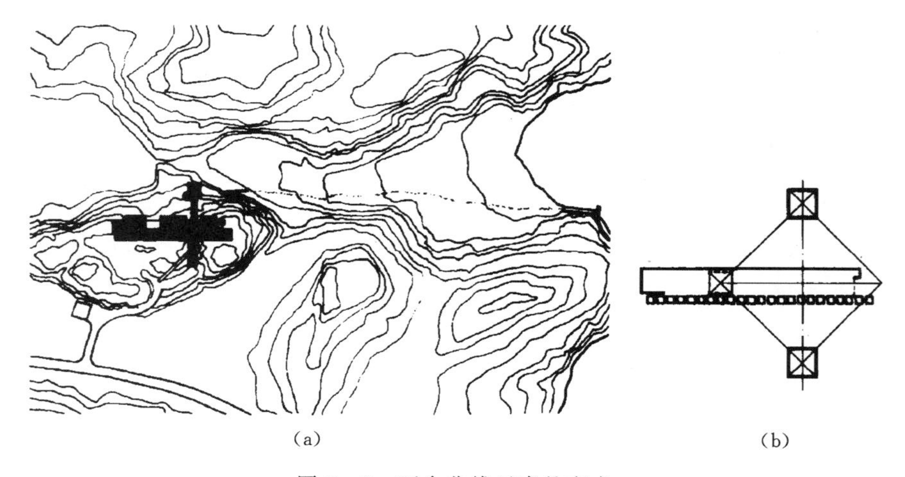

(a) (b)

图5-9 两个非线元素的交点

(a) 总平面图；(b) 平面分析图

3. 角

一个点也常常用来标志建筑物的转角或两端，以及两个线状建筑物的交叉点。实际上，我们常见的在建筑物的转角、两端和线状建筑物的交叉点上所凸出的某些特殊处理，如穹顶、锥体或空框架等都是这种标志作用的体现（图 5-10）。

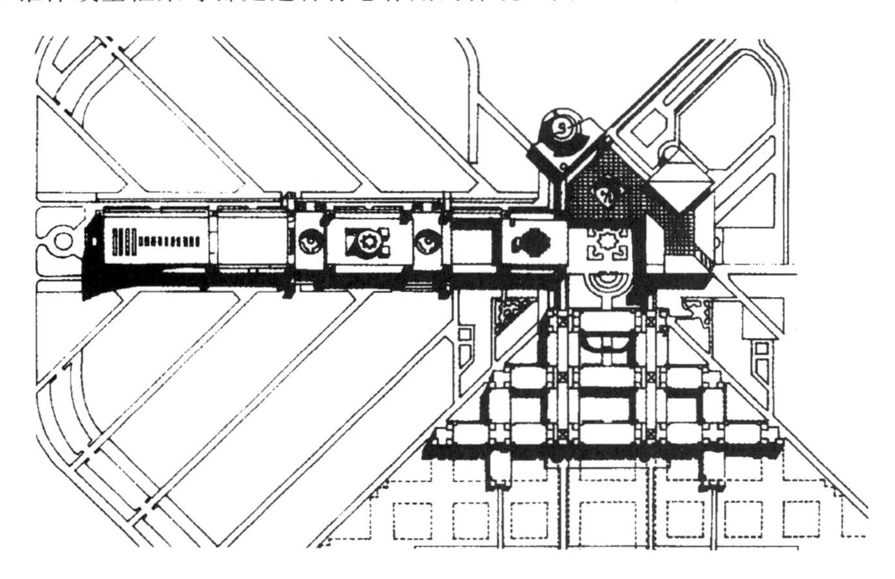

图 5-10 建筑物的角

4. 中心点

一个点可以用来标志一个范围或形成一个领域的中心。即使这个点从中心偏移时，与其他元素相比，还是最容易吸引人的视线的。在这种情况下，点常常代表着一种独立的垂直物，如方尖碑、纪念碑、雕塑或雕像以及塔楼等建筑实体（图 5-11）。

垂直线的点特征具有点的视觉特征的其他派生形式（图 5-12）。

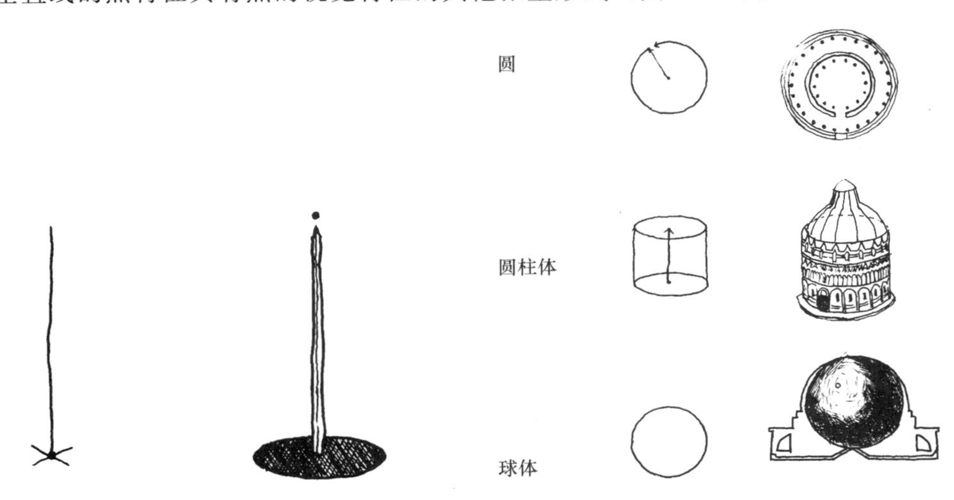

图 5-11 方尖碑或塔

图 5-12 点的其他派生形式

还有一种特殊情况，在更大的环境范围内，尤其是在高密度的建筑环境中，点元素也可能是一个虚体，即一块公共广场、绿地或水面等，其他的建筑实体均围绕着这一虚拟空间来组织。

5.1.2 线

5.1.2.1 线的基本概念

点经过连续不断的运动而延伸成为一条线。一个点就其本性而言是静止而且各向同性的，而线则是由点运动而来，因此能够在视觉上表现出方向、运动和生长。

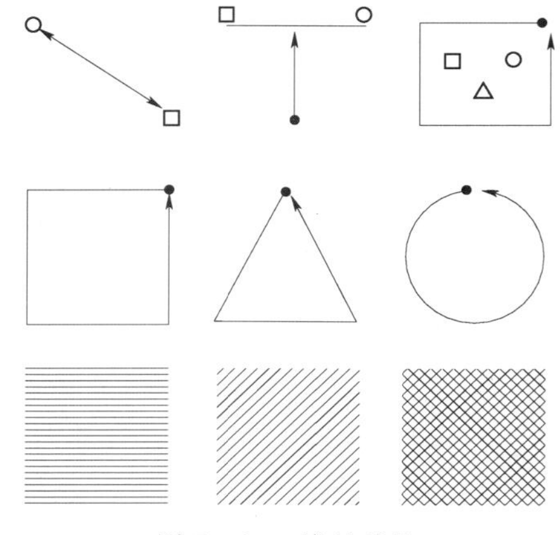

图 5－13 线的特性

1. 线具有的特性（图 5－13）

（1）长度。

（2）方向。

（3）位置。

线作为视觉作品的一个重要构图元素。

常用来表达：连接、联系、支撑、包围或贯穿其他视觉要素；描绘面的轮廓，并给面以形状；表达平面的外观。

2. 线的形态特征

直线：具有力量、稳定、生气、坚硬的意味；给人以明确简洁和锐利的感觉。

曲线：具有柔和、流畅、轻婉、优美的意味；给人以丰满柔软欢快轻盈和调和的感觉。

折线：具有突然、转折的意味。

3. 线的方位、方向关系

一条线的方位与方向影响着它在视觉构成中所发挥的作用。

垂直线：可以表达一种与重力平衡的状态，表现崇高与庄重，或者标识出空间中的一个位置。

水平线：可以代表稳定性、地平面、地平线或者平躺的人体（图 5－14）。

斜线：具有不安定和动态感，是视觉上的活跃因素，因为它处于不平衡状态（图 5－15）。

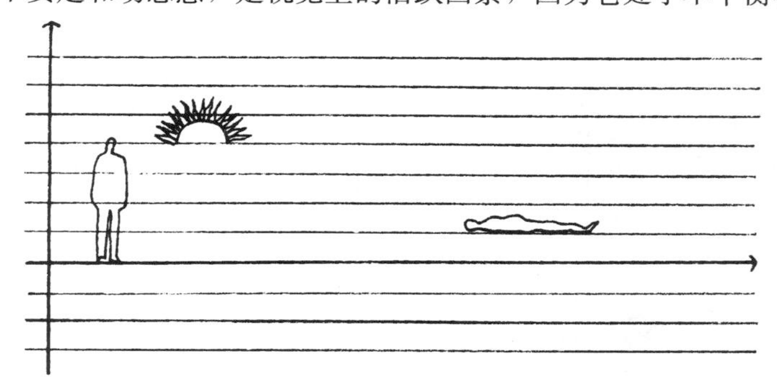

图 5－14 垂直线与水平线的形态特征

几何曲线：富于节奏性比例性精确性规整性等特点，并富有某种现代感的审美意味。

自由曲线：活跃、灵动。形态富于变化，追求与自然的融合。

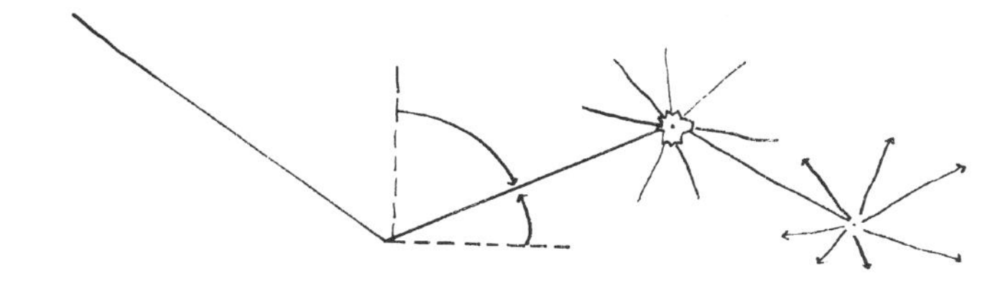

图 5-15　斜线的形态特征

5.1.2.2　线在建筑中的运用

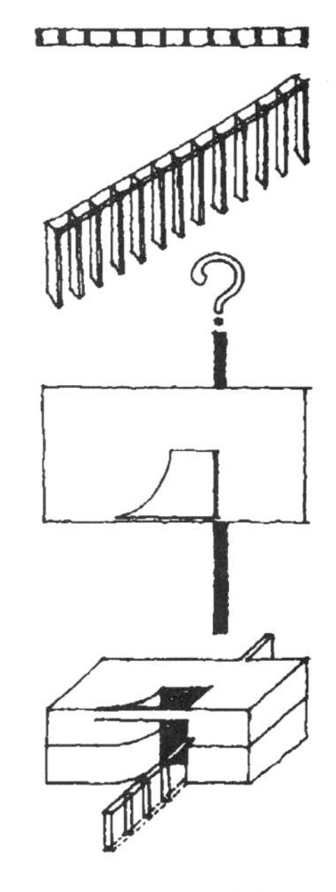

图 5-16　线的连续性体验

在建筑中，任何元素都具有长、宽、高三个维度。一般说来，建筑设计中对线的体验取决于人们对它的两种视觉特征的感知：长宽比和连续性。如平面中的墙体；立面中的带状窗；带状形态的建筑单体及建筑群等等。长宽比越大，线的体验就越强，反之则越弱。连续程度越完整则线的体验就越强，反之，当这种排列过程被隔断或被其他东西严重干扰时，则线的体验就变弱，甚至消失了（图 5-16）。

在建筑设计中，线的作用很多，常见如下：

一是联系和连接作用，如长廊和建筑内部的交通过道等［图 5-17（a）、（b）］；二是支撑作用，如建筑中的柱子、梁和网架的杆件等［图 5-17（c）］；三是装饰和描述作用，如暴露的柱子或空框架［图 5-17（d）］。同时，线还可以描述一个面的外表质感特征［图 5-17（e）］。

此外，在设计中建筑师还常常用一种不可见的、抽象存在的线来作为组织环境和空间实体的要素。一个典型的例子就是轴线的应用。轴线是一条抽象的控制线（图 5-18），其他各要素均参照此线在其两侧作对称式的安排。有时，建筑师为获得对某景物的观赏而在设计中常常考虑保留一条视觉通道。

5.1.3　面

5.1.3.1　面和体的基本概念

1. 面的概念

一条线沿着不同于自身的延伸方向运动（展开）的运动轨迹就形成了面（图 5-19）。

面特征如下：

（1）长度和宽度。

（2）形状。

（3）表面。

（4）方位。

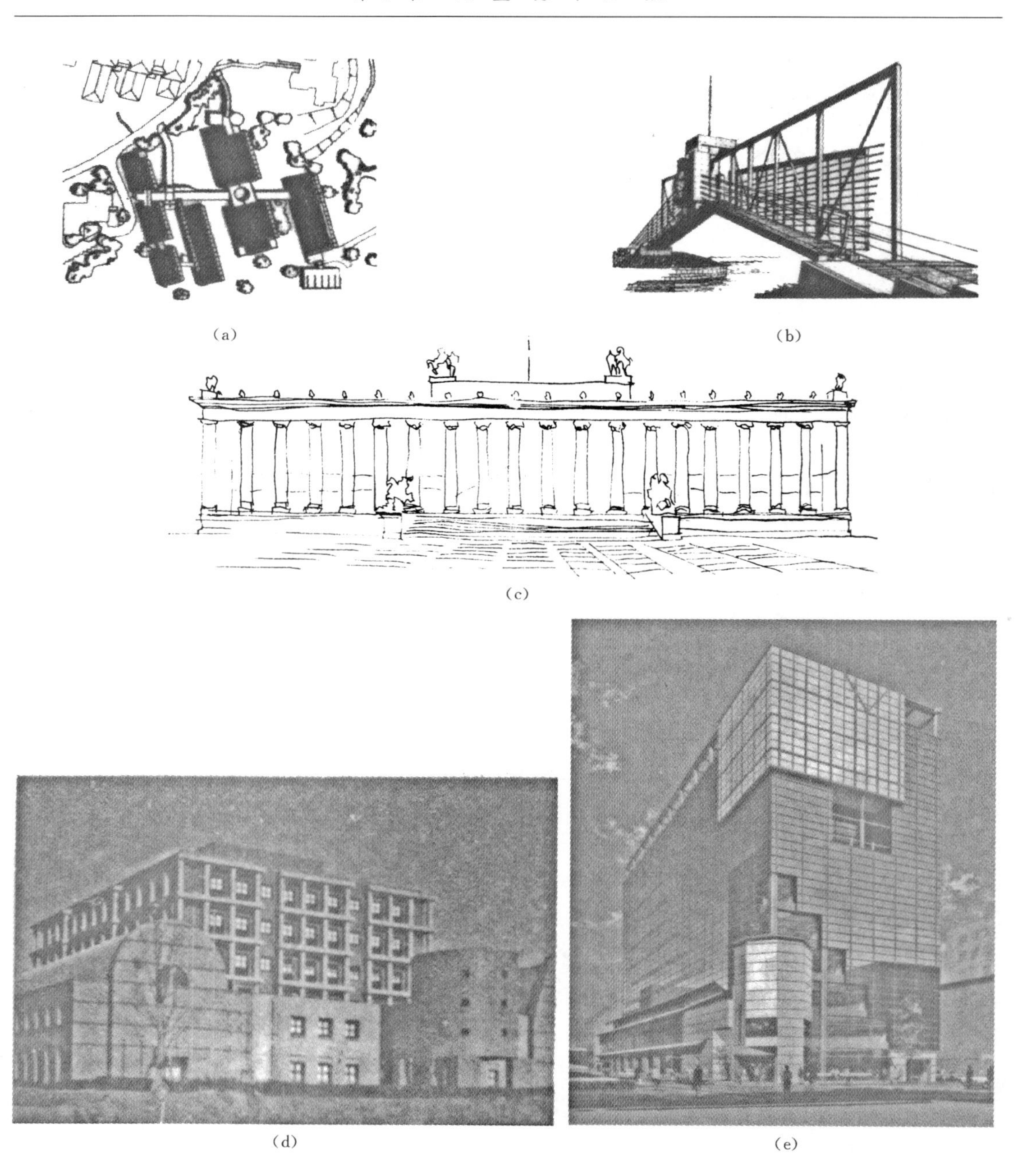

(a) (b) (c) (d) (e)

图5-17 线在建筑中典型的应用

(a)线的联系作用;(b)线的连接作用;(c)线的支撑作用;
(d)线的装饰作用;(e)线的装饰和描绘作用

(5)位置。

一个面的首要识别特征是形状。它决定于形成面之边界的轮廓线。我们对于形状的感知会因为透视错觉而失真,所以只有正对一个面的时候才能看到面的真实形状(图5-20)。

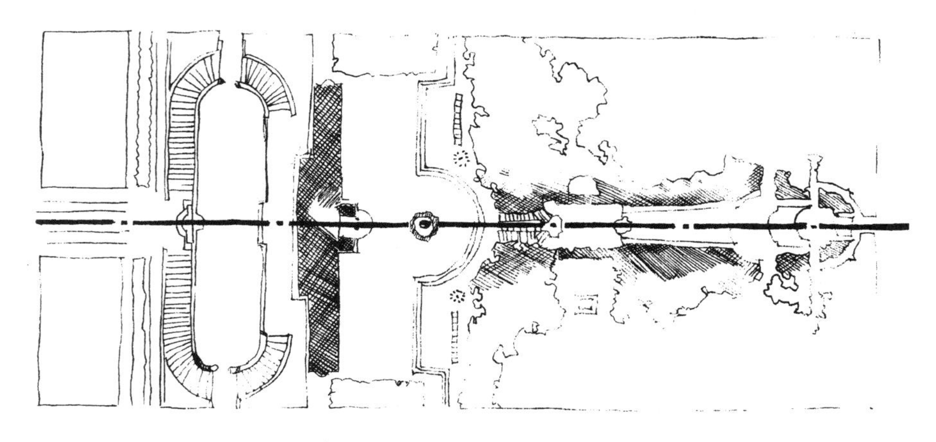

图 5-18 奥多布兰狄尼别墅（意大利，G. 德拉波尔塔）

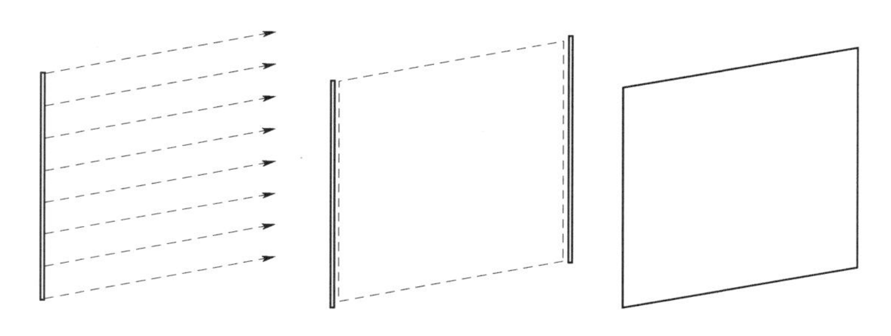

图 5-19 面的形成

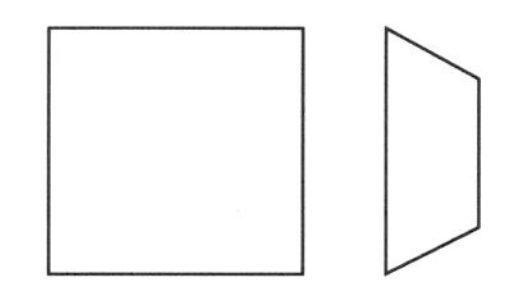
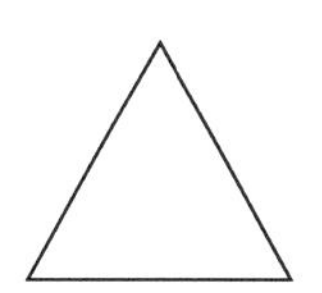

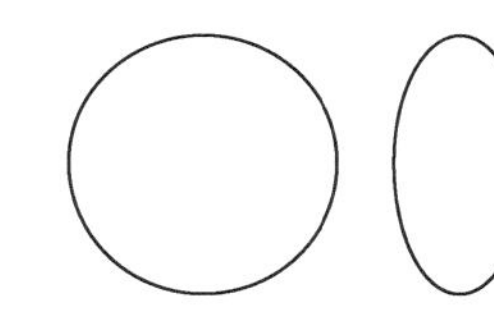

图 5-20 面的形状

一个面的其他属性，如色彩、图案和纹理，影响着面的视觉重量感和稳定性（图 5-21)。

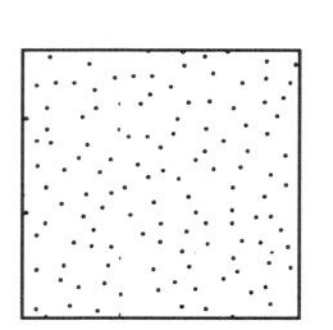

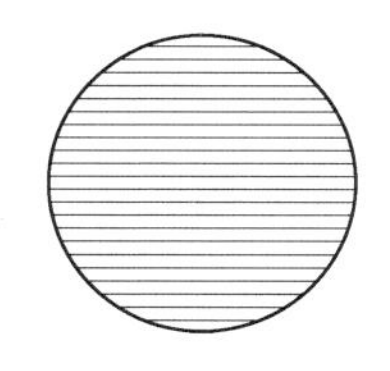

图 5-21 面的其他属性

两条平行线能够在视觉上确定一个平面。一块透明的空间薄膜能够在两条线之间伸展，从而使人们意识到两条线之间的视觉关系。这些线彼此之间离得越近，它们所表现的平面感也就越强。

一系列的平行线。通过不断重复就会强化我们对于这些线所确定的平面的感知。当这些线沿着它们所确定的平面不断延伸时，原来暗示的面就变成了实际的面，原本存在于线之间的空白则转变成平面之间的间断（图 5－22）。

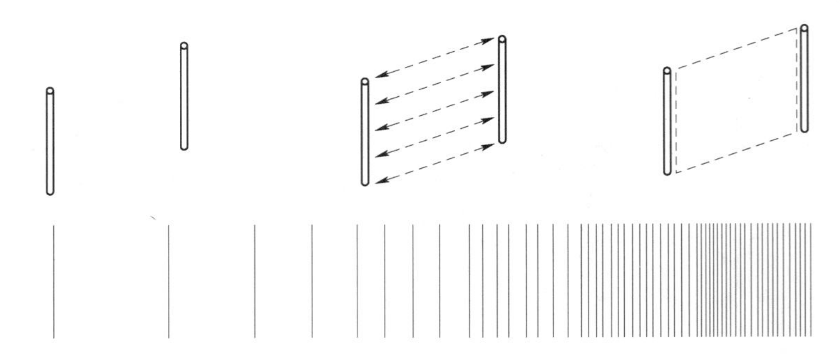

图 5－22　线的密集形成面的感觉

面的形态特征：

面是点的聚集或者是线的运动轨迹，因而面的特性与线的特性是有直接联系的。直线的运动可以形成矩形、圆形以及其他形，线运动的方向和角度不同，所形成的面就各不相同。平面是直线形成的，是二维的，曲面则是由曲线形成，是三维的。

平面：安定的秩序感，有简洁男性的性格。

圆形——包容感强，有向心集中等特点。

矩形——具有严整规则肯定的性格，适于表达静态稳定。

三角形——具有指向性及冲突感角部富于表情变化。当以边为支撑时极具稳定感，而以一角为支撑时，有不稳定感。

曲面：柔软。

几何曲面——自由中显露规则，有数理秩序感。

自由曲面——不具几何秩序性，具有幽邃感；富于魅力和人情味，具有女性的象征。

2. 体的概念

一个面沿着不同于自身的延伸方向运动（展开）的运动轨迹就形成了体（图 5－23）。

一个面展开变成一个体其特征如下：

（1）长度、宽度和深度。

（2）形式和空间。

（3）表面。

（4）方位。

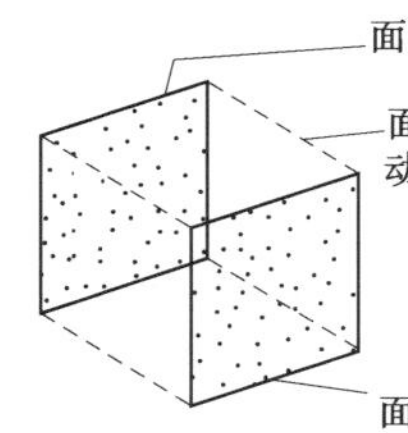

图 5－23　体的形成

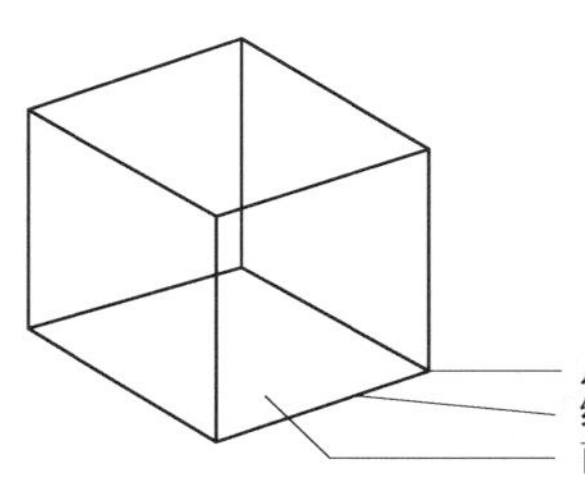

图 5－24　体的组成

（5）位置。

所有的体可以被分析和理解为由以下部分所组成（图 5-24）。

形式是体所具有的基本的、可以识别的特征。它是由面的形状和面之间的相互关系所决定的。这些表示出体的界限（图 5-25）。

3. 体的分类

（1）基本几何体图。按其表面形状的不同可分为平面体和曲面体两类平面体是指表面完全由平面构成的几何体，如棱柱、棱锥、棱台等。

曲面体是指由曲面或曲面和平面构成的几何体，如圆柱、圆锥、圆台、球等。

若按形体特征分类，可分为柱体、锥体、台体和球体等。

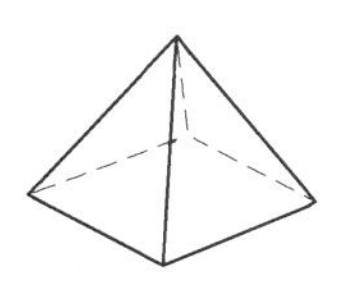
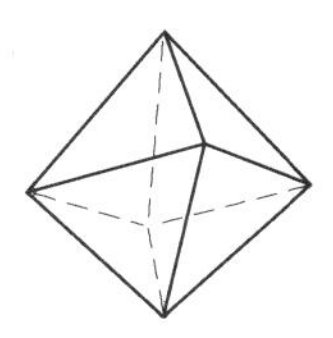
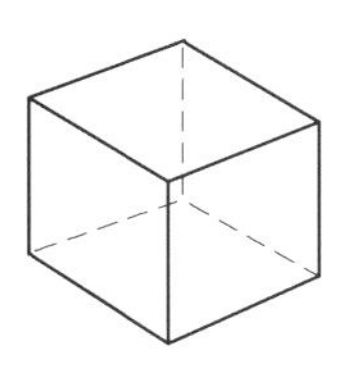
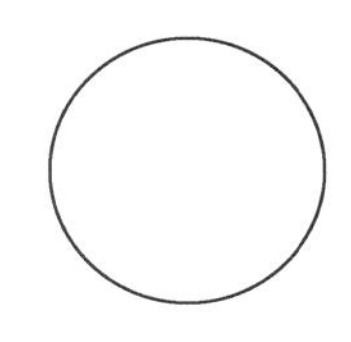

图 5-25 体的形状

（2）基本几何体体的增减及变形体的形态特征。立方体：静穆理性方直，体积感强，尺度明确，边角为直线，给人以严肃坚定平稳的感觉。

长方体：基本上与立方体相似，另外，因为其形体长向，所以还具有方向性运动性锥体：稳定性永恒性。也表现严肃性和纪念性。

圆柱体：确定性严肃性。有较充实的量感，挺拔向上，能体现庄严雄伟的效果，并给人以向心上升和神秘的视觉印象。

球体：非理性的想象的浪漫的。有圆浑充实饱满的体量，弧形边线接近自然形态，比方形更能给人以亲切灵活的视觉印象。

5.1.3.2 面和体在建筑中的运用

1. 面的运用

在建筑设计中常涉及的面有：顶面、墙面、基面。

（1）顶面。顶面可以是屋顶平面，它遮蔽建筑内部空间免受气候因素的影响；也可以是天花板面，即闭合房间的上表面。它包括：顶棚和屋顶。

顶棚通常是我们难以触及的，因此顶棚几乎总是空间中的一个纯视觉因素。

顶棚作为一个独立的内面，顶棚能够象征苍穹或者最基本的庇护要素，这一要素把空间中的不同部分统一在一起。其形式可以经过处理，以控制空间中光线和声音的质量（图 5-26）。

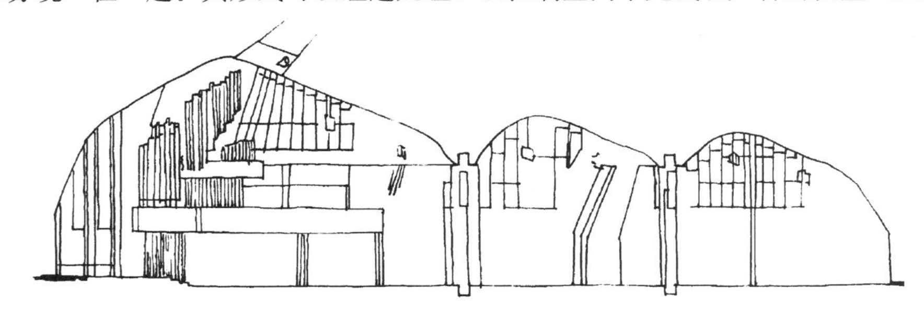

图 5-26 沃克辛尼斯卡教堂（芬兰，A. 阿尔托）

屋面是保护建筑室内不受气候因素影响的基本要素。作为一个设计要素，屋面非常重要，因为在建筑所处的环境中，屋面对于建筑的形式和轮廓具有很大的影响。

处理屋面的方式：

1）用建筑物的外墙把屋面隐藏，或把屋面与墙面融为一体以强调建筑体量的容积。

2）屋面可以被表达为一个独立的遮风避雨的形式，在其顶棚之下包容着多样空间；或者在一栋建筑物中，由很多“帽子”组成，从而形成空间系列。

3）屋面也可以形成雨篷，保护门和窗洞免受日晒淋，或者继续向下伸展，与地平面更紧密地联系。

4）在气候炎热的地区，屋面可以抬高，让凉爽的微风吹进来，同时穿过建筑物的室内空间（图5－27）。

图5－27 舒德汉住宅（艾哈迈达巴德，印度，勒·柯布西埃）

（2）墙面。墙面因为具有垂直的方向性，因此在我们通常的视野中是很活跃的，并且对于建筑空间的塑造与围合至关重要。

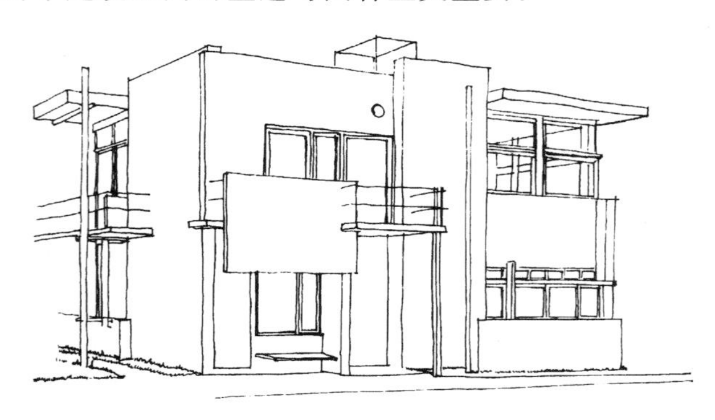

图5－28 施罗德住宅（乌得勒支，G. T. 里特维尔德）

墙面的基本用途：

1）丰富立面效果。通过精心安排门窗洞口位置，并且透过洞口能够看到垂直或水平面的边缘，一座建筑的总体形式就可以被赋予独特的二度特征。这些面可以通过色彩、质感或材料的变化而被进一步区别或强调（图5－28）。

2）城市景观的限定。外墙面可以很明确地看做是建筑物的正面或主要立面。在城市环境中，这些立面作为墙体，限定出庭院、街道以及诸如广场和市场这类公共聚集场所（图5－29）。

3）支撑要素。垂直墙面的一个重要用途，就是作为承重墙结构体系中的支撑要素。当垂直墙面被安排成平行系列去支持上面的楼板或屋面时，承重墙则限定了空间中的线式开口，并带有强烈的方向性。这些空间唯有在打断承重墙的情况下，才能彼此发生关系，从而形成空间中的贯穿区域（图5－30）。

4）建筑空间的限定。室内墙面控制着建筑物中室内空间或房间的规模与形状。通过

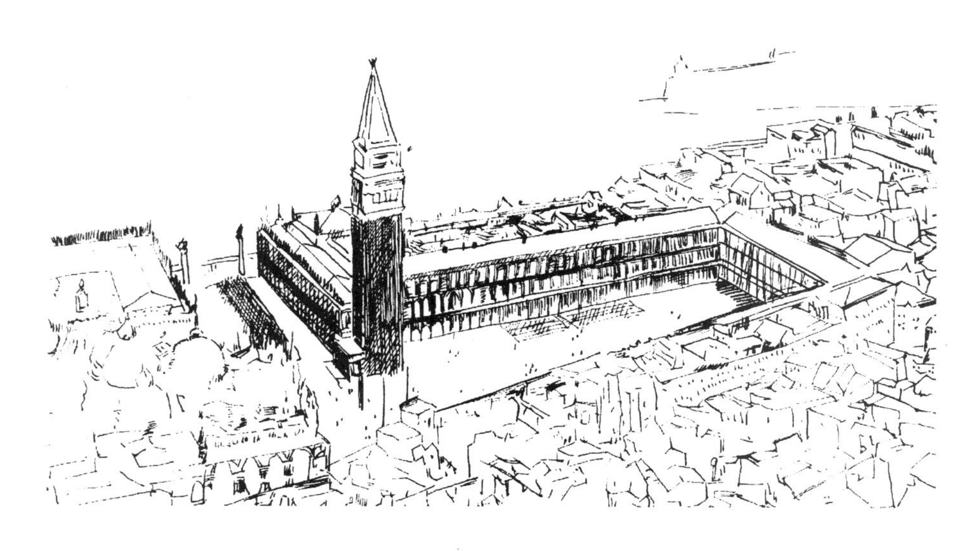

图 5－29 圣马可广场（威尼斯）
建筑物连续的立面形成了城市空间的“墙”

洞口的分布，既决定了墙面所限定空间的质量，也决定了相邻空间的关联程度。墙面也可以与楼板或顶棚结合在一起，设计成与相邻平面相分离的独立因素。

墙体给室内空间提供了私密性并且成为限制我们活动的屏障，而门口和窗户则重新建立起与相邻空间的连续性，并使得光、热和声音从中穿过。随着洞口尺寸的增大，洞口开始侵蚀围合墙体所赋予的自然感受。透过洞口的所见所闻，成为空间感受的一个部分（图 5－31）。

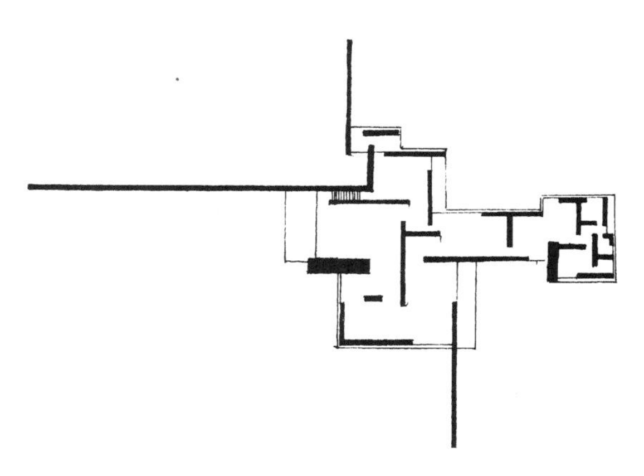

图 5－30 用砖砌成的乡村住宅方案
（密斯·凡德罗）

图 5－31 1939 年纽约世界博览会
芬兰馆（A. 阿尔托）

（3）基面。基面可以是地面，它既是建筑形式的有形底座，又是建筑的视觉基面。

地面支撑着所有建筑结构。地面的地形特征影响着建筑形式，建筑可以与地面融合在一起，与地面紧密结合（图5-32）。

图5-32 西班牙台阶（罗马，A. 斯佩奇）

地面也可以经过处理而成为某一建筑形式的基座。它可以抬高以对某一神圣或重要场所表示尊敬；可以筑围堤来限定室外空间或缓冲不良状况；可以切割或修成台地，为建筑提供一个合适的平台；或者修成阶梯状可以变化高差又便于跨越。

2. 面与体的整合

建筑中的实体和空间（虚体）是由面元素的折叠和围合而成的（图5-33、图5-34）。面元素在其形状、大小尺寸、表面质感和色彩以及方位上的变化都会影响到建筑的体特征和空间的感知效果。

实际上，人们在看一个建筑物时，建筑的面特征和体特征是同时呈现在眼前的，但由于建筑物所处的位置以及环境的不同，人们对建筑整体的感知有时侧重于面特征（图5-35），有时则会对建筑的体特征感兴趣（图5-36）。

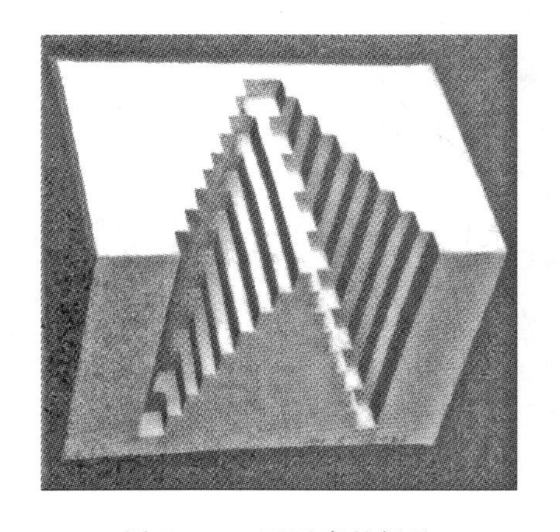

图5-33 面元素的折叠

图5-34 面元素的围合

图 5-35　侧重于面特征

图 5-36　侧重于体特征

5.2　建筑构图的基本法则

人们要创造出美的建筑，必须遵循建筑构图的基本法则，这些基本法则就是：统一与变化、均衡、稳定、对比、韵律、比例、尺度等。

5.2.1　统一与变化

可采用以下的基本手法。

5.2.1.1　以简单的几何形体求统一

任何简单的几何形式本身具有必然的统一性，并容易被人们所感受。如长方体、正方体、圆柱体、圆锥体、球体等，这些形体常用于建筑上，给人以肯定、明确和统一的感觉（图 5-37）。

罗马的潘泰翁神庙的平面以圆形为主体，其内部主要空间接近于球形，因而很容易地就获得了高度的统一（图 5-38）。

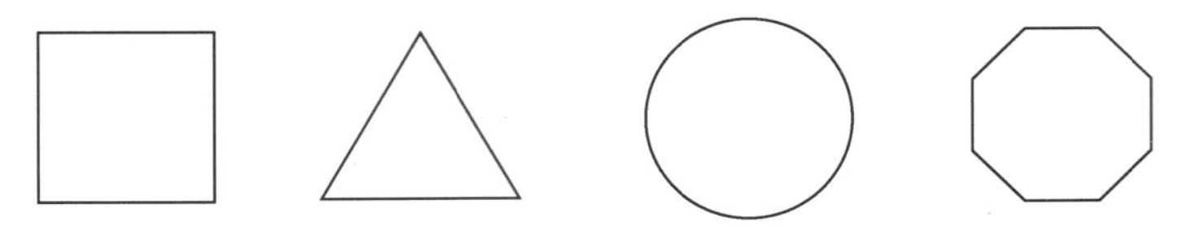

图 5-37 简单的几何形状

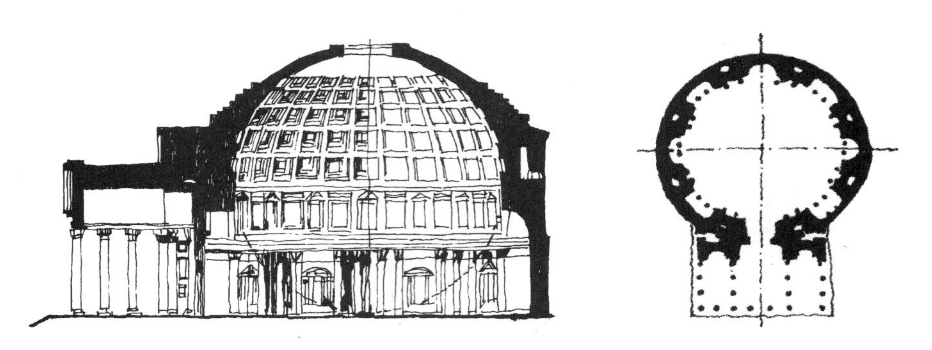

图 5-38 罗马潘泰翁神庙

5.2.1.2 主次分明以求统一

复杂的建筑体型，根据功能的要求包括有主要部分和次要部分，如不分开，则建筑就显得平淡、松散，缺乏统一性，主次分明则可加强建筑的表现力，获得完整统一的效果（图 5-39、图 5-40）。

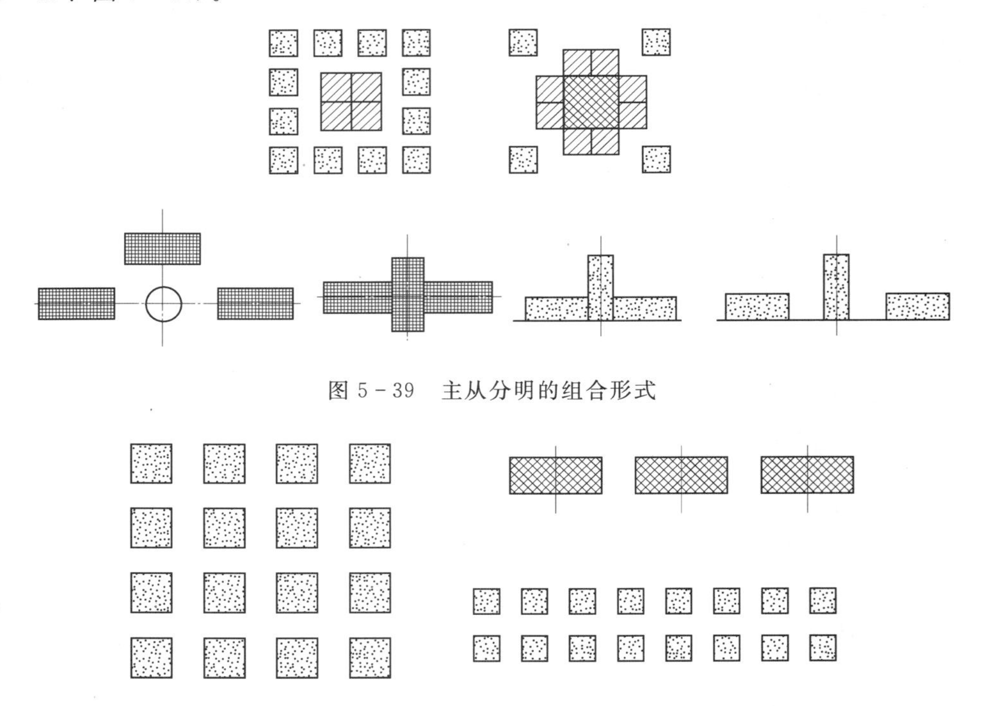

图 5-39 主从分明的组合形式

图 5-40 主从不分的组合形式

主从关系的强调可以从以下三个方面来加以表现。

1. 以低衬高突出主体

通过加大或抬高主体部位的体量或改变主体部分的形状等方法使之取得建筑主体支配地位，从而使建筑具有十分显明的主从关系（图5-41）。

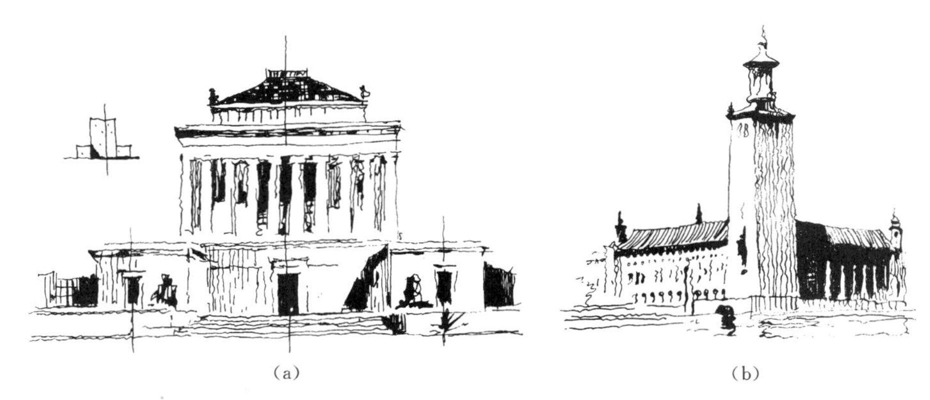

(a) (b)

图5-41 以低衬高突出主体

2. 利用形象变化突出主体

在不改变建筑体量的情况下，通过建筑要素表现形式的趣味不同来取得外观控制性地位。即通过突出重点来强调主从关系（图5-42、图5-43）。

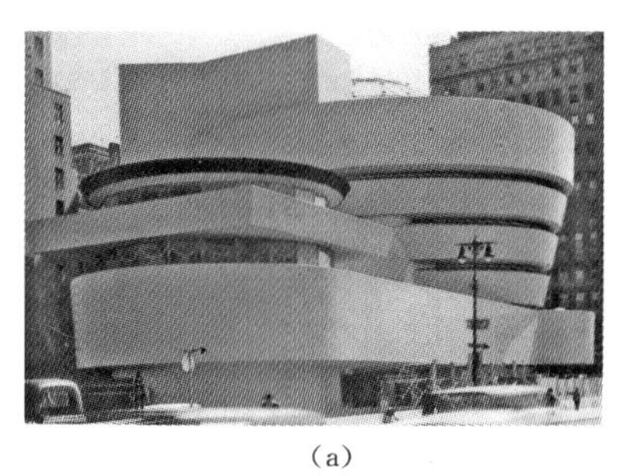

(a)

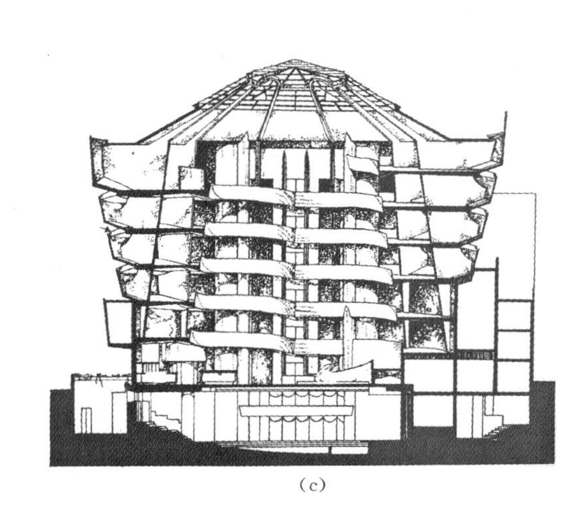

(c)

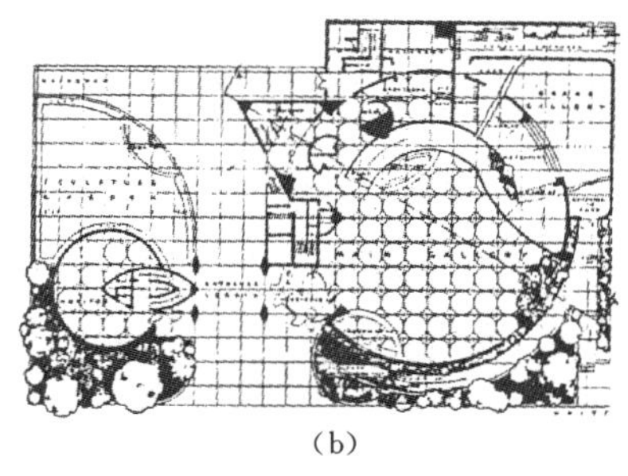

(b)

图5-42 古根哈姆美术馆

(a) 外观；(b) 首层平面；(c) 剖面

古根哈姆美术馆平面由大、小两个圆形所组成。右侧的陈列厅是建筑物的主体，不仅体量高大而且室内空间处理也极富变化，这就自然地形成整个建筑物的重点和中心，其他部分对于它来讲，均处于从属地位，起着烘托重点的作用。

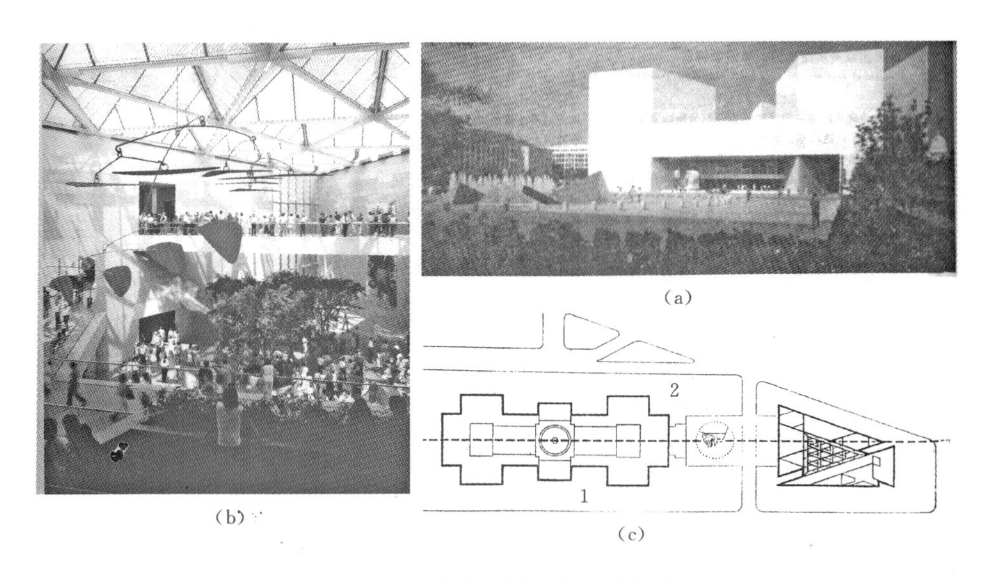

图5-43 华盛顿国立美术馆东馆

(a) 外观；(b) 总平面；(c) 中庭

1—老馆（西馆）1941；2—国家画廊广场

由贝聿铭设计的华盛顿美国国家艺术博物馆东馆，平面由两个三角形所组成。它的主体和重点是在等腰三角形平面的艺术博物馆上，而不在其一侧的直角三角形平面的艺术研究所上。再就博物馆本身来讲，它的重点和中心则在中央大厅上。

3. 运用轴线的处理突出主体

采用对称的手法在建筑中运用可以创造了一个完整统一的外观形象（图5-44）。

图5-44 湖北省博物馆

5.2.1.3 协调统一

建筑物各部分的形状、尺度、比例、色彩、质感和细部都采用协调的处理手法，也可求得统一感（图 5-45）。

图 5-45 巴西国会大厦

5.2.1.4 变化

统一中必须有变化，无变化的形式给人单调的感觉（图 5-46）。

图 5-46 纽约古根汉姆博物馆

5.2.2 均衡

人们的均衡感和力学原理有密切的联系，图5-47说明支点位置与左右两侧体型、质量及距离的关系。均衡主要是研究建筑物各部分前后左右的轻重关系，在建筑构图中，支点表示均衡中心，根据均衡中心的位置不同，又可分为对称的均衡与不对称的均衡（图5-47）。

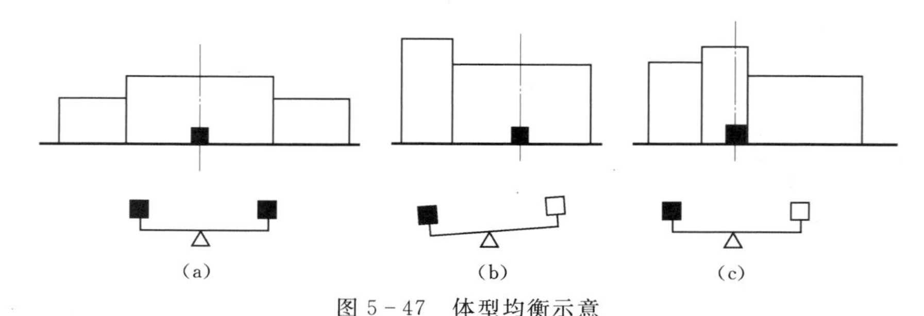

图5-47 体型均衡示意

(a) 绝对对称均衡；(b) 基本对称均衡；(c) 不对称均衡

1. 对称均衡

对称的建筑是绝对均衡的，以中轴线为中心并加以重点强调，两侧对称易取得完整统一的效果，给人以端庄、雄伟、严肃的感觉。对均衡中心的强调可以用以下几种方案：一种方案是由突出中央要素和旁边较矮小的后退侧翼所组成（图5-48）。另一种方案是有两个突起或体量，在它们之间有一种连接要素（图5-49）。第三种方案是由前面两种均衡形式结合而成的。

图5-48 意大利文艺复兴时期建造的圆厅别墅，以高大的圆厅位于中央，四周各依附一个门廊，突出了中间的主体要素

2. 不对称均衡

不对称的均衡要比对称的视图更需要强调均衡中心，如果不把构图中心有力地强调出来，常常会招致松散和混乱，所以在均衡中心加上一个有力“符号”，就显得十分必要了，这就是不规则均衡的首要原则（图5-50、图5-51）。

5.2.3 稳定

稳定则是指建筑整体上下之间的轻重关系。人们受自然界的启发形成了上小下大、上轻下重的稳定原则，然而随着社会的进步，人们运用先进的科学技术建造出摩天大楼及许多底层透空，上大下小的新颖的建筑形式，这也带来了人们审美观念的变化。

图 5-49　斯普林菲尔德市中心（美国马萨诸塞州，贝尔和考柏特）

达到建筑物稳定的不同手法：

（1）建筑物达到稳定往往要求有较宽大的底面，上小下大、上轻下重使整个建筑重心尽量下降而达到稳定的效果，许多建筑在底层布置宽阔的平台式雨篷形成一个形似稳固的基座，或者逐层收分形成上小下大三角形或阶梯形状（图 5-52）。

（2）随着科学技术的进步和人们审美观念的发展变化，现在利用新材料、新结构的特点，也可以建造出上大下小，上重下轻的新建筑，同样达到稳定的效果（图 5-53）。

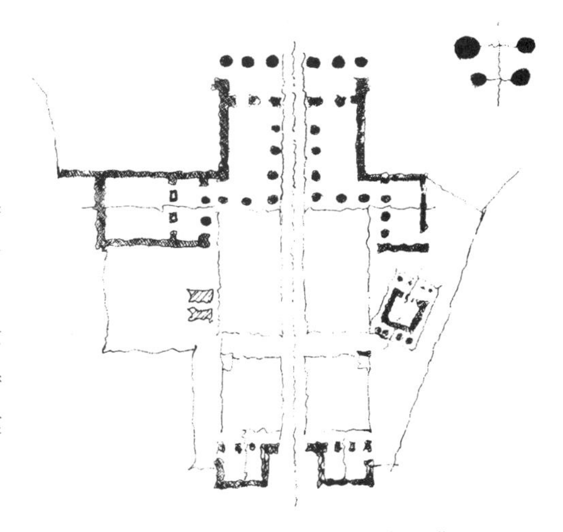

图 5-50　卫城山门（希腊雅典）

5.2.4　对比与微差

对比是指各形式要素之间不同因素的差异。我们通常将要素之间显著的差异称为“对比”，而将要素之间不显著的差异称为“微差”。

对比和微差都体现的是要素间的差异，它们之间并没有明确的界限。如果要素间的差异不大，仍能保持一定的连续性，则表现为一种微差关系，如果要素间的差异是以产生引人注目的突变，则这种变化表现为一种对比的关系。突变的程度愈大，对比效果就愈强烈。

对比和微差表现在体量大小（图 5-54）、形状（图 5-55）、线条曲直（图 5-56）、虚实（图 5-57）、色彩、质地（图 5-58）、光影明暗等方面。

虚和实的对比也是建筑造型中常用的处理手法，两者相辅相成，缺一不可。没有实的建筑容易使人产生一种不安全感，而没有虚的建筑则会使人产生过分的压抑和沉闷。

“网”状的立面肌理及其生成和对比。

表面构件的材料、色彩、形态的独特设计造成强烈的个性特征（图 5-59）。

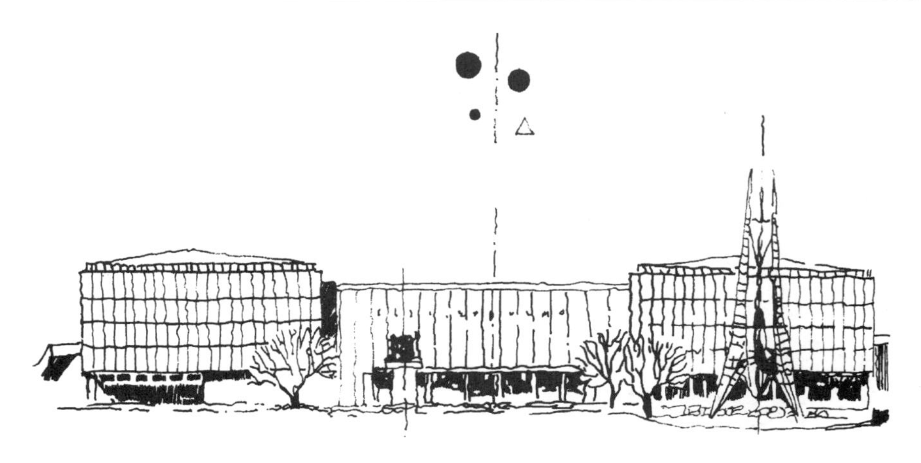

图5-51　1958年布鲁塞尔国际博览会捷克馆

图5-52　北京故宫太和殿

图5-53　上海世博中国馆

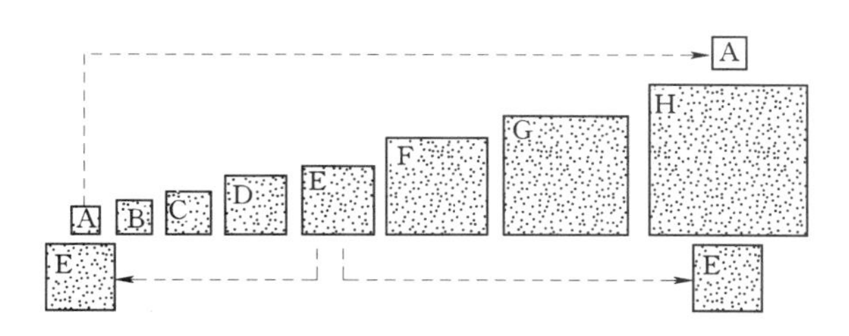

A、B、C、D、E、F、G、H之间的连续变化为微差，A、E，E、H，A、H之间的变化较大，表现为对比。

图5-54 大小的对比与微差

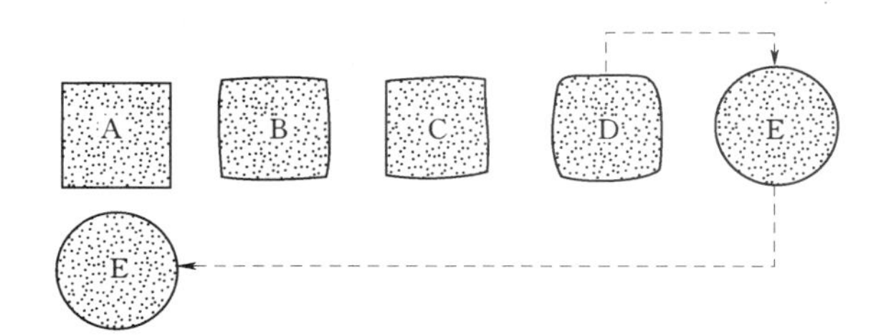

A、B、C、D之间的连续变化为微差，A、E，B、E，C、E，D、E之间的变化较大，表现为对比。

图5-55 形状的对比与微差

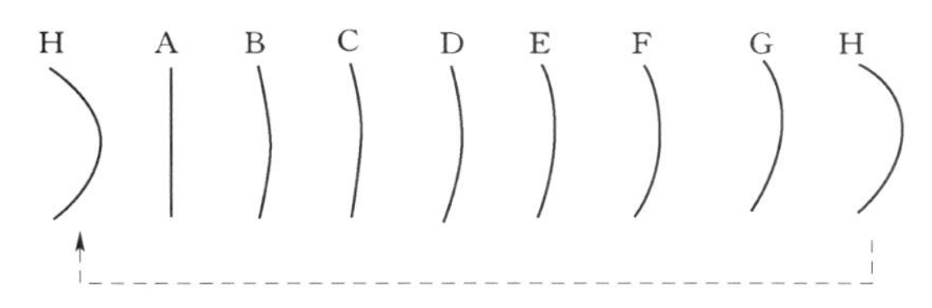

A、B、C、D、E、F、G、H之间的连续变化为微差，A、H之间的变化较大，表现为对比。

图5-56 曲直的对比与微差

图5-57 虚和实的对比

5.2.5 韵律和节奏

所谓节奏是一种简单的重复，一种整齐美和条理感。所谓韵律是变化和重复所形成的节奏感，从而可给人以美感。在建筑造型和立面设计中，韵律美按其形式特点可以分为以

图 5-58 质地的对比

图 5-59 材料、色彩的对比

下几种类型。

1. 连续韵律

连续韵律是运用一种或几种组成部分连续、重复地排列产生的韵律感。各组成部分之间保持着恒定的距离和关系，可以无止境地连绵延长（图 5-60 和图 5-61）。

图 5-60　连续的韵律

2. 渐变韵律

渐变韵律是将某些组成部分，如体量的大小、高低，色彩的冷暖、浓淡，质感的粗细、轻重等，作有规律的增减，如逐渐加长或缩短，变宽或变窄，变密或变稀等（图 5-62）。

3. 起伏韵律

渐变韵律如果按照一定规律时而增加，时而减小，有如波浪之起伏，或具不规则的节奏感，即为起伏韵律。这种韵律较活泼而富有运动感（图 5-63）。

4. 交错韵律

各组成部分按一定规律交织、穿插而形成。各要素互相制约，一隐一显，表现出一种有组织的变化。这种手法在建筑构图中，更加强调相互穿插的处理，形成一种丰富的韵律感（图 5-64）。

图 5-61　颐和园长廊

5.2.6　比例

在建筑造型与立面设计中，比例是指建筑整体与细部，细部与细部之间的相对尺寸关系。如大小、长短、宽窄、高低、粗细、厚薄、深浅、多少等都应有一种和谐的比例关系，比例失调就无法使人产生美感。

怎样才能获得美的比例呢？一般认定像圆形、正方形、正三角形等具有确定数量之间制约关系的几何图形，可以用来当做判别比例关系的标准和尺度。经过长期的研究、比较，发现著名的“黄金分割”，亦称“黄金比”，即长宽之比为 1∶1.618 的长方形比其他长方形好；大小不同的相似形，它们之间对角线互相垂直或平行，由于具有“比率”相等而使比例关系协调。然而人类建筑是如此丰富多样，单纯使用某种具有固定数值的比例关系（包括黄金比）显然不可能解释一切，事实上根本不存在某种“绝对美”的抽象比例，

图5-62 颐和园十七孔桥

图5-63 某体育场效果图

图5-64 以色列巴特雅姆市政厅

良好的比例关系不单是直觉的产物，而且还应符合理性，因而具有一定的相对性。

建筑构图中的比例问题虽然属于形式美的范畴，但是在研究比例问题的时候则不应当把它单纯地看成是一个形式问题。例如长、宽、高完全相同的建筑，一种采用竖向分割的方法，另一种采用横向分割的方法，前者将会使人感到高一些，后者将会使人感到低一些，长一些。但如果前两者与不进行分割处理相比较，则前者相对变得轻巧和活泼，而后者则变得厚重和压抑，不同的处理手法，得到的是完全不同的效果和感受。所以如何巧妙地利用各种建筑要素比例关系的调整来调节建筑物的比例关系是十分重要的，只有从整体到每细部都具有良好的比例关系，整个建筑才能获得统一和谐并产生美的效果（图 5-65）。

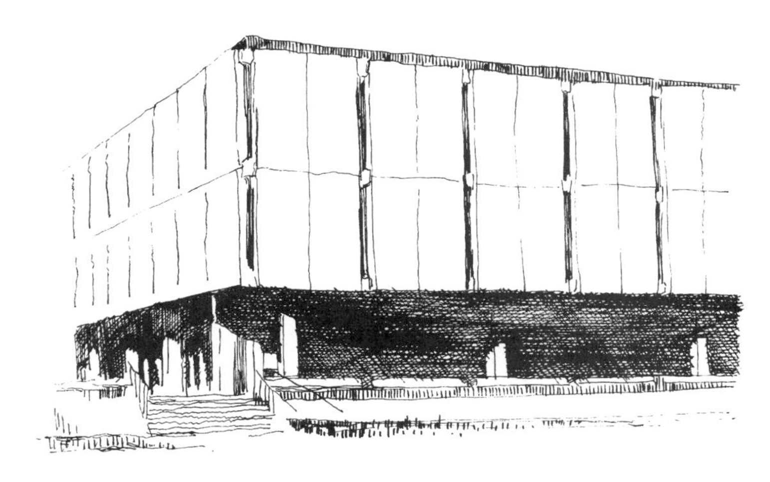

图 5-65 立面分割使建筑显得轻巧与活泼

用对角线相互重合、垂直及平行的方法使窗与窗、窗与墙面之间保持相同的比例关系（图 5-66）。

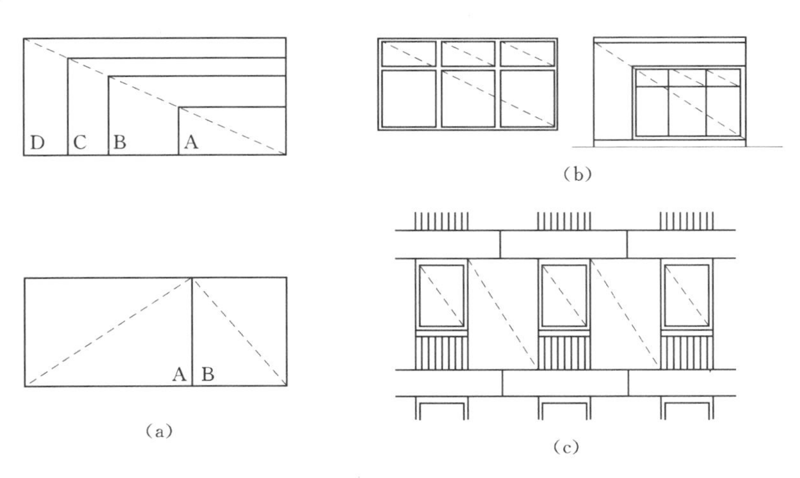

图 5-66 以相似比例求得和谐统一

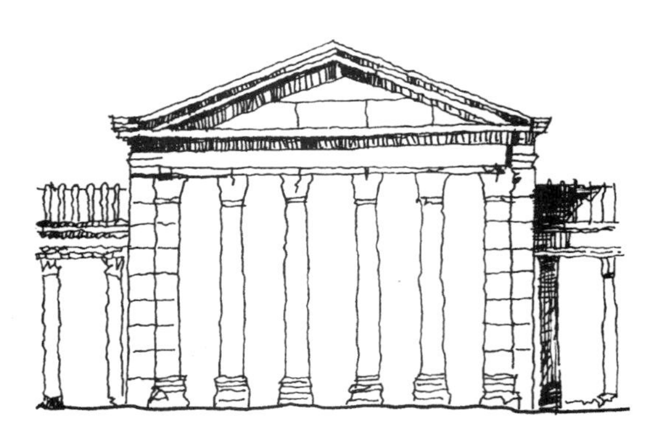

图5-67 西方古典石构建筑的比例

任何比例关系的美与不美，都要受各种因素的制约与影响，其中以材料与结构对比例的影响最为显著。

西方古典建筑多用石材，其受压性好而受弯性不如木材，故其柱子相对粗壮，开间相对狭窄（图5-67）。

中国古典建筑多采用木构架，由于木材的受弯性能相对较好，因而柱子比较纤细，开间较为宽阔（图5-68）。

现代建筑由于广泛采用了钢筋混凝土，钢材等受弯性能非常好的建筑材料，常常可以形成横长的比例关系（图5-69）。

对同一种建筑材料，如果采用不同的结构形式，也会产生不同的比例关系，如前所述西方古典建筑大多使用石材，希腊建筑使用梁柱体系而罗马人在建筑中运用了拱券技术，因而形成了二者在建筑空间及造型上的重要区别（图5-70）。

图5-68 中国古典木构建筑的比例

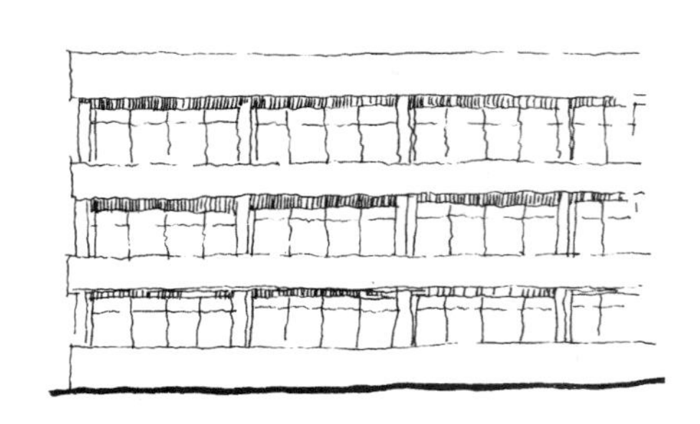

图5-69 现代钢筋混凝土结构建筑的比例

不同地区、民族由于自然环境、社会条件、文化传统、风俗习惯等的不同，会形成不同的审美观念，因此往往会创造出富有独特比例关系的建筑形象，这也正是世界各地建筑风格千差万别的根本原因之一。

5.2.7 尺度

尺度所研究的是建筑物的整体或局部给人感觉上的大小印象和其真实大小之间的关系问题。几何形体本身并没有尺度。建筑物只有通过以人或人所习见的某些建

图5-70 西方古典石构建筑的不同比例

筑物构件，如踏步、拉杆等，或其他参照物，如汽车、家具、设备等来作为尺度标准进行比较，才能体现出其整体或局部的尺度感（图 5－71）。

图 5－71（a）是抽象几何形体，无任何尺度感；图 5－71（b）、图 5－71（c）、图 5－71（d）是通过与人的对比，感觉到建筑物的大小高低。

按照尺度的效果一般分为三种类型。

1. 自然尺度

以人体尺度的大小为标准，来确定建筑的尺寸大小。从而给人的印象与建筑物真实大小一致。一般用于住宅、中小学、幼儿园、商店等建筑物的尺寸确定（图 5－72）。

2. 夸张尺度

用夸张的手法，有意将建筑物的尺寸设计得比实际需要的大些，使人感觉建筑物雄伟、壮观。一般用于纪念性建筑物和大型的公共建筑（图 5－73）。

3. 亲切尺度

将建筑物的尺寸设计得比实际需要的小些，使人产生亲切、舒适的感觉，在庭园建筑中常采用（图 5－74）。

总之，建筑美构图的基本法则不仅受美学法则的指导，还要严格地受到使用要求，结构、材料和经济条件的制约以及自然的和社会的环境因素的影响。在实际设计中把变化与统一、对比与协调、节奏与韵律、错落与均衡、局部与重点、联系与间隔、比例与尺度灵活地加于应用。

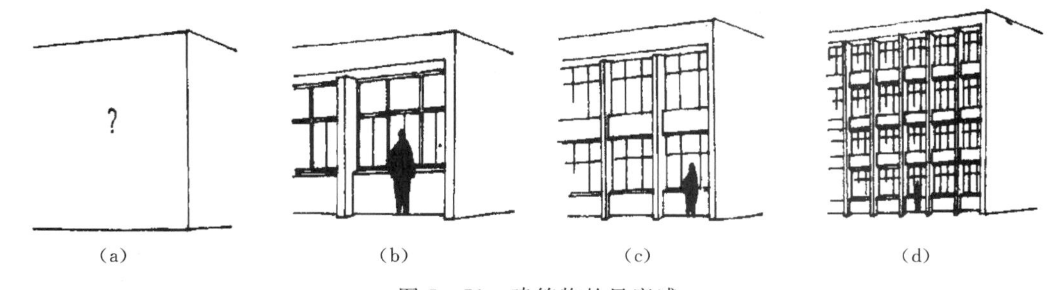

图 5－71 建筑物的尺度感

图 5－72 某教学楼

图5-73 人民英雄纪念碑

图5-74 某庭院别墅

实训练习题

作业一 构图原理训练1——基本几何形构图

1. 作业目的

(1) 学习平面构图原理，了解形式美的基本原则。

(2) 练习用若干基本几何形在给定的图纸范围内排版。

2. 作业要求

(1) 由学生自由选择基本几何形。

(2) 对选定的基本几何形进行组织，以表现某一种或几种形式美的法则。

(3) 在版面范围内进行排列组合，并确定最佳的版式效果。

(4) 用双面胶固定图片，以仿宋字书写图片说明。

3. 作业规格

297×420 (A3) 绘图纸。

作业二　构图原理练习2——文字配图

1. 作业目的

(1) 学习平面构图原理，了解形式美的基本原则。

(2) 初步训练图纸的安排和图面综合表达。

(3) 综合训练钢笔画技法和仿宋字书写方法。

2. 作业要求

(1) 由教师指定图纸表达专题。

(2) 由学生选择适当图像，并陪以文字说明。

(3) 在版面范围内进行排列组合，并确定最佳的版式效果。

(4) 以钢笔画的形式完成图像绘制部分。

(5) 用仿宋字书写说明部分。

(6) 对钢笔画和仿宋字的要求均等同于以前的训练要求。

3. 作业规格

297×420 (A3) 绘图纸。

作业三　构图原理训练3——建筑构图

(1) 建筑平面构图练习。

(2) 建筑立面构图练习。

(3) 建筑体量构图练习。

1. 作业目的

(1) 学习建筑构图原理，了解建筑形式美的基本原则。

(2) 练习用若干图片、文字在给定的图纸范围内排版。

2. 作业要求

(1) 由学生选择收集若干建筑实例，各种风格兼顾；并由教师帮助挑选。

(2) 对选定的建筑实例加以分析，分析其运用了哪些造型的手法与法则，应有自己的观点。

(3) 将建筑实例图片、分析图示及分析说明文字在版面范围内进行排列，并确定最佳的版式效果。

(4) 用双面胶固定图片，以仿宋字书写图片说明。

3. 作业规格

594×420 (A2) 绘图纸。

第 6 章　色彩知识及建筑渲染

6.1　色 彩 基 本 知 识

6.1.1　色彩的形成

6.1.1.1　认识色彩

传递视觉信息的色彩时刻影响着我们的生活。美妙的自然色彩能够刺激和感染我们的视觉和心理情感，并为我们提供丰富的视觉空间。然而，我们如何认识色彩？概括起来，认识色彩的基本途径有：

（1）日常生活中的接触（自然景色、环境设置、物品等）。

（2）对色彩的科学研究，色彩资料的收集、研制和创新。

（3）对色彩的艺术表现，如影视戏剧艺术、造型艺术、艺术家造诣的个性化表现等。

6.1.1.2　光与色

没有光就没有颜色，光对于颜色的重要性就如同万物生长靠太阳一样。一切物体所呈现的颜色都来自于光的照射，它是光刺激我们的眼睛所产生的视感觉。这种光包括自然光和人造光。1666 年英国科学家牛顿把日光引入到实验室，利用三棱镜的原理使白光分解为以红—橙—黄—绿—蓝—紫的顺序排列的色带，称为光谱（图 6－1）。并可通过三棱镜重新将各种色光合成为白光，牛顿的这一发现被称作光的色散现象。人在光亮条件下能看见光谱中各种颜色，称为光谱色。不同的物质对于日光光谱中的颜色反射和吸收不同，形成了各个物质所固有的颜色。

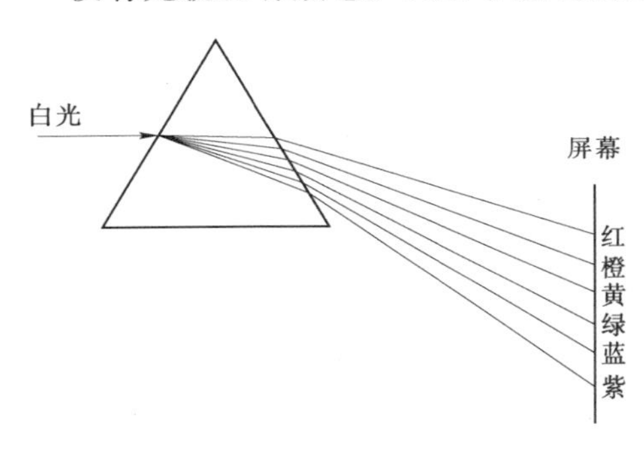

图 6－1　光的分解

物体反射所有的波长时呈现白色，物质吸收全部色光时呈现黑色，苹果看起来是红色的，香蕉看起来是黄色的，是因为物体表面吸收了一部分色光，反射了另一部分色光。

在客观世界中，物体呈现的颜色不是绝对固定的。任何物体都是存在于某一个特定的环境之中，它既受到当时光源的影响，也受到周围环境色的影响。我们眼睛所看见的任何一个物体，其表面色彩的形成不外于三个方面：有一定光源的照射；物体本身反射的色光；环境色彩对物体的影响。

（1）光源色。由各种光源发出的光，根据光波的长短、强弱及比例性质的不同，形成不同的色光，称之为光源色。光源为暖色，物体受光面色彩即偏暖，背光面就相对偏冷。物体在不同光的照射下，固有色会随之变化。

(2) 固有色。通常是指物体在正常的白色日光照射下所呈现的色彩。这是一种相对的色彩概念，即随着一定的光照和周围环境的变化，固有色会随之产生变化，对此初学色彩者要特别引起注意。

(3) 环境色。物体周围环境的颜色由于光的反射作用，引起物体色彩的变化称之为环境色。特别是物体暗部的反光部分变化比较明显。

6.1.2 色彩的分类

1. 无彩色与有彩色

视觉感知下的色彩虽然是五光十色且魅力多变的，但就其本质来说，可以分为两个大的色系，即无彩色系和有彩色系。

(1) 无彩色系，包括黑、白以及由黑白混合产生的多种深深浅浅的灰色。从物理学的角度来看，它们不包含在可见光谱之中。

(2) 有彩色系，除了黑、白、灰以外的颜色都属于有彩色系。有彩色是无数的，它以红、橙、黄、绿、蓝、紫为基本色，基本色之间按不同量进行混合或者基本色与黑、白、灰之间的不同量的混合，又可以产生成千上万的有彩色。

2. 原色、间色与复色

(1) 原色。不能通过其他颜色的混合调配而得出的“基本色”，称为原色。原色的纯度最高、最纯净、最鲜艳，可以调配出绝大多数色彩。原色有两个系统：一是从光学角度出发，即色光的三原色，分别为红（RED)、绿（GREEN)、蓝（BLUE)；另一种是从色素或颜料的角度出发，即色料的三原色，分别为品红（MAGENTA)、黄（YELLOW)、青（CYAN)（图6-2)。色光三原色可以合成出所有色彩，同时相加得白色光。而色料三原色从理论上讲可以调配出其他任何色彩，同时相加得到黑色。但因为常用的颜料中除了色素外还含有其他化学成分，所以两种以上的颜料相调和，纯度受到影响，调和的色种越多就越不纯，也越不鲜明。这些导致色料三原色相加只能到一种黑浊色，而不是纯黑色。

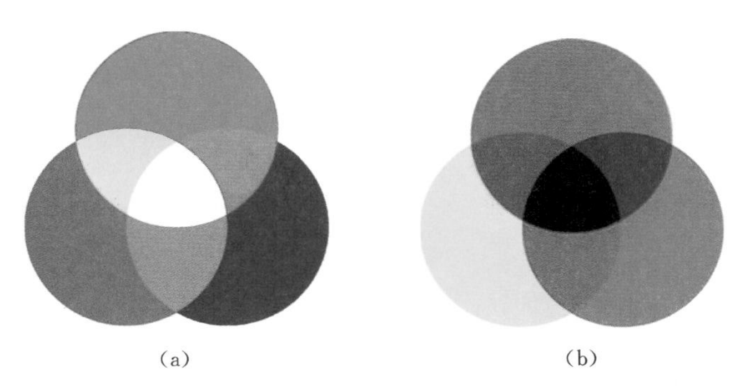

图6-2 三原色
(a) 色光三原色；(b) 色料三原色

(2) 间色。三原色中的某两种原色相互混合而成的颜色，称为间色，亦称“第二次色”。如红+黄=橙色，红+蓝=紫色，黄+蓝=绿色（图6-3)。

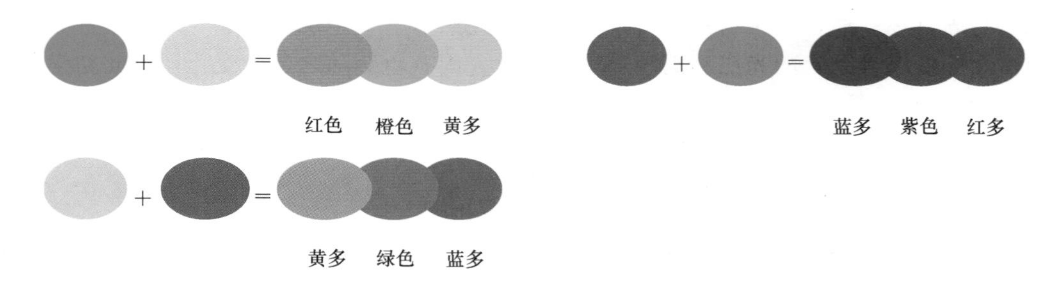

图 6-3　间色的调配

(3) 复色。原色和间色调和，或是间色与间色调和所形成的颜色，称为复色。从理论上讲，所有的间色、复色都是由三原色调和而成的。

原色、间色和复色这三类颜色相比较有一个比较明显的特点：在饱和度上呈现递减关系，即在饱和度上，通常情况下原色最高，间色次之，复色最低。需要注意的是，在水彩渲染练习中，色彩基本上都是经过调配而成的，很少用原色。复色是丰富画面色彩表现的主要手段，它的调配方式较多，大致有以下几种：

(1) 三原色适当混合，各原色所占比例不同，便能产生多种复色。

(2) 两种间色混合，所产生的复色纯度不一定高，但有沉稳的视觉效果。

(3) 原色与深灰色混合，降低原色的纯度和明度。

(4) 间色与深灰色混合，纯度、明度较低。

(5) 原色与其补色混合，如红和绿、黄和紫的复色调配。色相环里相距 180 度的两色为互补色，是最强对比色组，富于刺激感、不安全感和极强的视觉冲击力。

在构成画面的色彩布局时，原色是强烈的，间色较温和，复色在明度上和纯度上较弱，各类间色与复色的补充组合，形成丰富多彩的画面效果。有时感觉画面的色彩布局不和谐时，特别是颜色对比强烈、刺激时，复色的使用能够起到缓冲与和谐画面色彩的作用。

3. 暖色与冷色

根据色彩对人心理的影响，可分为暖、冷两类色调。红、橙、黄一类的色彩会使人联想到火、太阳、热血等，从而称为暖色。青、蓝等色彩则会使人联想到海水、蓝天、冰雪、月夜等，从而称为冷色。从色彩本身的功能来看，红、橙、黄能使观者心跳加快，血压升高，从而给人以暖的感觉；而青、蓝等色能使人血压降低，心跳减慢，从而给人以冷的感觉。有实验表明色彩的冷暖感确有自然科学的数据作依据，这说明冷、暖色这个称呼同时具有客观性。

6.1.3　色彩的基本属性

有彩色系的所有的颜色都具有共同的属性和特征，即色彩的三属性：色相、明度、纯度。无彩色系都是中性色，只有明度，不具备色相和纯度。

1. 色相

色相是指色彩的相貌，我们借助色彩的名称来区别色相，如玫瑰红、橘黄、柠檬黄、钴蓝、群青、翠绿……从物理学角度看，色相的差异是由于光的波长决定的。

在色彩学研究中，人们习惯用色相环来表达色相的秩序。最简单的色相环是采用牛顿光谱色：红、橙、黄、绿、蓝、紫制成的红与紫相连的色轮。瑞士的色彩学家伊顿教授以六色相为基础，在各色相的连接处又各增加了一个过渡色相，如在红色与橙色之间加上橙红色，在红色与紫色之间加紫红色，以此类推可以得出 12 色的色相环。从人眼的辨别力来看，12 色相是很容易被人分清的色相。在 12 色的色相环上每个色相都有相等的间隔，同时 6 个补色也分别处于直线的两端（图 6－4）。依照这一思维，同样在 12 色色相的间隔处各增加一色，如在红色与橙红色之间在加上一个偏红的橙红色，在黄色与黄绿之间加上一个绿味黄，以此类推就会构成一个 24 色色相环，它呈现出微妙而柔和的色相过渡，并在色彩设计中具有很大的实用性（图 6－5）。

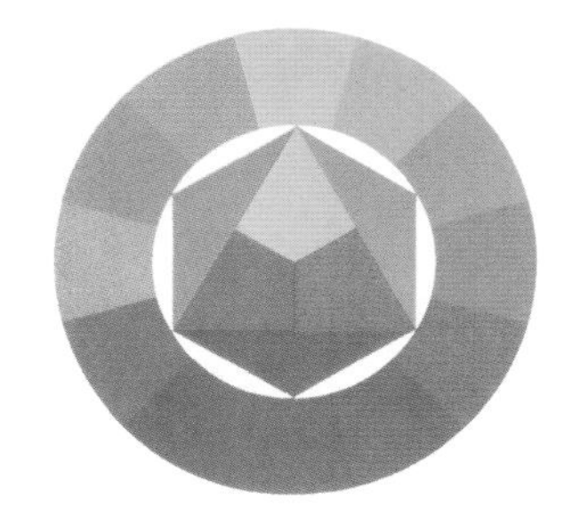

图 6－4　12 色色相环

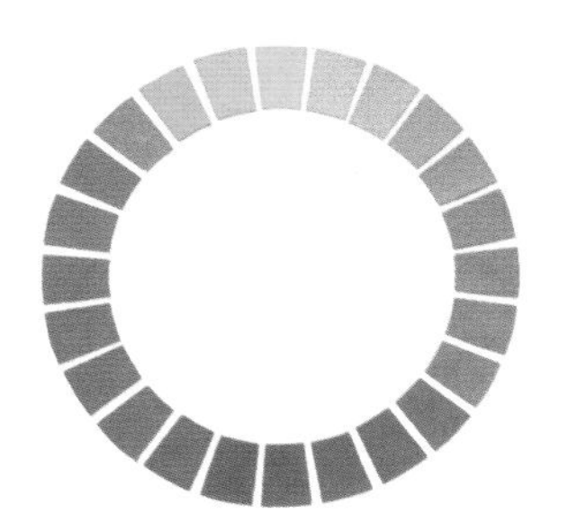

图 6－5　24 色色相环

2. 明度

明度（VALUE）是指色彩的深浅明暗程度。它包括两个方面：一是指一种颜色本身的明与暗。如同一颜色在强光照射下显得明亮，在弱光照射下则显得较灰暗模糊；同一颜色加黑色或白色混合以后也能产生各种不同的明暗层次（图 6－6）。二是指不同色相之间存在着明与暗的差别。任何色彩都还原为明度关系来分析，明度最适合表现物体的立体感和空间感，也是搭配色彩的基础。

图 6－6　色彩的明度变化

在无彩色中，最亮为白色，最暗为黑色。如果把黑、白作为两个极端，中间根据明度的顺序等间隔地排列若干灰色，就成为关于明度的系列。在有彩色中，明度是依据色彩的深浅程度来决定的。以黄色系为例，从柠檬黄、中黄、橘黄到土黄，就可以明显地看出明度层次由亮到暗的变化。在有彩色中，黄色明度最高，蓝紫色明度最低，红、绿色为中间明度。

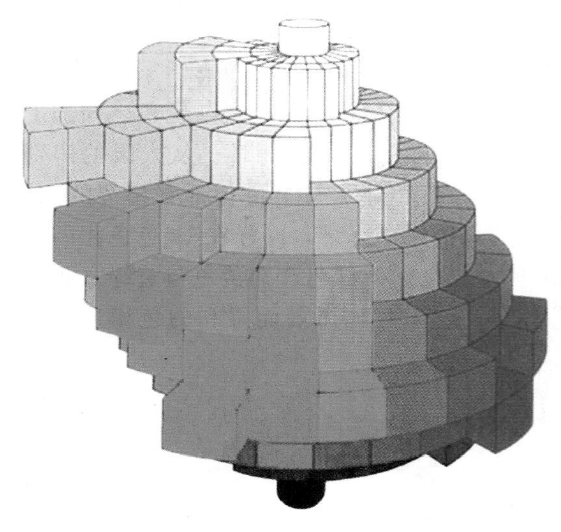

图 6-7　明度与纯度变化示意

3. 纯度

纯度是指色彩鲜艳与混浊的程度，也称为彩度或饱和度（CHROMA）。日光通过色散形成的光谱色是纯色，我们日常所用的颜料、染料形成的鲜艳色，其纯度低于光谱色。同一种色如果加进了黑色、灰色或其他颜色，其纯度和明度就会降低（图 6-7）。颜色的混合越多则纯度越低。在水性颜料中加入水，色彩的纯度会降低，但明度会随着加水量的增加而相应提高。作画时应根据需要合理选择色彩，纯度高的色彩可用来表现生机蓬勃、强烈鲜明的画面效果；纯度低的色彩可用以表现柔和含蓄的意境。

6.1.4　色彩与视觉心理

1. 色彩的冷暖感

色彩的冷暖感一般是由色相的差别而决定的，在色相环中，其色彩的大致范围是红—橙—黄属暖色系；蓝绿—蓝—蓝紫属冷色系；绿—黄绿及紫—红紫属中性色系。实验表明，在不同色光的照射下，人们的肌肉机能、血液循环会受到不同的影响。色彩的冷暖感觉是由物理、生理、心理以及色彩本身的综合性因素所决定的（表 6-1）。在室内设计中可利用环境色的冷暖来调节人的心理感受。

表 6-1　　色彩给人的心理感受

色相	具体的代表	抽象的象征
红	血液、夕阳、心脏、火焰	热情、危险、喜庆、反抗、爆发
橙	橘子、晚霞、柳橙、秋叶	温情、快乐、炽热、积极、明朗
黄	香蕉、黄金、黄菊、注意信号	明快、注意、光明、不安、野心
绿	树叶、草木、公园、安全信号	和平、理想、希望、成长、安全
蓝	海洋、蓝天、远山、湖海	沉静、忧郁、凉爽、理性、自由
紫	葡萄、茄子、紫罗兰、紫菜	高贵、神秘、嫉妒、优雅、病态
白	白雪、白纸、白云、护士	纯洁、朴素、神圣、虔诚、虚无
黑	夜晚、墨、木炭、头发	死亡、邪恶、恐怖、严肃、孤独

2. 色彩的轻重感

明度是决定色彩轻重感的主要因素。明亮的颜色使人感觉轻盈，灰暗的颜色使人感觉厚重。由于人们对客观物体的判断总是以视觉信息为主导，因此，即使是相同重量的不同物品，由于外表色彩的不同，则给人以不同的轻重感觉。设计师对于室内顶棚、墙面、地面、家具的色彩处理往往会根据其轻重感合理选择。此外，色彩的轻重感也广泛应用于包装设计、服饰搭配等。

3. 色彩的进退感

如果等距离地看两种颜色，可给人不同的远近感。如：黄色与蓝色在以黑色为背景时，人们往往感觉黄色距离自己比蓝色近（图 6-8）。换言之，黄色有前进性，蓝色有后退性。一般而言，暖色比冷色更富有前进的特性。两色之间，亮度偏高的色彩呈前进性，饱和度偏高的色彩也呈前进性。

图 6-8 色彩的进退感

4. 色彩的胀缩感

比较两个颜色一黑一白而体积相等的正方形，可以发现有趣的现象，即大小相等的正方形，由于各自的表面色彩相异，能够赋予人不同的面积感觉。白色正方形似乎较黑色正方形的面积大。这种因心理因素导致的物体表面面积大于实际面积的现象称“色彩的膨胀性”。反之称“色彩的收缩性”。给人一种膨胀或收缩感觉的色彩分别称“膨胀色”、“收缩色”。

色彩的胀缩与色调密切相关，从色相来看，长波长的色相，如红、橙、黄等，相对于短波长的色相，如蓝、蓝绿、蓝紫等，给人以膨胀的感觉。从明度来看，明度高而亮的色彩给人以膨胀的感觉，明度低而暗的色彩给人以收缩的感觉。从纯度来看，高纯度色相对低纯度色给人以膨胀感。以上只是一些基本规律，需注意的是背景色的变化对于人的视觉感受的影响。

6.2 水彩与水粉

水彩和水粉是现代绘画表现中常用的两种技法，因其使用的工具、材料都比较简单，应用范围十分广泛，对于画家外出写生、收集生活素材、绘制色彩画创作初稿等都非常方便合适。此外，它们也同样适宜于绘制平面广告、招贴宣传画、图案设计、建筑设计效果图、舞台美术设计图等等。本节将从画面特点、颜料特性和作画方法三个方面对二者进行比较，读者可根据自己的喜好选择合适的表现方式。

6.2.1 画面特点

水彩是以水为调和媒介用以作画。一幅好的水彩画，除去内容与情感表达深刻之外，给人的感觉是轻快透明、水色渗透、湿润流畅、变化丰富，这种感觉就是水彩画的特点，也是其他任何画种都难以比拟的（图 6-9）。

水彩画由于使用的是透明或半透明的颜料，对白色的使用有很强的限制，因而在绘制时特别强调步骤的严格性。留白也是水彩画的一大特点。水彩中的白色一般是不用白粉的，因为白粉没有透明感，降低了水彩表现的效果。水彩中有些需要表现白色的地方，如体块上的高光、强光照射下的粉墙、夏日的云朵、山中的迷雾等，若留出白纸原色就显得格外纯净而透明。水彩画色彩变化微妙，画面颇能表现环境气氛，也具有直观的表现能力，可以非常真实、细致地表现出各种建筑形式和建筑材料的质感，同时，画幅的大小又不受限制，保存也比较方便，因而广泛应用于设计表现中。

图 6－9　建筑水彩画

图 6－10　建筑水粉画

水粉是介于油画和水彩之间的一个画种。它兼有油画、水彩的某些优点，但也有许多不及二者的方面。和油画比，水粉不及它厚重，色调上也不及油画丰富。和水彩比，不及它透明，也少有水彩那种水墨淋漓之感。但是水粉色彩的亮丽、饱和、色调的明快，一定程度上的透气感以及用笔洒脱、自如，这些应是水粉画的特点，也是油画、水彩所不可取代的。水粉画面色彩强烈而醒目，表现建筑物和各种实物的真实感也强，富有直观的良好表现效果（图 6－10），同时绘制速度快，技法比较容易掌握，能综合运用多种工具和材料，表现形式不拘一格，在表现材料的质感和环境气氛上有独到之处。正因如此，水粉能够做到雅俗共赏而被人们喜欢和接受。

水彩画与水粉、油画相比，应该说是一种更具情感表达力，极富感情色彩的绘画形式。由于水彩画以水为调色媒介，色彩透明不易修改等特性，因而作画时对技法的要求很高。可以说能自如把握水与色的技法运用，是能否画好水彩画的关键。

6.2.2　颜料特性

水彩颜料最基本的特点是颗粒细腻而透明，是用水来调和作画的。水彩颜料有透明色与沉淀色之分，透明色如柠檬黄、普蓝等颜料的透明度很高，而沉淀色如赭石、青莲、土黄等就很容易沉淀，其附着力也较差，很容易被洗掉。水彩颜料的深浅是靠调整加水量的多少来控制的。利用这种水彩颜料，随着不同量的水分，不同的用笔法就构成了颇有韵味的水彩图。

水粉是一种不透明的粉质颜料，含有一定的胶质，需要以适量的水来调用。水粉颜料的深浅是由加入白色的多少来调整的，其颜色品种丰富，覆盖力较强，能够遮盖住下面的色层，而且水粉颜色干透以后非常结实，表面呈现出无光泽的质感。水粉适用性广，价格低廉，表现力强，并且易于把握和使用。但在使用时有干的较快，不便于颜色的衔接和颜色干后易变色等缺点。水粉兼有水彩与油画颜料的某些性质，用于作画而形成了它自身的特点。

6.2.3 作画方法

6.2.3.1 着色顺序

不同作画者具体的着色方法是有区别的，这里介绍的是适合初学者练习的方法步骤。水彩由于颜料的透明性，作画时应严格按照从浅色着手的步骤开始，由浅入深，由远及近，从上到下，从左到右着色，且需要多次上色才能达到预期效果。同时，与水粉、油画一样，要从整体到局部。为什么要从上到下，从左到右着色呢？这主要是因为画水彩时，为避免直立的水色流淌破坏形体，图板应作适当角度的倾斜，由于着色后的水色总要流向低处，所以从上到下着色便于色彩的衔接。我们一般都是右手执笔，从左到右着色可以使涂过的颜色映入我们的视野，便于我们照顾画面整体关系和色彩效果。以上的着色顺序从后面的水彩渲染步骤中能充分体现出来。

水粉画颜色虽有较强的覆盖力，但不能毫无顾忌地随便乱涂，需遵循其着色顺序，即：先整体，后局部；先深色，后浅色；先薄涂，后厚画。水粉画和别的色彩画一样，都是从整体着眼，从大体、大色块入手。应首先画准画面中主要色块的色彩关系，然后再进行局部的塑造和细节刻画。由于水粉容易泛白，故在作画中一般是先画面积较大的深重色，逐步向亮色过渡。水粉作画一般可根据总的色彩感觉，先迅速地薄涂一遍，画出大体明暗与色彩关系。随着画面不断深入，颜色逐渐加厚。

上述的着色顺序只是一般规律，在作画时应视具体对象具体分析，灵活处理。

6.2.3.2 色彩调配

1. 水彩调色

水彩是单纯使用水分调色来控制颜料厚薄，从而产生明度变化，并利用的水色的干湿，通过颜色的渗透与叠加，获得水彩画的特殊表现效果。水彩画的调色方式主要有混合、叠加和并置三种。

(1) 混合。水彩调色时切忌等量混合，特别是对比色，要注意保持以其中一种色为中心。如蓝灰色，在调色时应以蓝为主，其他颜色稍加调入即可。调色时不宜多搅，颜色搅拌地过分均匀，色彩就会发脏、变暗，从而失去色彩的倾向性。有些颜色色性很强，如紫红、翠绿等，只需调入一点，其色性就会随之发生变化。

(2) 叠加。由于水彩颜色具有透明性，可在已经干了的下层色彩之上，罩上另一种颜色，通过上下两层色彩的叠加达到色彩混合的效果。这种用色与色的重叠来达到综合色彩的效果，是水彩画特有的一种表现方法。运用色彩叠加时，应严格遵循罩色的程序性，即在下层颜色干透后方可再罩第二层颜色。未干时罩色会使下层颜色翻起与上层色混合，从而影响最终的色彩效果。用叠加的方法可保持色彩的鲜艳性和透明感，同时也可利用这种方式来调整下层的色调。如在较暖的色层上罩上淡淡的蓝色，即可使原色调偏冷。使用这一方法时应注意叠加的次数不宜过多，以免画面出现发灰变暗，失去色彩生动性等现象。

(3) 并置。并置法也称色彩空间混合法，是将两种或两种以上的颜色交错并置，通过视觉综合达到色彩之间的调和效果。这一技法可以保持颜色纯度，适宜表现某些特定氛围下的光感和动感。

2. 水粉调色

水粉的颜色是很难在颜料盒上调准的，只有涂在画纸上和旁边的颜色作比较后，才看得出深浅冷暖，因而与其说是在调色盒里调色，不如说是在画上调色。覆盖是水粉最基本的画法。这是由水粉颜料含粉量所决定的，含粉量愈大、覆盖能力愈强。因上层色完全可以遮挡下层色而不泛色，画面着色就较为自由，修改也就随之方便许多，画面的完成也就较有保证了。

6.2.3.3 表现技法

1. 水彩表现

水彩画的基本画法有干画法和湿画法。干画法是一种多层画法。用层涂的方法在干的底色上着色，不求渗化效果。这种画法可以比较从容地一遍遍着色，较易掌握，适合初学者进行练习。表现肯定、明晰的形体结构和丰富的色彩层次是干画法的特长。干画法中包括层涂、罩色、接色、枯笔等具体方法。

层涂：即干的重叠，方法与前面调色中的叠加一致。在着色干后再涂色，一层层重叠颜色表现对象。在画面中涂色层数根据画面选择，有的地方一遍即可，有的地方需两遍三遍或更多一点，但不宜遍数过多，以免色彩灰脏失去透明感。层涂应事先预计透出底色的混合效果，这一点是不能忽略的。

罩色：实际上也是一种干的重叠方法，罩色面积大一些，例如画面中几块颜色不够统一，可用罩色的方法，蒙罩上一遍颜色使之统一。某一块色过暖，罩一层冷色改变其冷暖性质。所罩之色应以较鲜明色薄涂，一遍铺过，一般不要回笔，否则带起底色会把色彩弄脏。在着色的过程中和最后调整画面时，经常采用此法。

接色：干的接色是在邻接的颜色干后在其旁边涂色，色块之间不渗化。这种方法的特点是表现的物体轮廓清晰、色彩明快。

枯笔：笔头水少色多，运笔容易出现飞白；用水比较饱满在粗纹纸上快画，也会产生飞白。表现闪光或柔中见刚等效果常常采用枯笔的方法。

需要注意的是，干画法不能只在“干”字方面做文章，画面仍须让人感到水分饱满、水渍湿痕，避免干涩枯燥。

湿画法可分为湿的重叠和湿的接色两种。

湿的重叠：将画纸浸湿或部分刷湿，未干时着色和着色未干时重叠颜色。这种画法需要水分，时间掌握得当，用于表现雨雾气氛、湿润水汪的情趣是其特长，为某些画种所不及。

湿的接色：邻近的颜色未干时接色，水色流渗，交界模糊，表现过渡柔和色彩的渐变多用此法。接色时水分使用要均匀，否则易产生不必要的水渍。

画水彩多以干画、湿画结合进行。湿画为主的画面局部采用干画，干画为主的画面也有湿画的部分，干湿结合，相得益彰，浓淡枯润，妙趣横生。

渲染是水彩表现的基本技法，它是在裱好的图纸上，通过分大面、做形体、细刻画和求统一等步骤完成。水彩渲染中的基本方法有平涂、退晕和叠加，其具体方法步骤将在后面详述。

2. 水粉表现

水粉表现图技法概括地说是在裱好的图纸上，描画好大形体的轮廓线，以适量的水调上水粉颜料在图纸上作画。其程序原则是从大到小，从深到浅，以求得整体效果融合在对比与统一之中，如实地表现设计意图。水粉画的基本画法有干画法、厚画法及湿画法、薄画法两大类。前一类多用干接与覆盖来作画，类似于油画技法；而后一类多用湿接或干接，也可以覆盖，类似于水彩技法。其实这些画法是随着情况的不同而互为结合的，这就发挥了水粉表现图作画的特点。

用水粉颜料涂刷纸面时要注意水粉颜料的浓度。加水过多则颜料过稀，颜色不均匀；加水过少，则颜料过浓，运笔时发涩，颜料厚厚地涂在纸上，会留下排笔拖过的痕迹，颜料干后容易脱落；加水量合适，则颜料干后色块非常均匀。水粉颜料具有较强的覆盖性，当一块颜色不理想时，可以用另一种较浓的颜色覆盖，只要颜料水分较少，用笔轻，不反复涂刷，被盖住的颜色一般不易翻上来，这为图面修改无疑提供了方便。

水粉和水彩渲染的主要区别在于运笔方式和覆盖方法。大面积的退晕用一般画笔不易均匀，必须用小板刷把浓稠的水粉颜料迅速涂布在画纸上，来回反复地刷。面积不大的退晕则可用水粉画扁笔一笔笔将颜色涂在纸上。在退晕过程中，可以根据不同画笔的特点，多种方法同时使用，以达到良好的效果。水粉渲染有以下几种方法：

（1）直接法或连续着色法。这种退晕方法多用于面积不大的渲染。直接将颜料调好，强调用笔触点，而不是任颜色流下。大面积的水粉渲染，则是用小板刷往复地刷，一边刷一边加色使之出现退晕，同时必须保持纸的湿润。

（2）仿照水墨水彩“洗”的渲染方法。水粉虽比水墨、水彩稠，但是只要图板坡度陡些也可以缓缓顺图板倾斜淌下。因此，可以借用“洗”的方法渲染大面积的退晕。方法和水墨、水彩完全相同。在此不再赘述。

（3）点彩渲染法。这种方法是用小的笔点组成画面，需要很长时间，耐心细致地用不同的水粉颜料分层次先后点成。天空、树丛、水池、草坪都可以用点彩的方法，所表现的对象色彩丰富、光感强烈。

（4）喷涂渲染法。喷涂是利用压缩空气把水粉或一种特殊颜料从喷枪嘴中喷出，形成颗粒状雾。喷涂之前要准备刻制遮板，以做遮盖之用。所以这种方法比较复杂，费时、费事。

与水彩不同的是，水粉色彩明度的深浅变化并不取决于用水量的多少，而是利用白粉颜料掺入量多少来改变色彩明度。同时，色彩愈浅，在水粉中的含白粉量就愈大，效果也将显得更加鲜明而稳定。水粉图的画面颜色有时因原色与间色用得过多，纯度太高而不含蓄，复色极少，不能给人以平静、高雅之感，这叫“俗气”。有时因画面处处都加进了白粉，则色彩不响亮，不利落，看上去粉乎乎的，画面上没有保留几处暗色块，这叫“粉气”。还有因画面颜色中不敢加入白粉，尽管用了一些复色，画面色彩效果仍然显得生硬和燥热，这叫“火气”。这些现象往往是水粉画面表现的缺陷。

总之，制作建筑表现图的目的是为了更好地表现建筑，表达建筑师的设计意图，至于选用哪种表现手法，可依据各人掌握的程度和喜好而定。

6.3　水　彩　渲　染

6.3.1　水彩渲染的工具和材料

学习水彩渲染必须首先了解和熟悉水彩的工具性能，然后才能更好地掌握与运用它。

1. 水彩颜料

水彩是一种色彩鲜艳、易溶于水、附着力较强、不易变色的绘画颜料。水彩颜料分锡管装与干块状两种，专业绘画常用锡管装。目前国内生产厂家提供了多样选择，管装的湿颜料按毫升来计量，有单个的或成套的盒装颜料供选择（图 6－11）。在专用画材店出售的进口干块状的水彩颜料透明度很高，便于携带，也是外出写生的可选方案，只是价格较高。水彩颜料颗粒很细，在水中溶解可显示其晶莹透明，把它一层层涂在白纸上，犹如透明的玻璃纸跌落之效果。水彩浅色不能覆盖底色，不像油画、水粉画颜料有较强的覆盖力。

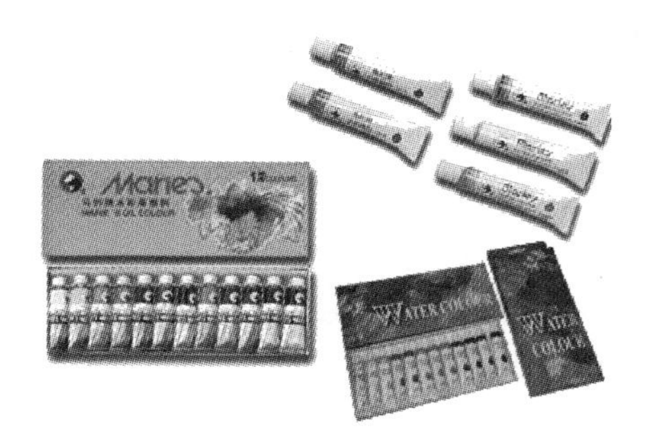

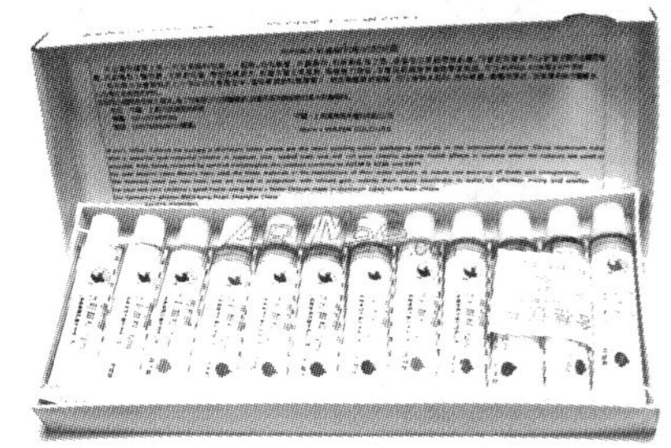

图 6－11　水彩颜料

水彩颜料中的群青、赭石、土红等色属矿物性颜料，单独使用或与别的色相混合都易出现沉淀现象，巧妙运用可产生新颖的效果。颜料的质量非常重要，目前市场上颜料品牌众多，为使用者提供了广泛的选择。应注意选择色相准、质量好的颜料。颜色的色种也应齐全，通常应准备 12 色、18 色或 24 色，必要时再作添加。色种愈多，对丰富画面色彩，保持色彩的纯度愈有利。颜料在调色盒存放的位置，可按色彩的冷暖和明度进行有序排列，避免明度和冷暖相差较远的颜料挤放在一起，不方便调色。

2. 画笔

水彩画笔需要有一定的弹性和含水能力，油画笔太硬且含不住水分，不宜用来画水彩（但有时可以用来追求某种特殊的效果）。各种形状的画笔都有大小的型号。一般都以数字从小到大排号，大号毛笔大而扁平，适宜用来涂绘宽阔的面积。狼毫水彩笔、扁头水粉笔、国画白云笔、山水笔等都可用来画水彩（图 6－12）。

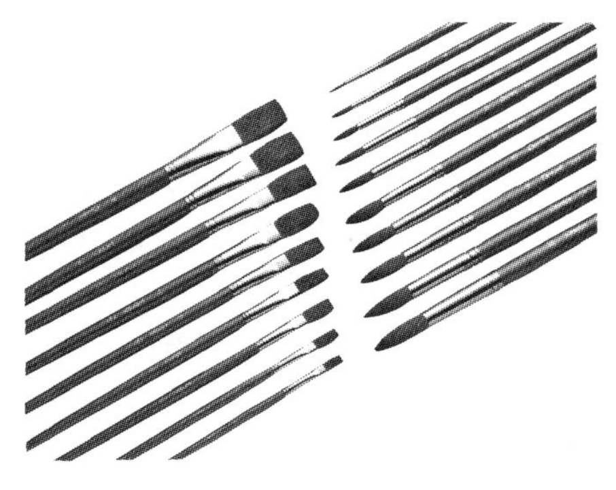

图 6－12　水彩画笔

作水彩渲染时应准备大、中、小三种型号的画笔。渲染大面积的部位，如天空，最好用较大号的水彩画笔，甚至用板刷（排笔），因为这种笔的含水量大，渲染起来比较容易保持均匀。具体塑造与细节描绘有两三支中、小画笔即可。画细部的时候比较适合于使用中国画的狼毫笔，如衣纹笔，因为这种笔的含水量较大而且又有弹性，在任何情况下笔尖都可以恢复原状，所以画起来很方便。

使用者需注意画笔的保养，以保持笔的质量和延长使用寿命。首先，选购笔后，用清水浸开画笔，整理笔毫，有必要时用剪刀根据需要修理笔头。其次，每次作画后将笔用清水洗净，整形理顺笔尖和笔头，为下次作画提供方便。

3. 画纸

凡是具有一定纹理，湿润后不易起皱，并有一定吸水性的纸，都可以作为水彩画纸。画纸纹路的粗细可直接影响画面效果，同样的技巧在不同的画纸上可呈现出不同的效果。理想的水彩画纸，纸面白净，质地坚实，吸水性适度，着色后纸面比较平整，纸纹的粗细根据表现的需要和个人习惯选择。

作为水彩渲染的初学者，需选择合适的画纸进行水彩练习。太薄的纸着色后高低不平，水色淤积，影响运笔；吸水太快的纸，水色不易渗透，难以达到表现意图；太光滑的纸水色不易附着纸面，这些都不适合画水彩之用。纸的重量分别有 120 克、180 克、210 克等规格，克数越大，纸就越厚。较厚的纸耐用性较好，适于反复刻画和修改，不会使纸面起皱或损伤纸面。作画者应熟悉自己使用的画纸性能特点，通过练习掌握用纸技巧。

4. 调色盒

可用市面上能买到的一般塑料调色盒，也可根据渲染需要，用盘、碗等来调用量较多的颜色（图 6－13）。由于水性颜料易干，画完后可在调色盒的分色格上盖上一条含水分较多的薄海绵，或用清水将剩余颜料浸湿，以便下次使用。

图 6－13 调色盒

5. 画板

作渲染所用的画板应比画面大，在裱画纸前应认真检查板上是否有硬物或杂质，以免在裱纸的过程中划伤画纸。

6. 海绵块

在水彩渲染过程中，笔上颜料或水分太多时可用海绵沾去多余的部分。画面中需要擦去的部分或物体边缘的修整，都可以利用海绵完成。

7. 其他工具

水彩渲染大多需要裱纸，因而糨糊、排刷、毛巾、水桶也是不可少的工具。橡皮可选用软质型，避免擦伤画纸。某些特殊效果的产生，依靠画是很难实现的，还需借助一些特殊的工具，如在颜料半干时可用小刀刮的方式画木纹、岩石等的纹理。另外，为了让裱的纸或画面颜色快干，可用电吹风等。

6.3.2　运笔和渲染方法

6.3.2.1　运笔方法

水彩渲染的运笔方法大体有三种：

(1) 水平运笔法。用大号笔作水平移动，适宜作大片渲染，如天空、地面、大片墙面等。

(2) 垂直运笔法。宜作小面积渲染，特别是垂直长条。上下运笔一次的距离不能过长，以避免色彩不均匀。

(3) 环形运笔法。常用于退晕中，环行运笔时笔触对水色能起到搅拌作用，使先后上去的颜色均匀调和，从而取得柔和的渐变效果。

6.3.2.2　水彩渲染方法

渲染是水彩表现的基本技法，它是用水调和水彩颜料，在图纸上逐层着色，通过颜色的深浅浓淡来表现对象的形体、光影和质感。平涂、退晕（图6-14）和叠加是水彩渲染中常用的方法。

图6-14　平涂和退晕

图6-15　平涂方法

1. 平涂

没有色彩变化，没有深浅变化的平涂，是水彩渲染最基本的技法之一。平涂的主要要求是均匀，多用于表现受光均匀的平面。

基本方法：大面积的平涂，首先要把颜料调好放在杯子里，稍加沉淀后，把上面一层已经没有多少杂质的颜色溶液倒入另外一个杯子里即可使用。在平涂渲染时，应把图板斜放以保持一定的坡度，然后用较大的笔蘸满色水后，从图纸的上方开始渲染，用笔的方向应由左至右，一道一道地向下方赶水（图6-15）。应注意用笔要轻，移动的速度要保持均匀，笔头尽量避免与纸面接触。这样逐步地向下移动，直至快要到头的时候，逐渐减少水分，最后，把积在纸面上的水用笔吸掉。

2. 退晕

在水彩渲染中退晕的应用是十分普遍的，多用于表现受光强度不均匀的面，如天空、地面、水面的远近变化，以及屋顶、墙面的光影变化等。颜料随着水浸染于纸面上能产生由浅到深或由深到浅的晕变现象。不仅有单色的晕变，也有复色的晕变。不仅色彩丰富，还表现了光感、透视感、空间感，显得润泽而有生气。退晕可分为两种：一种是单色退晕，另一种是复色退晕（图6-16）。

单色退晕可以由浅到深，也可以由深到浅。由浅到深的退晕方法是：先调好两杯同一颜色的颜料，一杯是浅的，量稍多一些，另一杯是深的，量稍少一些。然后按平涂的方法，用浅的一杯颜色自纸的上方开始渲染，每画一道（2～3cm）后在浅色的杯子中加进一定数量（如一滴或两滴）的深色，并且用笔搅匀，这样作出的渲染就会有均匀的退晕效果。自深到浅的退晕方法基本上也是这样，只是开始的时候用深色，然后在深色中逐渐地加进清水即可。

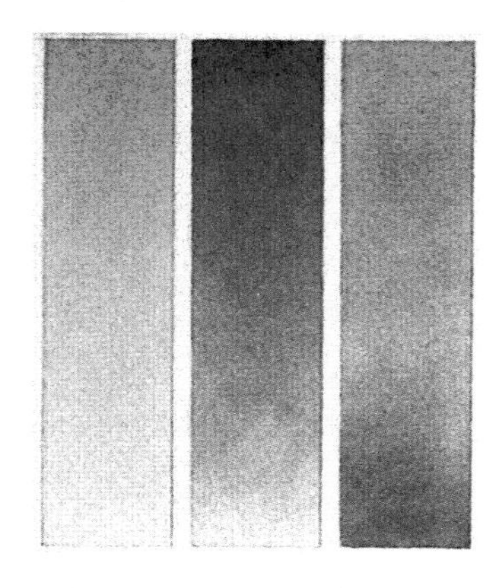

图 6-16　单色和复色退晕

复色退晕是由一种色彩逐渐地变到另一种色彩。其基本方法有两种：一种是和单色退晕一样，即先调好两种颜色，比如红与蓝，如果要求自红变蓝，就先用红色渲染，然后逐渐地在红色中加进蓝色，使原来的红色逐渐地变紫、变蓝。这种方法的缺点是难度较大，加入的颜色和退晕效果较难控制好。还是以红蓝退晕为例，另一种方法是先从一个方向将红色由深到浅退晕一遍，待干后，从反方向将蓝色由深到浅退晕一遍，由此形成两种颜色的叠加退晕效果。这种方法的优点是便于操作和控制颜色。

3. 叠加

用叠加的方法也可以取得退晕的效果。由于这种方法比较机械，退晕的变化也比较容易控制，因而可用在一些不便于退晕的地方。如一根细长的圆柱，如果用普通的退晕方法来画，就比较困难。而如果把它竖向地分为若干格，然后用叠加退晕的方法来画，那就比较容易了。

叠加退晕的方法步骤是：沿着退晕的方向在纸上分成若干格（格子分得愈小，退晕的变化愈柔和），然后用较浅的颜色平涂，待干后留出一个格子，再把其余的部分罩上一层颜色；再干后，又多留出一个格子，而把其余的部分再罩上一层颜色。这样一格一格地留出来，直到最后，罩的层数愈来愈多，因而颜色也就愈来愈深，从而形成自浅至深的退晕（图 6-17）。

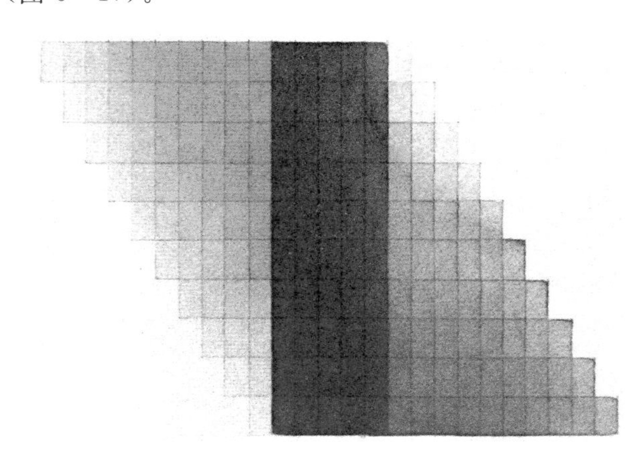

图 6-17　叠加退晕

叠加退晕因格子的分法不同可分为两种：即格子等分和按一定的比例愈分愈小。前者的退晕变化比较均匀，后者的退晕变化则由缓到急。

用叠加法作复色退晕，即沿着一定的方向，某一种颜色愈叠次数越多；而在反方向上，另一种颜色愈叠次数愈多，这样就可以得出复色退晕来。

用叠加法退晕，可以保证退晕变化的均匀，因而可以用它来与一般退晕作比较，以检验后者是否均匀。叠加着色的顺序，一般为先浅色后深色，先暖色后冷色，先透明色，后沉淀色。水彩颜料具有透明性，多次叠加色彩也不会失去透明感，但同时也应注意，色彩覆盖次数过多，会造成画面发灰变暗。

总之，水彩画的技法变化万千，各有特色，很值得我们去分析。

6.3.2.3　水彩渲染步骤

水彩渲染的步骤，简要概括就是在裱好的画纸上，用铅笔作好底稿，再通过分大面（定基调、铺底色）、做形体（分层次、作体积）、细刻画（画影子、做质感）、求气氛（画配景、衬主体）等步骤，以求得一幅统一而又富情趣的画面。下面以清式垂花门的渲染过程为例，简要介绍各步骤的操作。

1. 裱纸

由于渲染需要在纸面上大面积地涂水，纸在接触水后会产生膨胀现象而变得凹凸不平，因而在进行水彩或水墨渲染之前，还必须把纸裱在画板上方能绘制。水彩纸较厚实，用干裱法不易使其充分膨胀，故需将纸在水中浸透一定的时间，称之为“湿裱法”。水彩渲染一遍底色铺上去，没有裱过的纸面就开始扭曲，到最后就皱得不像样子了。裱纸的好处是使渲染时纸面不会出现太大的凹凸，干燥后复归平整。湿裱法的具体操作方法如下（图 6－18）。

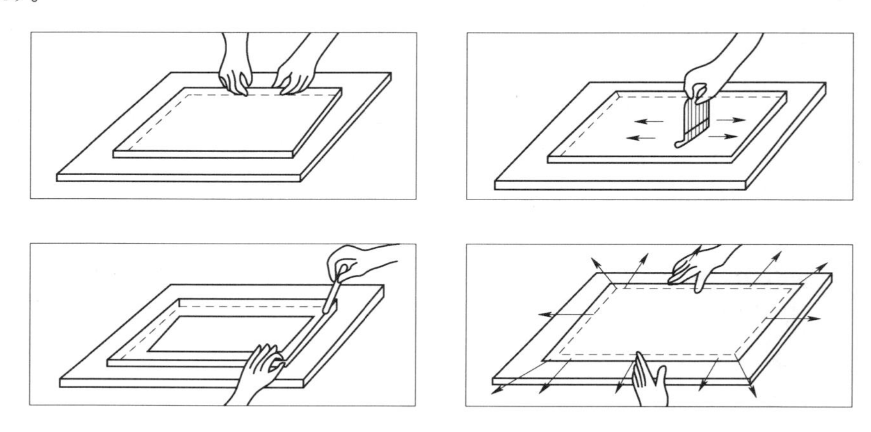

图 6－18　裱纸步骤

（1）清洁图板。图板上会因为各种原因布满灰尘和油腻，这会影响糨糊的牢固程度和图纸背面的整洁。因此裱纸前最好用中号底纹笔把图板刷洗一遍。

（2）泡纸。将裁好的水彩纸在水中充分浸泡。以前我们用这个办法：将图板架在洗手台上，纸铺好，水龙头打开冲 20 分钟。现在当然不提倡这个办法，除了浪费资源，水头的持续冲击会破坏接触点的纸面。最简单的办法是将大塑料桶灌满水，把水彩纸直接卷好放进去。不过最常用的办法是这样的：在涮拖把的水池子那里把纸的两面都打湿，铺到图板上用排笔进行正反面补水，无论采用哪种方法这个操作都要进行，只不过这里持续的时间更长一些。

（3）刷水。纸铺在图板上的时候要注意跟图板对齐，不要放歪，歪了就揭起来重新放。如果不清洗图板，放纸前也要把大于纸的面积的一块打湿。无论怎么小心，湿的纸与图板之间都会产生气泡。湿裱法的一个重要步骤就是赶气泡，把气泡赶到纸的边缘，放掉。一般采用正反面刷水法：以裱 1 号图纸为例，把水桶放在一边，排笔满蘸，正反面刷水，然后把纸掀回去，用这种办法能够杜绝气泡的产生，但应注意不要把纸刷毛。

（4）抹浆。湿裱法不需要窝边，抹糨糊相对较快。用揉成团的纸巾沿着四边擦一边，让水彩纸边缘部分以及外圈图板没有明水，然后把纸揭起来抹糨糊即可。

（5）持水。因为糨糊在厚湿的水彩纸下干燥的很慢，因此不但不能吸水反而要保持中央区域的水分，防止其过早收缩引起脱边。此刻将湿毛巾摊在图中央，由其对附近纸面持续供水。如果没有毛巾，则需要每隔十几分钟用排笔对中间补水，使其保持明水，1～2h后撤走毛巾或停止补水并吸水。毛巾应避免拖动，以免损伤纸面。

（6）风干。因为湿裱法的纸面一直保持平整，所以不容易验证是否完全干燥，只能以指背轻触来推测。一般需要半天的时间，尽量让其自然干燥，如果时间紧迫，在确定边缘已完全干燥，中央纸面基本干燥的前提下可用吹风机辅助，风口离纸面需有一定高度，切忌用近距离强热。当开始水彩渲染时，为了连续作画，较多用到吹风机，注意正常状态的纸张都有一定含水量，强热吹干后的纸面为过干燥状态，不宜立刻上色，否则会因为纸张吸水太猛而造成色晕。应稍等片刻待其吸收空气中的水分，并尽量用吹风机的低热。

裱纸的要领只有一条，就是让边缘（糨糊）先干燥，中间后干燥。纸张在收缩的时候会产生很大的力，裱纸失败大都因为糨糊未粘牢的时候纸已经开始收缩，把握好这点不难成功。裱纸过程中需要注意以下事项：

1）裱纸的整个过程图板要求绝对水平，特别是晾干的时候，因为板的倾斜会令水朝一侧糨糊边集中，最终将其泡开。

2）在纸干的过程中间要检查边缘是否有起翘，如果有几公分的边脱开，可用刀片抹点糨糊送进去重新按牢，如果开边过长则需撕掉重裱。

3）无论何种裱纸法都要注意环境卫生，洗图板、补水都会造成地上的积水，甩笔还会把水甩到别人身上。湿裱法要注意清洁问题，手清洗干净后再碰纸。裱纸成功并干燥后要用复制纸覆盖保护，避免落尘，绘图时宜戴套袖。

4）裁图后留下的浆糊边如不及时清理会越积越厚，先将能撕掉的撕掉，然后把残余部分淋湿，浸泡十几分钟后用尺子贴着图板用力推就能去除。

2. 绘制底稿

先用铅笔勾勒透视稿，线稿勾勒尽量表现出细节，越细致越好。对于比较复杂的建筑形体可以在已经裱好的纸上用软铅将图拓印下来，然后用硬铅描绘出建筑立面的轮廓线。铅笔线的颜色要浅，看得见即可。应尽量避免使用橡皮，以免把纸擦伤，以致渲染时出现斑痕。对于初学者可在正式着色前画一张色稿小样，这样能做到心中有数，下笔肯定，减少正图上的修改。

3. 分大面

这一步骤的主要任务是把建筑物和背景（天空）分开。先大面积铺设基调，然后再局部晕染。

（1）铺底色。建筑物在阳光照射下，一般都带有暖黄的色调，为此，渲染的第一步就是用很淡的土黄色把整个画面平涂一遍，以期取得和谐统一的效果。

（2）把建筑物和背景（天空）分开。一般用普蓝画天空，从上到下作由深到浅的退晕。这样的退晕一般要分几次来画才能达到理想深度，如果一次就画得很深往往不易使退晕保持均匀。渲染天空在接近建筑边缘时要注意水分的把握，并用小笔收边，保证建筑轮廓的清晰完整。

4. 做形体

这一步骤的任务是分块进行渲染，分出前后层次，分出材料的色彩，表现出光感。建筑物的屋顶、墙面、红门、绿柱、台阶和地面等都铺上各自的颜色，同时应注意颜色的冷暖深浅变化。如图中靠近门的地面颜色偏暖偏浅，远离门的地面则偏冷偏灰，由此表现出远近的距离感。屋顶由上向下利用退晕略为加深，表现出坡屋面上的光感。在画面左侧的局部大样中，油漆部分的颜色相比全景中门的立面更为鲜艳，拉开了远景与近景之间的距离。

5. 细刻画

(1) 画影子。在整个渲染过程中，画影子是比较重要的一个步骤，它能表现画面的空间层次和衬托体积，从而突出画面的表现效果。图中屋顶与大门之间的阴影，拉开了两者的空间层次。门前抱鼓石的阴影衬托出它们的体积感（图 6 - 19）。画影子要考虑整体感，不能一块一块零零碎碎地画，而应当整片地罩。画影子还应充分地注意到色彩冷暖的变化和退晕。阴影的渲染一般是呈现上浅下深、上暖下冷的变化。画完影子之后，最好不要再作大面积的渲染，以防止把它洗掉。一般地讲，大面积的影子应相对地浅一点，小面积的影子应相对地深一点。

图 6 - 19　影子表现空间层次和衬托体积

(2) 做质感。在画完影子后，建筑物的形体及凹凸转折关系基本上被表现出来了，在这个基础上，应当进一步表现出材料的质感。下面以砖墙面和瓦屋面为例，探讨一下材料质感的表现。

砖墙面在水彩渲染中可充分利用原来的铅笔线当做水平砖缝，然后适当地加深一些砖块就可以取得良好的效果。较小尺度的清水砖墙面主要有两种渲染方法：一是将底色平涂于墙面或根据需要做退晕变化，然后用铅笔画上横向砖缝；二是使用鸭嘴笔蘸上墙面底色画砖缝线。这种画法要注意对鸭嘴笔的熟练使用，画线条时可留有间断，效果将更真实。有些尺度很小的清水砖墙可不留砖缝地整片渲染。较大尺度的砖墙画法可先用铅笔打好砖缝，然后淡淡地上一道底色，同时留出高光，待干后作平涂或退晕着色，最后挑少量砖块作深浅不同的变化，以丰富画面效果。

陶瓦、水泥瓦和石板瓦屋面的质感表现方法大致相同，首先是上底色，并根据总体色调和光影变化作退晕，表现出屋面坡度。然后作瓦缝的阴影，同时注意画出临近的树或建筑落在屋面上的阴影，最后挑出少量瓦作些细致刻画即可。

(3) 求气氛。这一步骤是渲染的尾声，主要包括画配景、衬主体。植物、地面、人、车、远山等建筑配景都应和建筑物融合为一个环境整体。配景的渲染和勾画宜简练，用笔不要过碎，尽量一遍完成。

以上介绍的是清式垂花门的渲染步骤。在实际学习和工作中，我们还会接触到建筑透视图的渲染，方法也大体如此。透视图上一般能看到相互垂直的相邻墙面，渲染时要区分出亮面和暗面，同时要注意利用色彩、冷暖、刻画的精细和粗略等手段将面的转折区分出来。

此外，水彩还可以与钢笔配合使用，以达到一定的表现效果，这种表现方式称为钢笔淡彩。在这种技法中，线条只用来勾画轮廓，不去表现明暗关系，色彩通常使用水彩颜料，只分大的色块进行平涂或略作明度变化，有时也用马克笔着色。这种技法不仅可以用来表现外观透视，也适于表现室内透视（图 6-20）。

图 6-20 室内效果图绘制步骤

6.3.2.4 水彩渲染注意事项

1. 水彩画中容易出现的问题

水彩颜料特性决定了水彩画区别于其他画种的独特表现技法和审美趣味。在教学中，指导学生纠正与克服水彩作画过程中出现的种种弊端，是学习色彩知识，掌握水彩画表现技巧的重要环节。概括起来，水彩画中易出现的问题主要有以下几种：

(1) 脏。水彩的特性决定了其“干净”的本质，而污浊的色彩产生出黯然不洁的画面，便会失去水彩画中最动人之处。“脏”是水彩画常见的毛病，其产生原因主要有：色彩的冷暖、纯度关系不明确，缺乏对比；乱用黑色，造成色彩污浊；用笔过度扫、刷、擦，着水色遍数过多。

纠正“脏”的弊病，首先要避免对比色、补色颜料的等量相调。其次，要谨慎使用黑色或将低纯度、低明度的色彩渗透到高纯度、高明度的色块里。需要特别指出的是，通过色彩调配产生的黑色，不仅有明确的色彩倾向，而且与其他色彩相调时，可有效避免“脏”的感觉。另外，作画用笔用色要准确肯定，尽量避免过多的重叠、洗、刷、修改，否则，容易失去水彩画滋润透明的特色而色彩混浊。

(2) 灰。一幅“灰”的水彩画会使人索然无味。画面“灰”的主要原因，一是色彩明度对比太弱、缺少浓重、有重量感的色彩；二是色彩纯度对比不够，缺少明快、纯度亮的色彩。因此，解决“灰”的问题就应从素描和色彩两方面入手。一般来讲，一幅画面中近处的物体实而具体、明暗对比强烈、色彩鲜艳偏暖；远处的物体相对虚而模糊、明暗对比较弱、色彩偏灰偏冷。培养正确的观察、认识方法，增强敏锐的色彩感受能力，掌握色彩变化规律，处理好表达对象的明暗、主次、虚实、冷暖、纯度这几个关系，是克服画面“灰”的根本所在。

(3) 花。主次不分，色彩杂乱，各自为政，缺乏整体性是“花”的弊病产生的主要原因。面对自然景物，作者要依据画面主题的需要，大胆进行取舍、概括和提炼，删掉一些与主题无关的细节，使画面宾主分明，主体突出，这是纠正画面“花”的方法之一。要在画面上形成色彩的主色调，不宜在色相、明度、纯度上局部对比太多、太强，这是纠正“花”的方法之二。另外，画面半干半湿时不要过多重复，也可有效避免运笔留下明显痕迹而产生过多水迹的弊病。

(4) 焦。透明、亮丽是水彩画的特色之一。颜色浓稠，调色不当，干画法太多是造成画面“焦”的直接原因。调色中，除依靠颜色本身的明度调配以外，用水作为媒介颜色溶化、稀释并产生明度、纯度关系的变化，形成水与色、色与色的相互渗化、融合和自然、丰富的色彩效果，是克服色多于水，颜色太浓、太稠，避免画面“焦”的关键一环。水彩颜料中的赭石、熟褐等色，如果与群青、青莲等透明色相调配，用水适当，会产生颜色的沉淀，出现美妙丰富的肌理效果。相反，避免将赭褐等色与其他透明性差的颜色随便混合，又会避免画面色彩的干“焦”之感，所以调色时务必小心，尽量单独使用或在调色上不超过 3 种颜色。多采用湿画法作画，可以极大地增强画面色彩的透明感，避免“焦”的毛病。另外，慎用土黄、肉色、粉绿等色，也是防止画面失去色彩透明性的重要方面。

(5) 粉。色彩冷暖倾向不明确是产生画面“粉”的主要原因。以水作为媒介调节色彩的明暗与纯净程序是水彩调色方法之一。要明确和加强色彩的冷暖关系，避免将或冷或暖的色调画成中间灰色。其次，画面色彩较深、较重的地方，也更应明确、肯定其色彩的明度关系，这些都是避免画面“粉气”的有效方法。

水彩画作业中常见的这几种弊病，既有色彩问题，也有技法问题，还有素描问题。有一个共同点是肯定的，那就是：多观察，重感受，找规律，勤实践。

2. 操作中的注意事项

一般来说，水彩颜料透明度较高，多次重复用几种颜色叠加即可出现既有明暗变化、又有色彩变化的退晕。具体退晕操作方法在此不再赘述，下面介绍一下操作过程中的注意事项。

(1) 前一遍未干透不能渲染第二遍，多次叠加应注意严格靠线。

(2) 透明度强的颜色可后加，如果希望减弱前一遍的色彩，可用透明度弱的颜色代替透明度强的颜色，如用铬黄代替柠檬黄。

(3) 大面积渲染后立即将板竖起，加速水分流下，以免在纸湿透出现的沟内积存颜色。

(4) 沉淀出现后可用清水渲染以清洗沉淀物，但必须在前一遍干透后才能清洗。

(5) 水分的运用和掌握。水分在画面上有渗化、流动、蒸发的特性，画水彩要熟悉“水性”。充分发挥水的作用，这是画好水彩画的重要因素。掌握水分应注意时间、空气的干湿度和画纸的吸水程度。

时间问题：采用湿画法，时间要掌握得恰如其分，叠色太早太湿易失去应有的形体，太晚底色将干，水色不易渗化，衔接生硬。一般在重叠颜色时，笔头含水宜少，含色要多，这样便于把握形体，也可使水色渗化。如果重叠的色彩较淡时，要等底色稍干后再画。

空气的干湿度：画几张水彩就能体会到，在室内水分干得较慢，在室外潮湿的雨雾天气作画，水分蒸发更慢。在这种情况下，作画用水宜少；在干燥的气候情况下水分蒸发快，必须多用水，同时加快调色的作画的速度。

画纸的吸水程度：要根据纸的吸水快慢相应掌握用水的多少，吸水慢时用水可少，纸质松软吸水较快，用水需增加。另外，大面积渲染晕色用水宜多，如色块较大的天空、地面和静物、人物的背景，用水饱满为宜；描写局部和细节用水适当减少。

(6) 图面保护和下板。水彩渲染图往往不能一次连续完成，因此在告一段落时，必须等图面干了以后，用略大于图面的纸张将其蒙盖，以避免沾灰。渲染完成后，要等图纸完全干燥后方可下板。

实训练习题

作业一　绘制12色色相环（图6-21）

1. 训练目的

12色色相环有着非常鲜明的优点，它直观地展示着色彩规律，比较适合初学者使用。它的构成原理是由红、黄、蓝三原色开始，两个原色相加出现间色，再由于一个间色加一个原色出现复色，最后形成色相环。

2. 绘制方法

(1) 准备一张画纸，用圆规在纸的中心先画出一个直径为10cm的圆。然后用半径5cm把圆分成6等份。用其中的a、c、e各点连线，构成一个等边三角形，再把三角形平均分为三等份（原色的位置）。再把a、b、c、d、e、f各点连线形成另外三个等腰三角形

(间色的位置)。接下来我们在 10cm 直径的圆外再画一个直径为 20cm 的圆，并将两个圆之间的圆环分成十二个扇形等份。

(2) 把三个原色放在正中间的三角形内，黄色放在顶端，红色放在右下侧，蓝色放在左下侧。并同时带入三角形所指的外环中原色的位置。

(3) 再把调好的三个间色分别放在三个等腰三角形中，同时也放入三角形所指外环的位置内。这三个间色一定要非常仔细地进行调和，不应使它们倾斜向两种原色的任何一方。调和时，你会发现，用调和的方法取得间色并非是件容易的事，橙色既不过红也不过黄，紫色既不过红也不过蓝，而绿色则既不过黄也不过蓝。最后只剩下外环 12 个扇形面的 6 个空白面，这就是复色的位置，把 6 个调好的复色依次填入，12 色相环就制作完成了。

原色：红、黄、蓝，三原色颜料名称为大红、柠檬黄、群青。

间色：由任意两个原色混合后的色被称为间色。那么，三原色就可以调出三个间色来，分别为橙、绿、紫。它们的配合如下：

红＋黄＝橙

黄＋蓝＝绿

蓝＋红＝紫

复色：由一种间色和另一种原色混合而成的色，被称为复色。复色的配合如下：

黄＋橙＝黄橙

红＋橙＝红橙

红＋紫＝红紫

蓝＋紫＝青紫

蓝＋绿＝青绿

黄＋绿＝黄绿

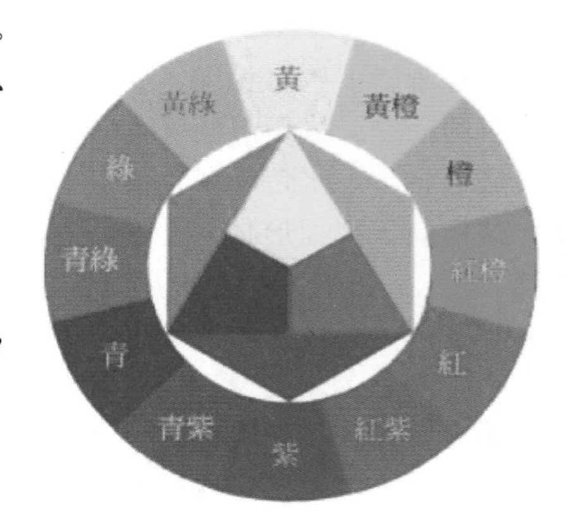

图 6－21　12 色色相环

所得的六种复色为：黄橙、红橙、红紫、青紫、青绿、黄绿。

3. 作业要求

(1) 调色准确，涂色均匀，无水迹。

(2) 每个色块都要求守边准确，绘制精细。

(3) 图面整洁，色彩美观。

这样由原色、间色、复色组成了一个有规律的 12 种色相的色相环。我们能够准确地看到这 12 色相中的任何一种色，并且可以很容易地指出任何中间的色调。色相环的产生无疑对学习色彩、认识色彩有着很重要的意义，它把人们对色彩的认识，从直观的感觉引向一个有理论指导的理性认识上，从而对客观世界的色彩有了更准确的理解与应用。

作业二　渲染基本练习——平涂、退晕和叠加 (图 6－22)

1. 训练目的

通过练习，对色彩三要素色相、明度和纯度的知识有所了解，初步掌握水彩渲染的基本技法。

2. 作业内容

(1) 各种深浅的色块平涂渲染。

(2) 由浅到深和由深到浅的退晕渲染。

(3) 叠加退晕渲染。

3. 绘制方法

(1) 根据附图用硬铅笔绘制底稿，以能见为度。

(2) 渲染：注意由浅到深，循序渐进，每块色块都不可能一次完成。

(3) 整修图纸。

4. 作业要求

(1) 平涂色块要求涂色均匀，无水迹，无深浅变化，相邻两平涂色变化均匀，呈渐变状态。

(2) 退晕色块要求两极差别显著，任何相邻两点之间无突变，无水迹。

(3) 叠加退晕要求相邻两格变化均匀，两极的两格差距要明显，每一格均要求平涂均匀。

(4) 每种色块都要求守边准确，绘制精细。

(5) 图面整洁，色彩美观。

图 6-22 水彩渲染基本练习

5. 图纸要求

(1) 尺寸：500mm×360mm。

(2) 纸型：水彩纸。

表现方式：水彩渲染。

作业三 清式垂花门水彩渲染练习（图 6-23）

1. 训练目的

综合渲染练习的技能，了解光影的变化和表达方式，完整地完成表现一个建筑物立面的色彩渲染。

图6-23　清式垂花门水彩渲染练习

2. 作业内容

参见图 6－23。

3. 绘制步骤

（1）用铅笔绘制底稿。

（2）定基调，铺底色。

（3）分层次，作体积。

（4）细刻画，求统一。

（5）画衬景，托主体。

4. 作业要求

（1）恰如其分地表现建筑立面的光影、明暗关系。

（2）平涂、退晕符合渲染要求。

（3）绘制细致，光感清晰，图面整洁。

5. 图纸要求

（1）尺寸：500mm×360mm。

（2）纸型：水彩纸。

（3）表现方式：水彩渲染。

第7章　模型制作及方法

7.1　模型制作的目的与作用

建筑模型以三维立体空间的方式表达建筑设计方案，设计师和观赏者都可以从不同的角度、距离体验建筑设计方案的形体、空间尺度、色彩搭配、环境氛围等设计要素，是建筑设计中表达最直观的一种手段。随着科技的不断发展，建筑形态、结构日新月异，功能也日趋复杂，仅用图纸渐渐难以充分表达其中的内容。现代建筑师常常在设计过程中，借助模型来推敲、完善自己的设计构思。另外，建筑最终方案模型可以让人们在建筑没有完工的情况下，得到身临其境的建筑体验。在商业领域，楼盘开发模型、样板房模型、交通功能导向模型等都有广泛的运用。可见，模型已经成为建筑设计与展示过程中不可获取的重要内容（图7-1）。

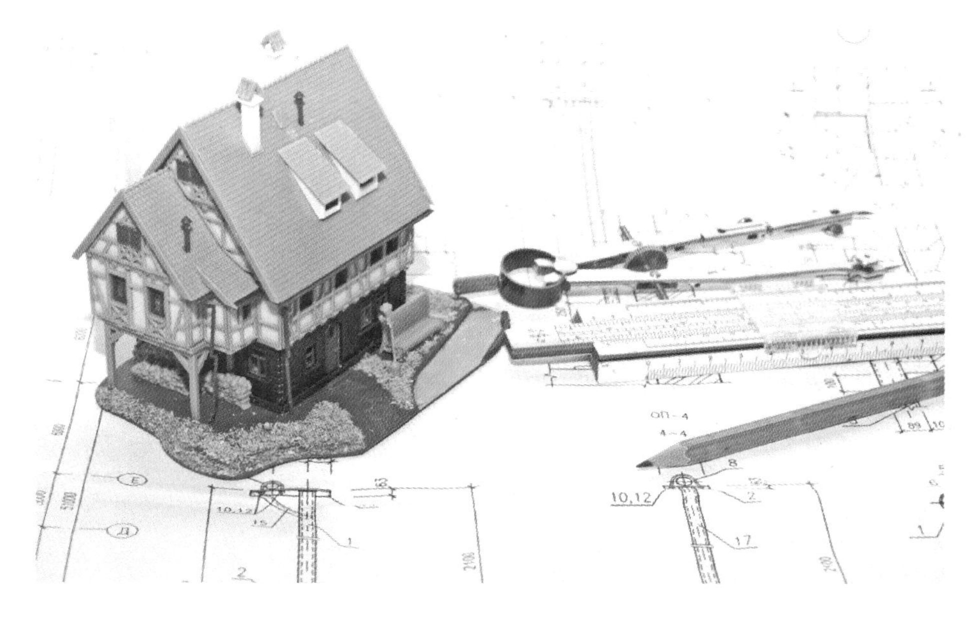

图7-1　图纸与模型

建筑模型作为建筑设计的一种特殊表达手段，具有其他表达方式所没有的优点，主要体现在以下三个方面。

1. 直观性

模型（图7-2）按比例将建筑设计方案以三维空间的方式展现出来，相对图纸而言，更加直接和便于观察。符合大多数人认知事物的习惯。

2. 交流性

人们可以从自己需要的任何位置观察建筑模型，从而获得直观感受，使得人与模型空间有一定的交流性。另外，许多设计优秀的建筑模型也有互动交流的环节，比如声控、或者光控系统，系统流程运动演示等，增加了观察模型的趣味性。

3. 全面性

建筑模型简单地说就是微缩的建筑，能够很好地表达建筑的各个方面，包括立面形式、室外以及室内空间等。所以它也是最能够全面表达建筑的一种有效表现手段。

图 7-2 模型具有直观性

7.2 建筑模型的类型

建筑模型按照用途分，目前可以分为两大类：一是用于最终方案表达的展示模型；二是用于在设计过程中推敲方案的工作模型。前者制作精细，也称为商业展示模型，现在大多由专业的模型制作公司承接，作为最终方案展示之用（图 7-3）。建筑模型是建筑设计及都市规划方案中不可缺少的审查项目。它以其特有的形象性表现出设计方案之空间效果。因此，建筑、规划或展览、展示模型制作，已成为一门独立的学科。工作模型主要是设计师或设计团队在设计过程中推敲、完善方案而做的体量模型。制作工作模型，可以将各阶段的设计方案直观的呈现。更加方便设计人员进行研究和分析，能及时发现设计中的不足之处，减少内部讨论和磋商的时间。在与业主沟通时也让双方交流更为方便（图 7-4)。在国外的很多设计事务所中，这一部分工作一般由项目组内的建筑师自己完成，部分事务所也有专门的模型师，在任务紧张的时候还会从外面临时聘请模型师。

图 7-3 方案展示模型

另一种划分模型类型的方式是根据模型的内容来划分，可以分为：规划模型、建筑单体模型、室内模型、景观小品模型（图 7 - 5）等。这些类型的模型表达重点是不同的。规划模型强调整体规划布局，很多单体细节可以适当忽略。建筑单体模型则往往强调表现建筑的立面、建筑外观造型等因素。室内模型主要用于展示室内布局、功能分区、空间划分等。景观小品模型主要是用于烘托气氛、表达自然、人文要素。

图 7 - 4　室内工作模型

图 7 - 5　景观小品模型

如果按照模型制作材料分类，还可以分为：卡纸模型（图 7 - 6）、木板（航模板）模型（图 7 - 7）、油泥模型、复合材料模型等。卡纸模型由于其便于加工，制作方便，是学生在学习阶段非常有效的练习手段。其缺点是保存时间不长，易变形、褪色。木板模型比卡纸模型更加挺拔、持久，并且可以在表面喷涂、粘贴不同材质，是建筑工作模型制作中最常用材料之一。缺点是由于受到板材规格的限制，精度不会很高。油泥是工业模型的主要材料，在建筑模型中也有运用。油泥本身具有易加工、精度高、可通过温度控制、可反复使用等特点，使其在工作模型领域受到青睐，经常用于规划方案和街道模型中。复合材料模型包括的内容较多，有机板模型、金属工艺模型、泡沫板模型等等都属于这一类。由于使用了多种新型的材料和工艺，这类模型的加工精度往往也是比较高的，我们可以从逼真的商业展示模型中看到这一点。

图 7 - 6　卡纸模型

图 7 - 7　木板模型

如果按照模型的动静方式和演示目的来分类，还可以将其分为静态模型和动态模型两类。静态模型，顾名思义，是指静止的建筑模型，模型相对简单，制作过程中不涉及机械运用环节。主要是用于静态展示和空间体量分析之用。当建筑模型需要满足一些特殊运动演示用途的时候，我们就需要制作动态模型。与静态模型相比，动态模型包含较多的声、光、电的运动设计。例如，在很多工业建筑中表现车辆进出的轨迹，或在娱乐性建筑中表现多彩变幻的灯光等，都属于这一类。

7.3 建筑模型制作的一般程序

根据建筑形式的不同、功能不同、使用的模型材料不同，制作程序也有所不同。所以建筑模型的制作没有一成不变的方法，在学习过程中应该发挥主观能动性，利用一切可以利用因素来达到最好的制作效果。有很多制作技巧都是在实践中不断摸索得出的。

对于一般的手工建筑模型而言，我们可以从以下程序入手进行制作。

第一，图纸。包括绘图、识图、比例换算等重要环节（图 7－8）。这是建筑模型制作的第一步。如果图纸不全，或者对图纸理解不够都将给后续工作带来一系列问题。在这个阶段，我们可以利用电脑软件对图纸进行绘制、修改、比例缩放、三维模拟等工作。主要用到的软件有 AUTOCAD、Sketchup、3DSMAX 等。由于制作的模型是“缩小了的建筑”，所以，在某些比例尺度下，建筑的某些细节在模型中不可能完全展现，这就要求我们根据模型的实际尺度适当修改图纸细节，已达到最佳制作和表现效果。

图纸整理完毕后，可将其按真实模型尺度打印输出，以备后续对照之用。

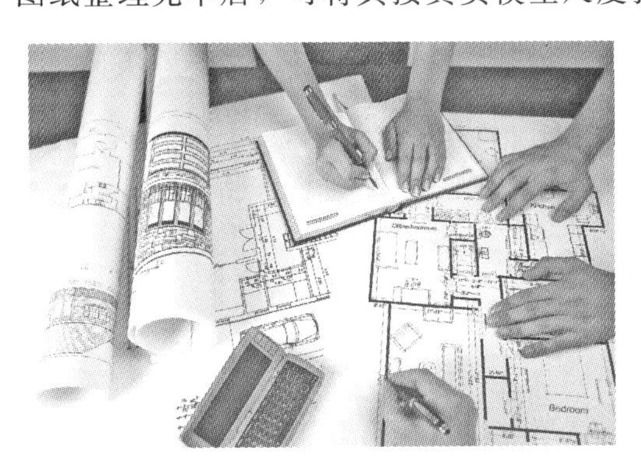

图 7－8　识图与换算

图 7－9　在 ABS 模型板上刻出建筑立面

第二，刻板和打磨。根据整理完毕的精确图纸和尺度，在模型板材上进行刻板工作，制作出建筑的相关各面。有条件的可以利用 CAD 图纸结合三轴雕刻机、激光雕刻机等自动加工设备进行加工，也可以手工刻板、线锯刻板来完成。用到的手工工具有：模型刻刀、钢尺、模型锉、砂纸、线锯等。这个阶段，需要完成建筑体各个面的雕刻、挖孔等工作。先将图纸拓印或者绘制在模型板材上；再用刻刀和钢尺将其刻出需要的部分；最后使用打磨工具打磨表面和边缘，见图 7－9。模型部件刻板完毕后，应该对其进行编号，以免混淆。

第三，制作底盘基座。小型沙盘的底盘可以直接用高密度泡沫板来做，也可以使用多层KT板粘合。中大型沙盘底板要增加强度，需设置木质底盘。商业展示模型都需要专门制作平台式模型基座（图7-10）。另外，在有高差和地形的模型中，底盘需要根据比例和等高线做出高差，一般可以通过多层高密度泡沫板切割、贴合后打磨获得。

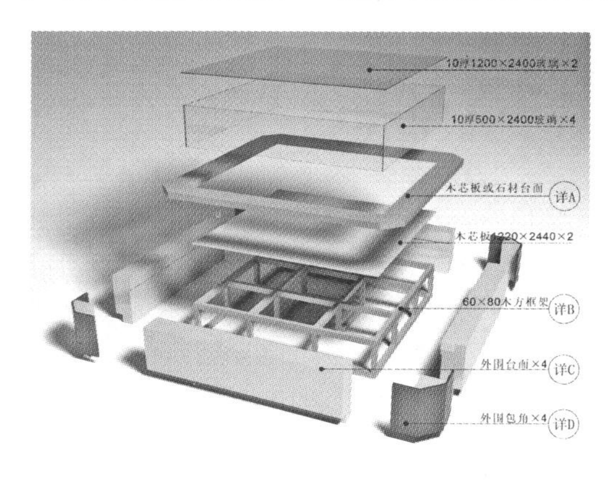

图7-10　商业展示模型基座爆炸图举例

图7-11　按照图纸进行组装粘合

第四，组装和粘接。按照图纸结构，对其进行有序的组装和粘接工作（图7-11）。这里一定要事前设计好组装或粘接顺序以减少误差。一般先将单体模型组装完成后，再与底盘粘合，当然也可根据不同情况适当调整。需要注意的是，不同的模型材料使用到的粘合剂是不同的，在下面章节会有详细介绍。

第五，制作表面效果。经过以上四个步骤模型初步完成，若想得到更加真实的模型效果，需对其表面进行效果处理。可以通过喷涂、绘制、贴附面材、植绒等手段得到较为真实的建筑环境效果。当然，有时为了部分工作的方便起见，表面效果可以放在组装之前来做。

7.4　建筑模型的制作工具与材料

建筑模型制作工具可以分为：切割雕刻工具、打磨工具、喷涂工具、辅助工具这几类；模型材料主要有：模型板材、模型管材、饰面板材、涂料、粘合剂以及成型素材、模型半成品等。随着科技的进步，新型材料与工具也不断的运用到模型制作中来。模型工具与材料不是一成不变的。生活中的一些废弃物或者日常用品，经过加工和改造，有时也能成为合适的模型制作原料。

7.4.1　常用的模型工具

1. 雕刻切割工具

手工切割工具主要用到的是模型刻刀、木刻刀、钩刀、美工刀等。模型刻刀有成套出售的，包含不同刀头，适合雕刻不同的细节（图7-12）。模型刻刀的刀头是易耗品，总

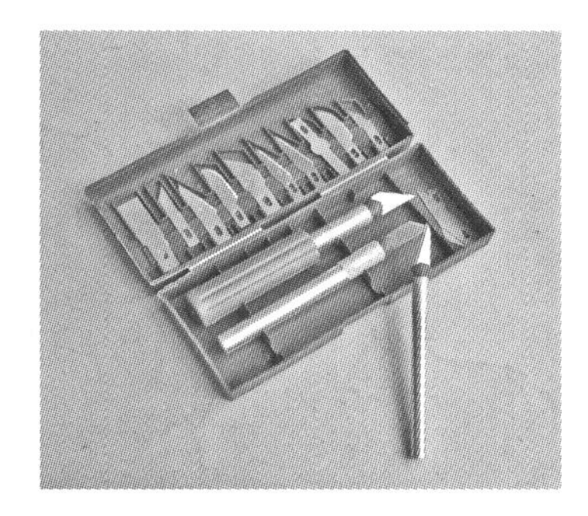

图 7-12 成套模型刻刀

是购买花费较大，目前有一种可以用美工刀片作为刀头的刻刀经济实惠（图 7-13）。木刻刀用于雕刻木材或者模型细节。钩刀是专门裁划有机板、PVC 等硬度较高的板材，有钩形刀头。美工刀大家都熟悉，用于裁切纸张、薄板、削铅笔等用途。

2. 打磨类工具

此类工具主要有手钻砂轮、砂纸、模型锉刀等。手钻砂轮是在微型手钻上安置打磨砂轮，可以打磨或剖光模型表面。砂纸分粗砂、细砂以及更高标号的水性砂纸。建筑模型打磨，一般可经过粗磨和细磨两次完成。模型锉刀有成套的或者单个的，主要用于整体或细节的打磨，也称为整形锉（图 7-14）。

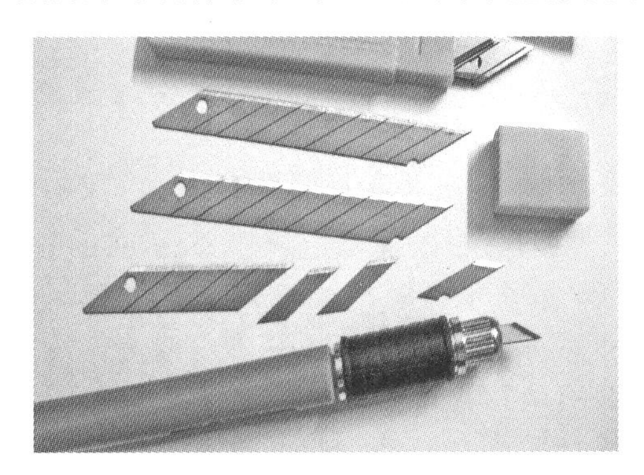

图 7-13 使用美工刀片做刀头的刻刀

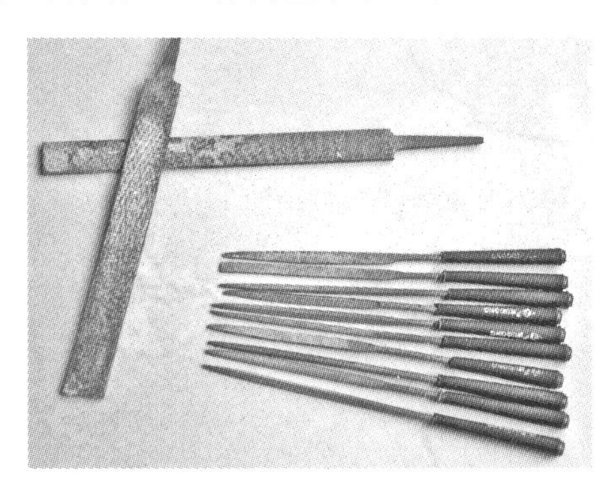

图 7-14 模型锉刀

3. 喷涂工具

用于模型表面喷涂颜色和绘制机理。有油性马克笔、勾线笔、喷笔和气泵、毛笔等。马克笔有油性和水性两种，油性附着力强，画在大部分材料上不会掉色，水性遇水则溶。喷笔和气泵需配合使用，主要使用丙烯颜色，需要一定的使用技巧。毛笔可以调节丙烯直接在模型表面绘制。

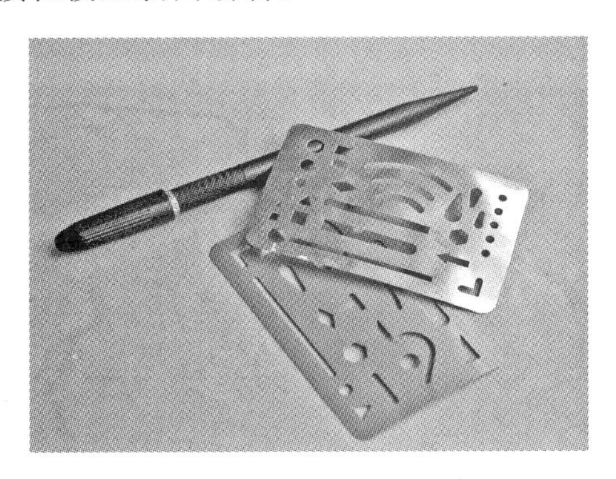

图 7-15 多用途金属刮片

4. 辅助工具

还有一些工具很常见，但是为模型制作提供了很大的便利。如直尺、三角板、金属刮片、卡角器、刮片、注射器等，称为辅助工具。直尺最好先用钢制直尺，结实耐磨，对多数粘合剂抗腐蚀。卡角器主要是提供固定角度，在模型没有完全粘合的时候固定模型之用，也可以自己制作，最常用的就是直角。金属刮片可以提供很多便利，是必不可少的工具之一（图 7-15）。注射器主要是用来灌注粘合剂的，因为其针孔小，灌注精度相对较高。

7.4.2　常用的模型材料

1. 模型板材

板材是模型制作中最主要的材料，建筑立面、楼层平面、景观铺装等都是由板材为主完成的。模型板材主要有ABS模型板、PVC模型板、航模版、硬纸板、高密度泡沫板、KT板、有机玻璃板、有机胶片等。ABS模型板强度高，韧性好，精度高，从0.5～4.0mm厚度规格都有，但手工加工难度较大，一般是商业展示模型的主要材料。PVC板相对ABS易切割，有一定的韧性，表面挺拔，便于图贴，手工模型常用这种板材。航模版即不同厚薄的模板，规格统一，坚挺持久，特殊建筑模型使用此种板材，会有原木风格的艺术效果。用于模型制作的硬纸板经过几年的发展，品种已经非常丰富，强度高的不亚于木板，其色彩丰富，便于加工，是工作模型和学生练习的理想材料。高密度泡沫板，可以打磨可以切割，加工方便，可以制作模型底板，也可用其雕刻板材不易做出的部分细节。透明有机玻璃板和有机胶片可以用于制作建筑的窗户、配景水池等透明物体。

图7-16　模型用UHU胶水

2. 粘合剂

不同材料的粘合，要使用不同的粘合剂。UHU胶水是建筑模型最常用的粘合剂，可以粘合大部分模型材料（图7-16）。但是它对泡沫板有腐蚀性，若要粘合泡沫板需要用到专门的泡沫胶水。此外，如果使用的是PVC板材，使用PVC管道胶水对其进行粘合也是不错的选择。金属或石材需要用万能胶粘合。总之，需根据不同的材料选择合适的粘合剂。粘合剂的使用往往有一定方法才能达到最佳效果，具体可以参见其说明书使用。

3. 模型管材和线材

各种粗细的PVC模型管线，有实心、空心、方形、圆形等类型。规格从半径0.1～50mm不等。主要用于制作一些特殊建筑构件，如烟囱、跳梁等。

4. 涂料贴纸和饰面板

模型用涂料主要是丙烯颜料，其具有稳定性好、便于调和、色彩饱和、干后不褪色等特点。贴纸是按比例印刷的即时贴面纸，可以贴附模型表面，增强模型真实感，有单色和纹理贴纸等。模型饰面板是表面已经加工出相关机理的模型面板，如带有砖缝线的面板、表面粗糙的水泥效果面板等，既可以作为外墙饰面材料也可以直接作为模型板来使用。

5. 成品与半成品模型素材

有些小的配景模型制作难度大，但只是起到烘托主体的作用，如人物模型、汽车模型、植物模型、栏杆扶手、小景观模型等，这些常用的配景在很多模型商店可以直接买到，称为成品或者半成品模型素材。

7.5 建筑配景的制作

建筑模型配景主要有植物、水体、景观小品等。目前大部分配景可以直接买到半成品或者成品，但在学习阶段还是鼓励大家自己制作。

配景没有固定的制作模式，可以根据需要来设定其制作风格，可分为具象和抽象两类。植物配景主要用到的材料是树粉和草粉。树粉和草粉都有不同的颜色标号，可以根据需要选择。树的制作方法是，先将树枝部分涂抹上胶水，然后在树粉中转动，使其树粉充分附着在其表面即可。草坪的制作方法有两种：一种是直接将半成品草坪纸修剪后贴于模型表面；另一种方法是在表面涂胶水后均匀地洒上草粉（图 7－17 学生配景制作举例）。

图 7－17　学生环境配景练习

实 训 练 习 题

室内模型制作练习——单人居室室内模型制作：

请根据给出的平面图（图 7－18）设计并绘制平面布置方案、立面图，最后制作简单室内空间模型。

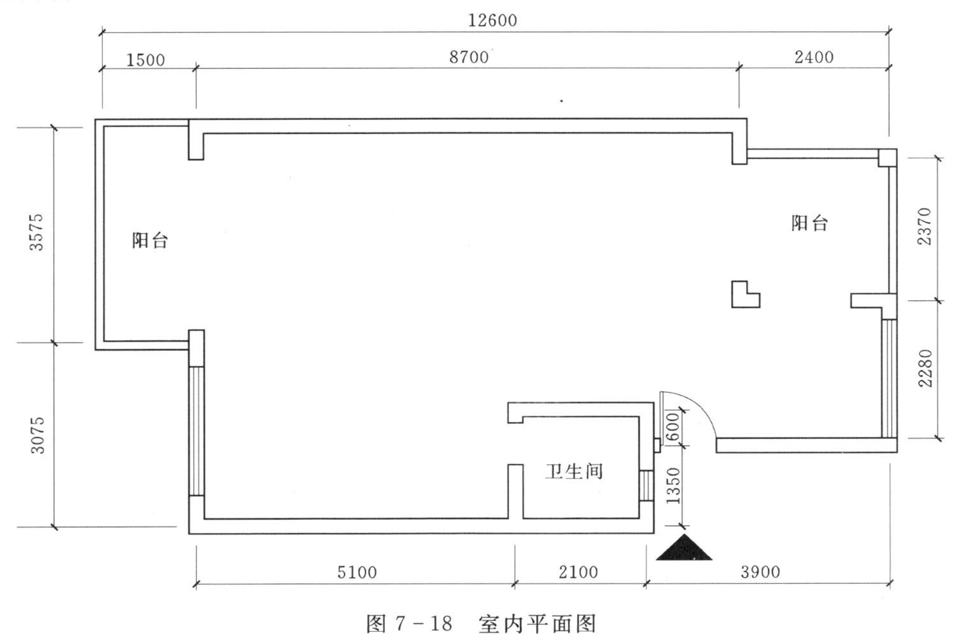

图 7－18　室内平面图

第8章　建筑施工图的绘制与识图

一般建设项目按两个阶段进行设计，即初步设计阶段和施工图设计阶段。对于技术要求复杂的项目，可在两设计阶段之间，增加技术设计阶段，用来解决各工种之间的协调等技术问题。

房屋施工图由于专业分工的不同，一般分为建筑施工图（简称建施）、结构施工图（简称结施）、装饰施工图（简称装施）、给水排水施工图（简称水施）、采暖通风施工图（简称暖施）、电气施工图（简称电施）。也有的把水施、暖施、电施统称为设施（即设备施工图）。

一套完整的房屋施工图应按专业顺序编排，一般应为图纸目录、建筑设计总说明、总平面图、建施、结施、装施、水施、暖施、电施等。各专业的图纸，应该按图纸内容的主次关系、逻辑关系有序排列。

建筑施工图是用来描绘房屋建造的规模、外部造型、内部布置、细部构造的图纸，是房屋施工放线、砌筑、安装门窗、室内外装修和编制施工预算及施工组织计划的主要依据。

建筑施工图主要包括设计说明、总平面图、建筑平面图、建筑立面图、建筑剖面图以及建筑详图等。

8.1　建筑平、立、剖三视图的概念

8.1.1　建筑平面图

8.1.1.1　平面图的形成

平面图的形成通常是假想用一水平剖切面经过门窗洞口之间将房屋剖开，移去剖切平面以上的部分，将余下部分用直接正投影法投影到H面上而得到的正投影图。即平面图，实际上是剖切位置位于门窗洞口之间的水平剖面图（图8-1）。

8.1.1.2　建筑平面图的用途

建筑平面图是用以表达房屋建筑的平面形状，房间布置及朝向，内外交通联系，以及墙、柱、门窗等构配件的位置、尺寸、材料和做法等内容的图样。建筑平面图简称“平面图”。

平面图是建筑施工图的主要图纸之一。是施工过程中，房屋的定位放线、砌墙、设备安装、装修以及编制概预算、备料等的重要依据。

8.1.1.3　建筑平面图的数量及内容分工

一般来说，房屋有几层，就应画出几个平面图，并在图的下方注明该层的图名，如底

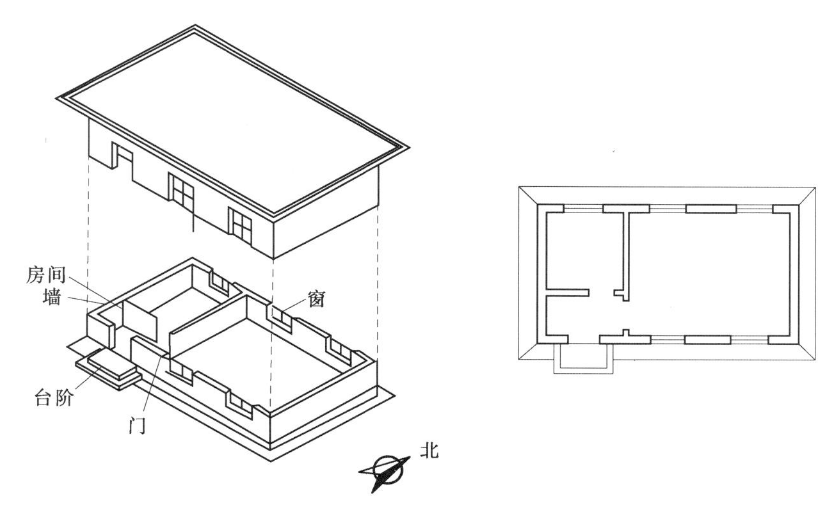

图 8－1 建筑平面的形成

层平面图，二层平面图……顶层平面图。但在实际建筑设计中，多层建筑往往存在许多平面布局相同的楼层，可用一个平面图来表达，称为“标准层平面图”或“×～×层平面图”。

1. 底层平面图

底层平面图也叫一层平面图或首层平面图，是指±0.000地坪所在的楼层的平面图。它除表示该层的内部形状外，还画有室外的台阶（坡道）、花池、散水和雨水管的形状及位置，以及剖面的剖切符号，以便与剖面图对照查阅。底层平面图上应注指北针，其他层平面图上可以不再标出。

2. 中间标准层平面图

中间标准层平面图除表示本层室内形状外，还需要画出本层室外的雨篷、阳台等。

3. 顶层平面图

顶层平面图也可用相应的楼层数命名，其图示内容与中间层平面图的内容基本相同。

4. 屋顶平面图

屋顶平面图是指将房屋的顶部单独向下所做的俯视图，主要是用来表达屋顶形式、排水方式及其他设施的图样。

8.1.1.4 建筑平面图的主要内容

（1）建筑物平面的形状及总长、总宽等尺寸。

（2）建筑物内部各房间的名称、尺寸、大小、承重墙和柱的定位轴线、墙的厚度、门窗的宽度等，以及走廊、楼梯（电梯）、出入口的位置。

（3）各层地面的标高。一层地面标高定为±0.000，并注明室外地坪的绝对标高，其余各层均标注相对标高。

（4）门、窗的编号，位置，数量及尺寸，一般图纸上还有门窗数量表用以配合说明。

（5）室内的装修做法，如地面、墙面及顶棚等处的材料做法。较简单的装修，一般在平面图内直接用文字注明；较复杂的工程应另列房间明细表及材料做法表。

(6) 标注尺寸。在平面图中，一般标注三道外部尺寸。最外面一道尺寸为建筑物的总长和总宽，表示外轮廓的总尺寸，又称外包尺寸；中间一道为房间的开间及进深尺寸，表示轴线间的距离，称为轴线尺寸；里面一道尺寸为门窗洞口、墙厚等尺寸，表示各细部的位置及大小，称为细部尺寸。在平面图内还须注明局部的内部尺寸，如内门、内窗、内墙厚及内部设备等尺寸。此外，底层平面图中，还应标注室外台阶、花池、散水等局部尺寸。

(7) 其他细部的配置和位置情况，如楼梯、搁板、各种卫生设备等。

(8) 室外台阶、花池、散水和雨水管的大小与位置。

(9) 在底层平面图上画指北针符号，另外还要画上剖面图的剖切位置符号和编号，以便与剖面图对照查阅。

8.1.2　建筑立面图

1. 建筑立面图的形成与用途

建筑立面图主要用来表达房屋的外部造型、门窗位置及形式、外墙面装修、阳台、雨篷等部分的材料和做法等。

立面图是用直接正投影法将建筑各个墙面进行投影所得到的正投影图（图 8-2）。某些平面形状曲折的建筑物，可绘制展开立面图，圆形或多边形平面的建筑物，可分段展开绘制立面图。但均应在图名后加注“展开”二字。

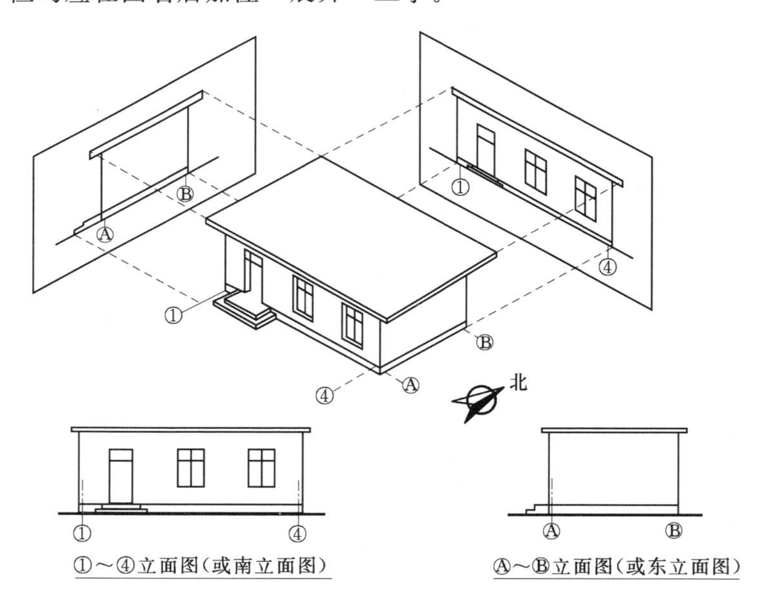

图 8-2　房屋建筑的立面图

2. 建筑立面图的命名与数量

每一个立面图下都应标注立面图的名称。标注方法：按建筑两端的轴线编号进行命名，如图 8-2 中的①～④立面图、Ⓐ～Ⓑ立面图；按建筑各个立面的朝向，分别命名为东立面图、西立面图、南立面图、北立面图等。

平面形状曲折的建筑物，可绘制展开立面图。圆形或多边形平面的建筑物，可分段展开绘制立面图，但均应在图名后加注“展开”二字。

立面图的数量是根据房屋各立面的形状和墙面的装修要求决定的，当房屋各立面造型不同、墙面装修不同时，就需要画出所有立面图。

3. 建筑立面图的内容

(1) 表明建筑物的立面形式和外貌，外墙面装饰做法和分格。

(2) 表示室外台阶、花池、勒脚、窗台、雨篷、阳台、檐沟、屋顶，以及雨水管等的位置、立面形状及材料做法。

(3) 反映立面上门窗的布置、外形及开启方向（应用图例表示）。

(4) 用标高及竖向尺寸表示建筑物的总高以及各部位的高度。

8.1.3　建筑剖面图

1. 建筑剖面图的形成和用途

假想用一个平行于投影面的剖切平面，将房屋剖开，移去观察者与剖切平面之间的房屋部分，作出剩余部分的房屋的正投影，所得图样称为建筑剖面图，简称剖面图。将沿着建筑物短边方向剖切后形成的剖面图称为横剖面图（图 8-3），将沿着建筑物长边方向剖切形成的剖面图称为纵剖面图。一般多采用横向剖面图。

建筑剖面图是表示房屋的内部垂直方向的结构形式、分层情况、各层高度、楼面和地面的构造以及各配件在垂直方向上的相互关系等内容的图样。在施工中，可作为分层、砌筑内墙、铺设楼板、屋面板和内装修等工作的依据，是与平、立面图相互配合的不可缺少的重要图样之一。

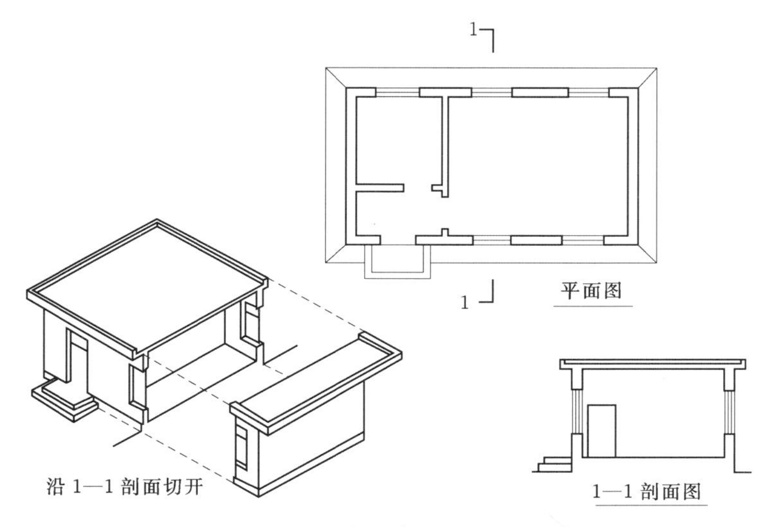

图 8-3　房屋建筑的剖面图

2. 建筑剖面图的剖切位置及数量

剖面图的剖切部位，应根据图样的用途或设计深度，在平面图上选择能反映全貌、构造特征以及有代表性的部位剖切。一般在楼梯间、门窗洞口、大厅以及阳台等处。

根据工程规模大小或平面形状复杂程度确定剖面图的数量。一般规模不大的工程中，房屋的剖面图通常只有一个。

3. 建筑剖面图的内容

（1）表示被剖切到的房屋各部位，如各楼层地面、内外墙、屋顶、楼梯、阳台、散水、雨罩等的构造做法。

（2）用竖向尺寸表示建筑物、各楼层地面、室内外地坪以及门窗等各部位的高度。竖向尺寸包括高度尺寸和标高尺寸。

高度尺寸也有三道：第一道尺寸注明靠近外墙，从室外地面开始的门墙身垂直方向分段尺寸，如门窗洞口、窗间墙等的高度尺寸；第二道尺寸注明各层层高；第三道尺寸注明建筑物的总高度。

标高尺寸主要是注出室内外地面、各层楼面、阳台、楼梯平台、檐口、圈梁、屋脊、女儿墙、雨篷、门窗、台阶等处的标高。

（3）表示建筑物主要承重构件的位置及相互关系，如各层的梁、板、柱及墙体的连接关系等。

（4）表示屋顶的形式及泛水坡度等。

（5）索引符号。

（6）施工中需注明的有关说明等。

8.2 建筑施工图的绘制

房屋建筑图是施工的依据，图上一条线、一个字的错误，都会影响基本建设的速度，甚至给国家带来极大的损失。我们应该采取认真的态度和极端负责的精神来绘制好房屋建筑图，使图纸清楚、正确，尺寸齐全，阅读方便，便于施工等。

修建一幢房屋需要很多图纸，其中平、立、剖面图是房屋的基本图样。规模较大、层数较多的房屋，常常需要若干平、立、剖面图和构造详图才能表达清楚。对于规模较小、结构简单的房屋，图纸数量自然少些。在画图之前，首先应考虑画哪些图，在决定画哪些图时，要尽可能以较少的图纸将房屋表达清楚。其次要考虑选择适当的比例，以决定图样的大小。有了图样的数量和大小，最后考虑图样的布置。在一张图纸上，图样布置要匀称合理。布置图样时，应考虑注尺寸的位置。上述三个步骤完成以后便可开始绘图。

8.2.1 平面图的绘图步骤（图 8－4～图 8－7）

检查无误后，按要求加深各种图线，并标注尺寸、数字书写文字说明。

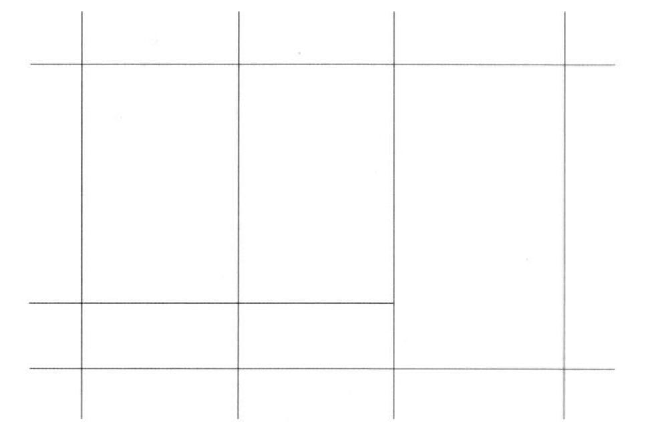

图 8－4　画墙、柱的定位轴线

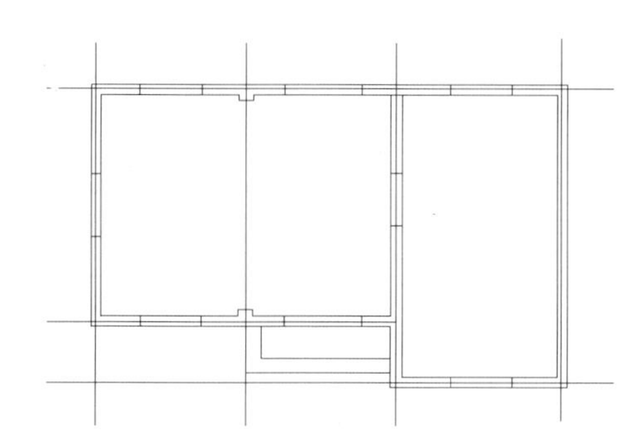

图 8－5 画墙厚、柱子截面，定门、窗位置

图 8－6 画台阶、窗台、楼梯（本图无楼梯）等细部位置

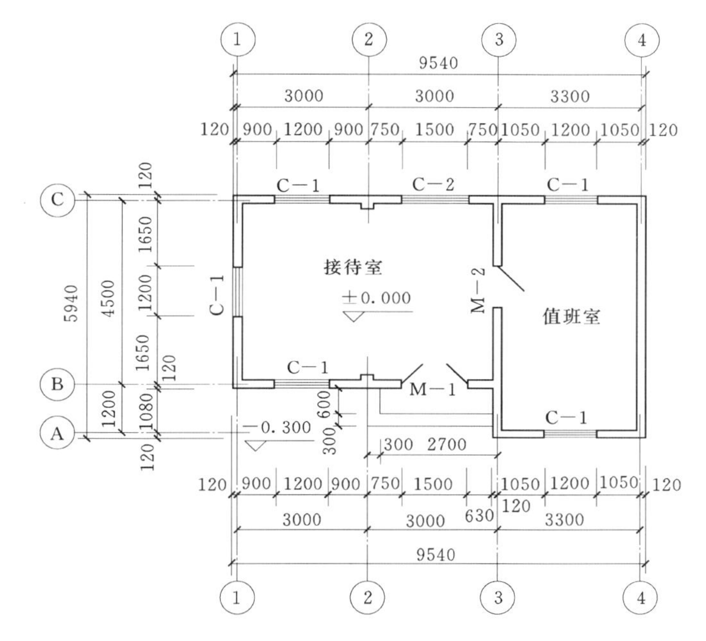

图 8－7 画尺寸线、标高符号

8.2.2 立面图的绘图步骤（图 8－8～图 8－10）

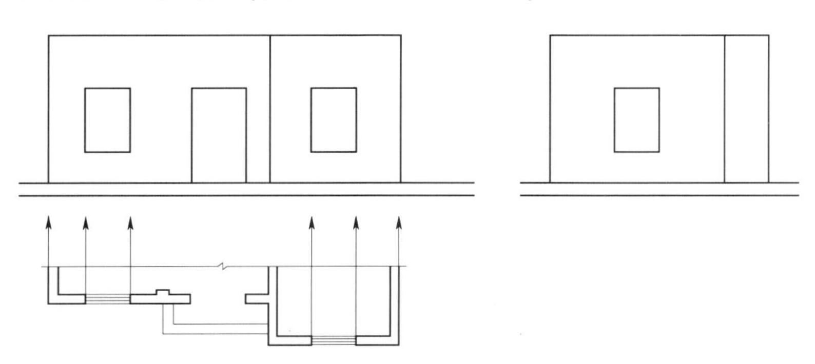

图 8－8 画室外地坪线、门窗洞口、檐口、屋脊等高度线，并由平面图定出门窗孔洞位置，画墙（柱）身的轮廓线

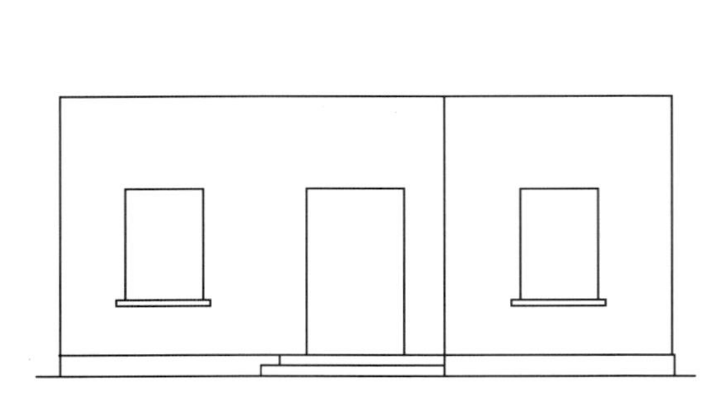

图 8-9 画勒脚、台阶、窗台、屋面等细部

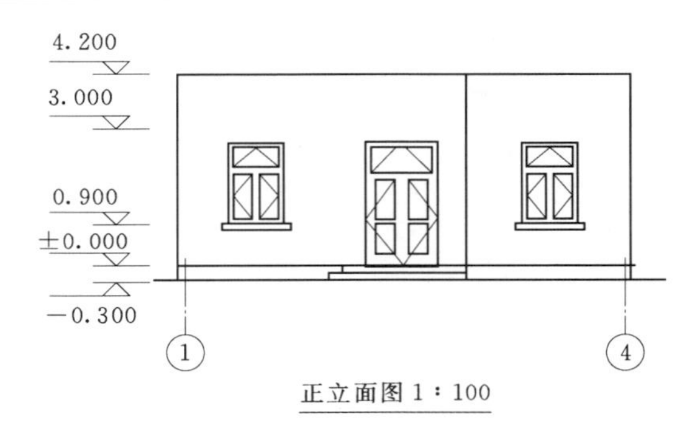

图 8-10 画门窗分隔、符号材料，并标注尺寸和轴线编号。加深图线，注写尺寸和文字说明

8.2.3 剖面图的绘图步骤（图 8-11～图 8-13）

以上所讲都是建筑方案图及建筑施工图的一些基本知识，而这些知识都是为本章的重点内容。

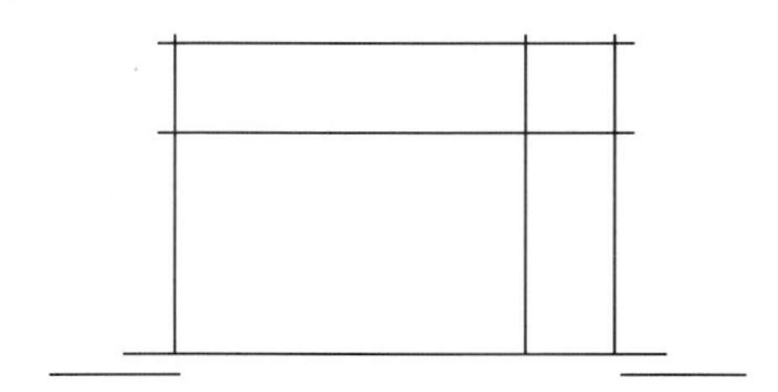

图 8-11 画室内外地坪线、最外墙（柱）身的轴线和各种高度线

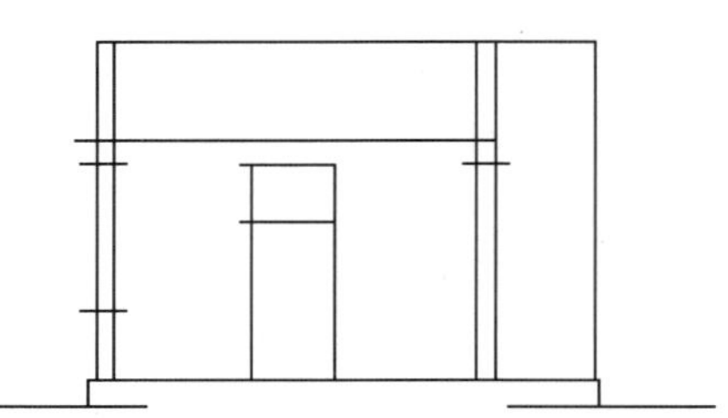

图 8-12 画墙厚、门窗洞口及可见的主要轮廓线

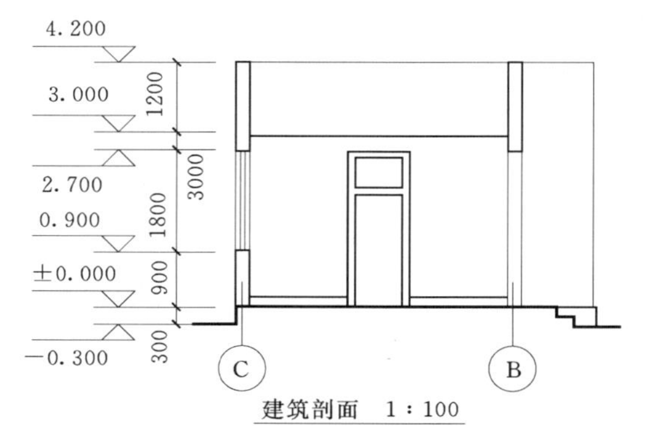

图 8-13 画屋面及踢脚板等细部，加深各种图线，标注尺寸并书写文字说明

8.3 建筑施工图的识读

识读建筑施工图，除应了解建筑施工图的特点和制图标准之外，还应按照一定的顺序

进行识读，才能够比较全面而系统的读懂图纸。

一套建筑施工所包含的内容比较多，图纸往往有很多张，在识读一套建筑施工图时，应该从宏观到微观，从整体到局部，然后再回到整体的过程。

8.3.1 了解建筑整体概况

1. 看标题栏及图纸目录

了解工程名称、项目内容、设计日期等。

2. 看设计总说明

了解建设规模、经济技术指标、室内室外的装修标准。包括工程设计的依据、批文；相关整体工程或相关配套工程的概括说明；建筑用料、门窗明细表以及其他无法用图示表达清楚的内容。

3. 看总平面图

读图步骤如下。

(1) 阅读标题栏和图名、比例，通过阅读标题栏可以知道工程名称、性质、类型等。

(2) 读设计说明，在总平面图中常附有设计说明，一般包括如下内容：

1) 有关建设依据和工程概况的说明，如工程规模、投资、主要的经济技术指标、用地范围、有关的环境条件等。

2) 确定建筑物位置的有关事项。

3) 标高及引测点的说明，相对标高与绝对标高的关系。

4) 补充图例说明等。

(3) 了解新建建筑的位置、层数、朝向等。

(4) 了解新建建筑的周围环境状况。

(5) 了解新建建筑物首层地坪、室外设计地坪的标高以及周围地形、等高线等。

(6) 了解原有建筑物、构筑物和计划扩建的项目等。

(7) 了解其他新建的项目，如道路、绿化等。

(8) 了解当地常年主导风向。

总平面图因工程规模和性质的不同而繁简不一，在此只列出读图要点。

8.3.2 深入了解建筑平面、剖面、空间、造型、功能等阶段

看建筑的平、立、剖面等各图样。

8.3.3 看详图

深入以上两阶段的读图，已经完整地、详细地了解了该工程，此时还有一些疑问，如楼梯栏杆的做法、卫生间的详细分隔与防水、装修等做法，如雨篷的具体造型与做法等，而这些一般都在详图中加以放大表示。

阅读建筑详图不一定需要按照规定的先后顺序阅读，可以先通过目录了解本工程图纸包含哪些详图，然后逐一阅读，但应注意同时阅读与该详图有关的图纸。

8.3.4　建筑平面图的识读方法

了解各层平面布局、房间的分割等。

8.3.4.1　看图名、比例

了解平面图层次及图例，绘制建筑平面图的比例有 1：50、1：100、1：200，常用 1：100。

8.3.4.2　看图中定位轴线编号及其间距

了解各承重构件的位置及房间的大小。

8.3.4.3　看房屋平面形状和内部墙的分隔情况

了解房屋内部各房间的分布、用途、数量及其相互间的联系情况。

1. 看底层平面图

阅读轴线网、了解尺寸；认清各区域空间的功能和结构形式；认清交通疏散空间如楼梯间、电梯间、走道、入口、消防前室等；认清各房间或各空间尺度、功能、门窗位置。了解结构形式、空间形式及相互关系。

2. 看标准层平面图

除阅读以上内容之外，还应了解各部分空间与下部楼层的功能与结构对应关系。

3. 看顶部各层平面图

建筑顶部楼层因功能、造型等因素可能与其下部楼层差别较大，如减少结构柱的大空间会议厅，屋顶花园与室内外空间的穿插变化等。注意建筑功能、交通、结构等与下部楼层的对应关系；注意屋面类型、排水方式、檐口类型等。

4. 看地下室各层平面图

主要了解地下室与上部建筑在结构布置、垂直交通、建筑功能等方面的对应关系，要求按照轴线对应的方式与一层平面图对照读图。了解地下室的功能类型与分区，如某些建筑地下室有地下车库和战时人防两种功能。这两种功能相差甚大，其平时车库的交通流线与战时人防的人流流线可能完全是两套系统。大部分建筑的地下室都布置有水泵房、变配电室、发电机房、空调机房等设备用房；某些建筑地下室也可能是一层空间向下的延伸、如展厅、商场等。尤其要注意各种管道、电缆井、通风井、排烟气井等与上部建筑的关系。

8.3.4.4　看平面图的各部分尺寸

房间的开间、进深的大小、门窗的平面位置及墙厚、柱的断面尺寸等。

8.3.4.5　看楼地面标高

平面图中标注的楼地面标高为相对标高，且是完成前的标高。一般在平面图中地面或楼面有高度变化的位置都应标注标高。

8.3.4.6　看门窗的位置、编号和数量

为便于施工，一般情况下，在首页图上或在本平面图内，附有门窗表，列出门窗的编号、名称、尺寸、数量及其所选标准图集的编号等内容。

8.3.4.7　看剖面的剖切符号及指北针

在底层平面图中了解剖切部位，了解建筑物朝向。

8.3.5 建筑立面图的识读方法

了解建筑整体形象、层数规模和外墙装饰做法等。

1. 看图名、比例、轴线及其编号

了解立面图的观察方位，立面图的绘图比例、编号与建筑平面图上的应一致。并对照阅读。

2. 看房屋立面的外形、门窗、檐口、阳台、台阶等形状及位置

了解屋顶的形式以及门窗、阳台、台阶、檐口等的形状与位置。

3. 看立面图中的标高尺寸

了解建筑物的总高度和各部位的标高，如室内外地坪、檐口、屋脊、女儿墙、雨篷、门窗、台阶等处的标高。

4. 看房屋外墙表面装修的做法和分格线等

了解建筑各部位外立面的装修做法、材料、色彩等。

8.3.6 建筑剖面图的识读方法

了解各层层高、建筑总高、各楼层关系、是否有地下室及其深度。

1. 看图名、比例、剖切位置及编号

根据图名与底层平面图对照，确定剖切平面的位置及投影方向，从中了解该图所画出的是房屋的哪一部分的投影。

2. 看房屋内部的构造、结构型式和所用建筑材料等内容

如各层梁板、楼梯、屋面的结构形式、位置及其与墙（柱）的相互关系等。

3. 看房屋各部位竖向尺寸

详细了解层高、总高、室内外高差、门窗阳台栏杆等高度、吊顶及其他空间尺度与标高。

4. 看楼地面、屋面的构造

在剖面图中表示楼地面、屋面的多层构造时，通常用通过各层引出线，按其构造顺序加文字说明来表示。有时将这一内容放在墙身剖面详图中表示。

阅读时要和平面图对照同时看，按照由外部到内部、由上到下，反复查阅，最后在头脑中形成房屋的整体形状，有些部位和详图结合起来一起阅读。

8.4 建 筑 详 图

建筑详图就是把房屋的细部或构配件的形状、大小、材料和做法等，按正投影的原理，用较大的比例绘制出来的图样（也称为大样图或节点图）。它是建筑平面图、立面图和剖面图的补充，详图比例常用1∶1～1∶50。

某些建筑构造或构件的通用做法，可采用国家或地方制定的标准图集（册）或通用图集（册）中的图纸，一般在图中通过索引符号注明，不必另画详图。

建筑详图表示的主要内容有以下几点。

（1）表示建筑构配件（如门、窗、楼梯、阳台等）的详细构造及连接关系。

（2）表示建筑物细部及剖面节点（如檐口、窗台、明沟、楼梯扶手、踏步、楼层地面、屋顶层等）的形式、做法、用料、规格及详细尺寸。

（3）表明施工要求及制作方法。

建筑详图包括墙身剖面图和楼梯、阳台、雨篷、台阶、门窗、卫生间、厨房、内外装修等详图。

8.4.1 外墙详图

1. 外墙详图的形成

假想用一个垂直于墙体轴线的铅垂剖切平面，将墙体某处从防潮层到屋顶剖开，得到的建筑剖面图的局部放大图即为外墙详图。外墙详图主要用来表示外墙各部位的详细构造、材料做法及详细尺寸，如檐口、圈梁、过梁、墙厚、雨罩、阳台、防潮层、室内外地面、散水等。

外墙详图根据底层平面图中剖切位置线的位置和投影方向或剖面图上索引符号所指示的节点来绘制，常用比例 1∶20 或 1∶50。

在画外墙详图时，一般在门窗洞口中间用折线断开，实际上成了几个节点详图的组合，有时也可不画整个墙身的详图，而是把各个节点的详图分别单独绘制。在多层建筑中，如果中间各层墙体的构造相同，则只画底层、中间层和顶层的三个部位组合图。

2. 外墙详图的内容

（1）墙的轴线编号、墙的厚度及其与轴线的关系。有时一个外墙身详图可适用于几个轴线。按“国标”规定：如一个详图适用于几个轴线时，应同时注明各有关轴线的编号。通用详图的定位轴线应只画圆，不注写轴线编号，轴线端部圆圈直径在详图中宜为 10mm。

（2）各层楼板等构件的位置及其与墙身的关系。

（3）门窗洞口、底层窗下墙、窗间墙、檐口、女儿墙等的高度，室内外地坪、防潮层、门窗洞的上下口、檐口、墙顶及各层楼面、屋面的标高。

（4）屋面、楼面、地面等为多层次构造。多层次构造用分层说明的方法标注其构造做法。多层次构造的共用引出线，应通过被引出的各层。文字说明宜用 5 号或 7 号字注写在横线的上方或横线的端部，说明的顺序由上至下，并应与被说明的层次相互一致。如层次为横向排列，则由上至下的说明顺序应与由左至右的层次相互一致。

（5）立面装修和墙身防水、防潮要求，及墙体各部位的线脚、窗台、窗楣、檐口、勒脚、散水等的尺寸、材料和做法，或用引出线说明，或用索引符号引出另画详图表示。

3. 外墙详图的识读

（1）根据外墙详图剖切平面的编号，在平面图、剖面图或立面图上查找出相应的剖切平面的位置，以了解外墙在建筑物的具体部位。

（2）看图时应按照从下到上的顺序，一个节点、一个节点的阅读，了解各部位的详细构造、尺寸、做法，并与材料做法表相对照，检查是否一致。先看位于外墙最底部部分，依次进行。

8.4.2 楼梯间详图

楼梯详图一般分建筑详图和结构详图，分开绘制并分别编入建筑施工图和结构施工图中。但对于构造和装修比较简单的楼梯，其建筑和结构详图可合并绘制，编入建筑施工图中，或者编入结构施工图中均可。

楼梯建筑详图包括楼梯平面图、楼梯剖面图以及栏杆（或栏板）、扶手、踏步等详图。

1. 楼梯平面图

楼梯平面图是距楼地面 1.0m 以上的位置，用一个假想的剖切平面，沿着水平方向剖开（尽量剖到楼梯间的门窗），然后向下作投影得到的投影图（图 8－14）。

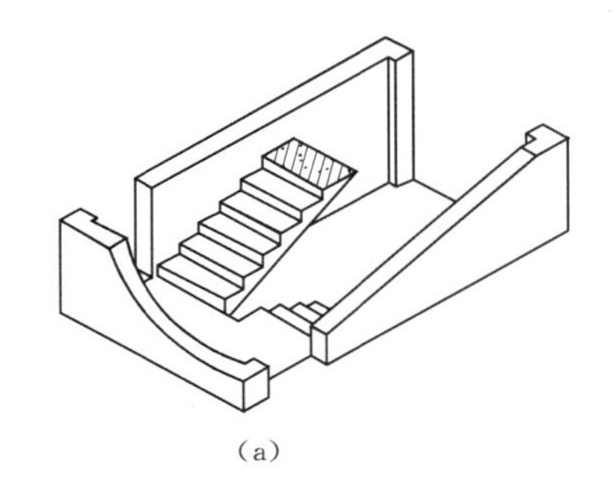

(a)

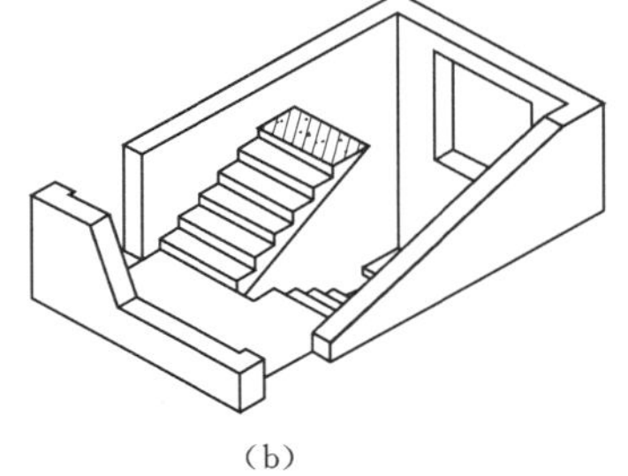

(b)

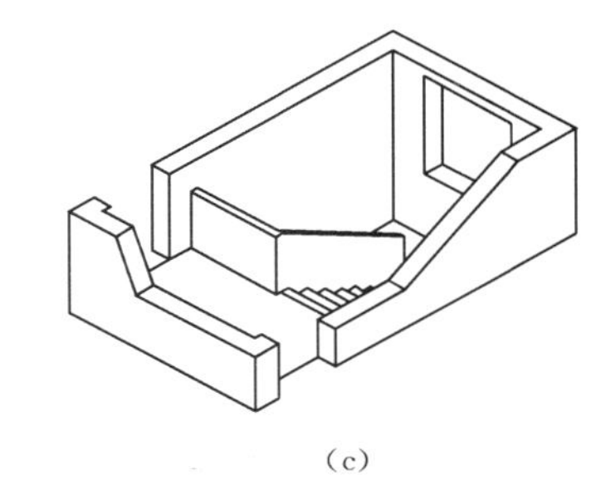

(c)

图 8－14 楼梯平面直观图

(a) 底层；(b) 中间层；(c) 顶层

楼梯平面图一般应分层绘制。如果中间几层的楼梯构造、结构、尺寸均相同的话，可以只画底层、中间层和顶层的楼梯平面图。

楼梯平面图中，各层被剖切到的梯段，按国标规定，均在平面图中以一根 45°的折断线表示。在每一梯段处画有一长箭头，并注写“上”或“下”字和踏步级数，表明从该层楼（地）面往上或往下走多少步可到达上（或下）一层的楼（地）面。在底层平面图中还应注明楼梯剖面图的剖切位置和投影方向。

楼梯平面图主要表示楼梯平面的布置详细情况，如楼梯间的尺寸大小、墙厚、楼梯段的长度和宽度、楼梯上行或下行的方向、踏面数和踏面宽度、楼梯平台和楼梯位置等。

阅读楼梯平面图时，要掌握各层平面图的特点。

底层平面图中，只有一个被剖切的梯段及栏板，并注有“上”字的长箭头。

中间层平面图中，既画出被剖切的往上走的梯段（即画有“上”字的长箭头），还应画出该层往下走的完整的梯段（画有“下”字的长箭头）、楼梯平台以及平台往下的梯段。这部分梯段与被剖切的梯段的投影重合，以 45°折断线为分界（以楼层为参照点标注“上”、“下”）。

顶层平面图中，由于剖切平面在水平安全栏板之上，在图中画有两段完整的梯段和楼梯平台，在梯口处只有一个注有“下”字的长箭头。

2. 楼梯剖面图

假想用一个铅垂平面，通过各层的一个梯段和门窗洞将楼梯剖开，向另一未剖到的梯段方向投影所作的剖面图，即为楼梯剖面图。楼梯剖面图主要表示楼梯段的长度、踏步级数、楼梯结构形式及所用材料、房屋地面、楼面、休息平台、栏杆和墙体的构造做法，以及楼梯各部分的标高和详图索引符号。

阅读楼梯剖面图时，应与楼梯平面图对照起来，要注意剖切平面的位置和投影方向。

另外在多层建筑中，如果中间各层的楼梯构造相同时，则剖面图可以只画出底层、中间层和顶层的剖面，中间用折断线断开。

3. 楼梯踏步、扶手、栏板（栏杆）详图

踏步详图表明踏步截面形状及大小、材料与面层及防滑条做法。

栏杆（栏板）和扶手详图表明其形式、大小、材料和连接方式等。

8.4.3　门窗详图

各省市和地区一般都制定统一的各种不同规格的门窗详图标准图册，以供设计者选用。因此在施工图中只要注明该详图所在标准图册中的编号，可不必另画详图。如果没有标准图册，就一定要画出详图。

门窗详图一般用立面图、节点详图、截面图以及五金表和文字说明等来表示。

1. 立面图

立面图主要表明门、窗的形式，开启方向及主要尺寸，还标注出索引符号，以便查阅节点详图。在立面图上一般标注三道尺寸，最外一道为门、窗洞口尺寸，中间一道为门窗框的外沿尺寸，最里面一道为门、窗扇尺寸。

2. 节点详图

节点详图为门、窗的局部剖面图。表示门、窗扇和门、窗框的断面形状、尺寸、材料以及互相的构造关系，也表明门、窗与四周（如过梁、窗台、墙体等）的构造关系。

3. 截面图

截面图用比较大的比例（如 1∶5、1∶2 等）将不同门窗用料和截口形状、尺寸单独绘制，便于下料加工。在门窗标准图集中，通常将截面图与节点详图画在一起。

8.4.4　阳台详图

阳台详图主要反映阳台的构造、尺寸和做法，详图由剖面图、阳台栏杆构件平面布置图和阳台局部平面图组成。

实 训 练 习 题

1. 建筑设计分为几个阶段？建筑施工图的作用是什么？包括哪些内容？
2. 建筑平面图是怎样形成的？其主要内容有哪些？
3. 建筑平面图中的尺寸标注主要包括哪些内容？
4. 建筑立面图的命名规则是什么？
5. 建筑剖面图的主要内容有哪些？
6. 外墙详图是如何得到的？应包括哪些内容？
7. 楼梯详图应包括哪些内容？标注“上”、“下”参照点在哪里？

第9章　建　筑　测　绘

测绘，是一种对自然要素或人工设施的形状、大小、空间位置及其属性等进行测定、采集以及对获取的数据、成果进行处理和提供信息的活动，测绘所得的成果可以供工程建设的规划设计和行政管理之用。建筑测绘是以现存建筑为对象，利用工具将建筑的信息测量下来，并使用建筑的语言将所得信息绘制到图纸上，作为原始资料，供整理、研究之用。

测绘通常由“测”和“绘”两部分的工作组成：一是现场对实际建筑对象进行调查观测并量取相应的尺寸数据；二是对测量所得数据进行分析整理，并根据建筑图纸的形成原理最终绘制完备的测绘图纸。

9.1　建筑测绘的意义

9.1.1　记录保存信息

从广泛意义上说，建筑测绘是一种获取并保存建筑信息的过程，这些信息一旦以图纸的形式保存下来，就可以像文字一样在更为广泛的时间和空间内进行传播和交流。

从建筑设计的角度看，建筑测绘以一种实测的方式对实际建筑进行忠实的记录，所获得的第一手资料可以为今后的设计工作积累丰富的素材。

在执业工作阶段，对建成后的房屋进行完整的测绘，比较实际施工与最初设计之间的差异，分析原因，对于保存技术资料、提高设计和施工水平具有辅助性的作用。

从建筑理论研究的角度看，对现存的建筑进行测绘是收集资料的必备环节和基础步骤，为进一步的理论研究打下坚实有效的基础。

另外，有一些特殊性质的建筑，比如要被拆除的建筑、迁移的建筑、有重要意义的建筑、古建筑等，对它们而言，通过建筑测绘获得完整清晰的第一手资料，是进行建筑保护、修缮、改建的基础和前提。

9.1.2　深化建筑认知

建筑设计从构思、图纸到实物，是一个从无到有的过程，而建筑测绘则是对已经存在的建筑物进行测量并以图纸的形式记录下来，从某种程度上说，这两者在过程上是逆向的，在规律上是联系的，建筑测绘也可以理解为一种分析和认知建筑的手段。因此，对于建筑设计的初学者而言，选择实际的建筑进行调研和测绘，对于印证、巩固和提高课堂所学的理论知识，加深对建筑平、立、剖以及空间、构造的理解，培养恰当的尺度感和强化对设计思维的训练都有着十分重要的作用。

9.1.2.1　尺度感

测绘过程中需要使用尺子等工具对建筑物的实际尺寸进行测量并加以记录，在此过程中学生会接触到许多实际的尺寸，小到台阶的高度、门扇的宽度，大到走廊的长度、建筑物的高度等，这对于培养和锻炼学生对尺度的理解和把握起着十分重要的作用。

总体说来，尺度感的建立包括对尺度的认知和对尺度的把握两个方面。前者是指对某个特定尺寸的具体大小有一个相对清晰的概念；后者是指对某个特定尺寸能加以正确运用。比如，就1m的尺寸而言，认知就是能比划出来1m大概有多长，并根据这个基本长度去大致揣测自己所处环境的尺度；把握1m的长度能干什么，一扇门有结余，一条走廊还不够。这种对尺度的认知和把握对于学建筑的人来说是一项重要的技能，这方面的培养和训练是很有必要的。

建筑测绘对于培养学生尺度感的作用主要表现在以下三个方面。

1. 常用尺寸

人们对一座建筑整体尺度的感知常常是通过比照某些建筑构件的尺度来获得，如台阶、门窗、栏杆、雨篷等，这些构件人们经常接触，因此更为熟悉，掌握这些常用的基本尺寸对建筑师来说十分必要。通过测绘可以认知和掌握一些建筑中常用的基本尺寸，如一般台阶高度150mm、单扇门宽度900mm、窗台高度900mm、墙体厚度240mm等，在此基础上通过有意识地积累掌握更多的常用尺寸，为将来的建筑设计打下基础。

2. 人体尺寸

建筑空间为人所用，人体尺寸是进行建筑设计的基本依据之一。许多基本尺寸的确定都是通过人体的尺寸推算并逐步确定下其大致范围的，比如台阶踏步的宽度接近300mm就是根据脚的尺寸得出的，单扇门的宽度、走廊的宽度是根据人体的宽度推算出来的。建筑内部空间大小与家具尺寸直接相关，而家具的尺寸也是由人体尺寸来决定的。因此，建筑师有必要熟悉一些人体的基本尺寸，如身高、肩宽、脚长、坐高等。通过测绘量取建筑单体中的基本尺寸和内部空间中的家具及活动空间尺寸，结合测绘者自己的身体尺寸，可以了解建筑尺寸与人体尺寸的内在关联，进一步提升对建筑尺度的认知和把握。

3. 目测尺寸

测绘是通过工具对建筑物进行测量，但很多时候我们并没有随身携带测量工具，这时目测就变得十分重要，而利用自身的人体尺寸进行估测则是培养目测能力的一种重要途径。如果我们已经对自己的身体尺寸有了充分的了解，不仅知道自己的身高、脚长，还知道双臂展开的长度、手掌张开的距离、迈开一步的距离，那就等于是随身带来许多把不同刻度的尺子，可以随时丈量身边的尺寸。建筑测绘环节虽然是采用工具进行测量，但在此过程中可以鼓励学生利用自己的身体尺度对建筑尺寸进行局部估测并用工具加以检验，逐步熟悉各种身体尺寸的运用，提高目测能力。

9.1.2.2　空间感

初学者要理解抽象的建筑空间是有一定难度的，在测绘环节中，学生可以接近建筑，通过仔细观察来感知环境、体会空间，并通过在空间中的活动来理解空间布局、功能流线等概念。同时，通过绘制平、立、剖面图纸来记录空间，理解实际空间和建筑图纸之间的关联，可以进一步培养空间感，提高空间想象力。

9.1.2.3 技术意识

在测绘过程中，通过对建筑物各个组成部分的深入观察，学生能够初步接触到一些技术要素，如建筑物的结构形式、墙面等使用的材料和一些局部的施工工艺。在测绘整个建筑的基础上选择一些细部节点进行二次测量并绘制大样详图，对于学习初步的工程技术知识和培养技术意识具有重要的促进作用。

9.1.3 训练基本技能

通过建筑测绘可以培养学生的绘图能力，促使其正确运用投影概念和各建筑图形成的原理，了解工程图纸与建筑实物之间的关系，正确表达平、立、剖面图并标注尺寸，遵循《建筑制图标准》的相关规定，掌握工程图纸绘制的方法和步骤。

同时，在绘制建筑图纸的过程中，可以进一步提升表达建筑的基本技能：在草图环节训练徒手能力，把握大致比例关系；在正图环节训练工具线条及仿宋字，同时注意图纸布局，提升图面的表现力。

9.1.4 提高学习能力

建筑测绘是一个需要学生自己动手的带有实践性质的任务，测绘过程包括从观察建筑、勾勒草图到测量尺寸、绘制正图的各个环节，需要事先进行组织和计划。同时，测绘任务又需要多人合作配合完成，这对于培养学生的动手能力、组织能力，以及加强团队合作精神都具有积极的作用。

9.2 建筑测绘的工具

9.2.1 测量工具（图9-1）

（1）皮卷尺：规格有10m、20m、30m、50m等，使用较为方便，在建筑中主要用于测量场地及一些大的建筑总尺寸。

（2）钢卷尺：测量较小的构件和建筑细部时广泛使用。规格有2m、3m、5m等。使用时将尺拉出盒外，可以方便地测量建筑构件和竖向高度等尺寸。

（3）塔尺：形状类似塔状，携带可将其收缩，建筑中主要用于高度的测量。规格有3m、5m等。

（4）卡尺：利用主尺上的刻线间距和游标尺上的线距之差来读出小数部分，在建筑中主要用于测量一些精细的小尺寸，如圆管直径、材料尺寸等。

（5）指北针：用来确定建筑物的具体方位。

（6）垂球：主要用来定直，在细绳端系有细绳的倒圆锥形金属锤，在测量工作中用于投影对点或检验物体是否铅垂。

9.2.2 绘图工具

（1）图板：用于固定图纸。

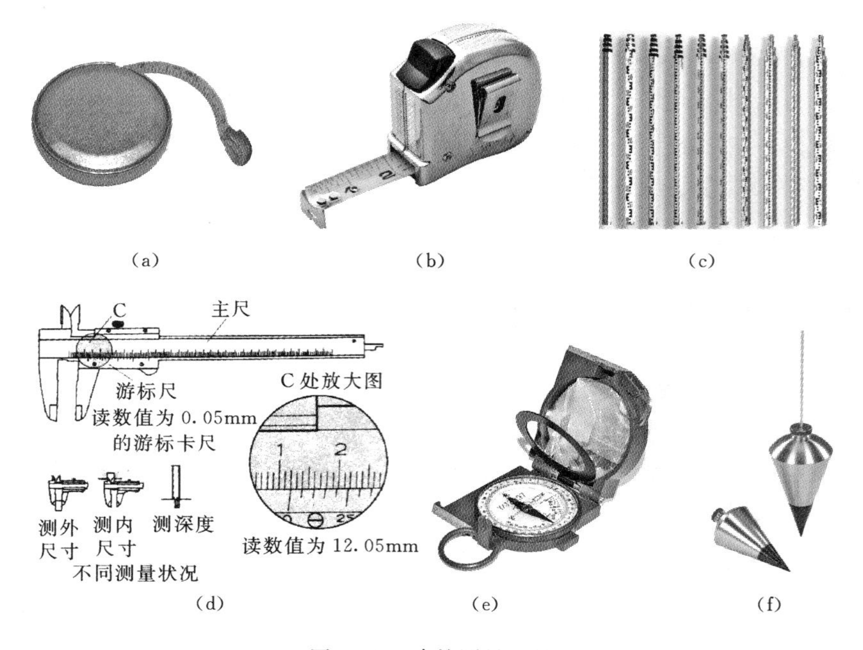

图 9-1　建筑测量工具

(a) 皮卷尺；(b) 钢卷尺；(c) 塔尺；(d) 卡尺；(e) 指北针；(f) 垂球

(2) 图纸：包括坐标纸、复印纸或硫酸纸等。

(3) 笔：绘制草图时使用的不同硬度铅笔。记录测量数据用的不同颜色的笔。绘制正图时使用的针管笔等。

(4) 尺规：包括丁字尺、三角板、用于等分线段的分规、用于绘制弧线的圆规等绘图时需要用到的工具。

(5) 其他工具：测绘中可能用到的一些辅助性工具，如用于核对数据的计算器、用于攀爬的梯子等，用于采集信息对照绘图的照相机以及夹子、橡皮、美工刀、手电筒等。

9.3　建筑测绘的方法和步骤

9.3.1　测绘的前期工作

1. 明确任务

首先需要选择合适的测绘对象，通常这一阶段都会选择空间构成相对简洁的单层小型建筑进行测绘。然后根据所选对象和完成图纸的深度要求，编制测绘任务书，将测量、绘图等环节的任务具体化。测绘时需要多人配合的工作，通常以 3～5 人为单位进行分组并选出组长负责分工安排。

2. 准备工作

测绘的准备工作主要有三个部分：一是学习相关的测绘知识，包括有关建筑组成和图纸形成的基本知识、工具的使用、测绘的方法和步骤等；二是了解测绘对象，掌握第一手的资料；三是准备好测绘所需的各种工具。

9.3.2 测绘的现场工作

1. 绘制草图

通过前期的积累，准备好速写本、铅笔、橡皮等工具，在观察、了解和分析实测对象的基础上可以开始绘制草图。测绘草图是绘制正式测绘图纸的依据，现场勾绘草图的种类和内容应与正图要求的内容相一致，通常包括建筑的平面、立面、剖面图等。为保证最终的成果质量，现场草图应该做到绘制准确认真，内容完整全面。草图要求如下：

(1) 比例适宜。草图应该正确表达出实际空间大致的比例关系，图纸的布局应该留出足够的位置用于各类尺寸的标注及文字说明。

(2) 表达正确。各图纸的绘制应该符合正确的投影关系，各个构件之间、各个组成部分与整体之间的关系与实物基本一致。

(3) 线条清晰。草图绘制时线条应该清楚，线型粗细得当，便于识读。

(4) 内容全面。草图的内容应该覆盖平面、立面、剖面等各项内容，各组应将所有草图集中起来加以整理编号，备用。

2. 现场测量

在草图绘制完整之后就可以开始进行现场测量，测量时需要注意下列事项：

(1) 工具使用。测量工具摆放在正确的位置上，量水平距离的时候，测量工具要保持水平，量高度的时候，测量工具要保持垂直。使用皮卷尺时，要注意克服尺子因自身重力下垂或风吹动而造成的误差。使用钢卷尺时要注意安全，不要伤到自己和他人。使用梯子时下面要有人进行保护。

(2) 数据读取。读取数值时视线与刻度保持垂直。单位统一为毫米，读取数值时精确到个位。可以采用舍2进8法，尾数小于2时省去，大于8时进一位，2～8之间按5读数。例如：实际测得456读取为455，测得459读取为460，测得452读取为450。

(3) 尺寸标注。每个画到的部分都要进行尺寸标注。通常测量的顺序是先测大尺寸，再测小尺寸，避免误差的多次累积。尺寸的标注要有秩序，避免重复测量和漏测。量取数据和在草图上标注数据需要分工完成。通常由两个人实测，测量人量取数据并读出数值，由绘图人将其标注在草图上。

3. 整理补漏

在现场测量工作结束之后需要进行草图的整理和补测工作。由小组成员将测绘草图进行汇总后共同对数据及图纸进行核对、检查和整理，在图样的整理过程中详细记录所发现的问题和所遗漏的数据，并返回现场进行补绘和补测，从而将记录有尺寸数字的图样按照适当的比例整理成清晰准确的正草图，作为正式图的底图。通过测稿的整理和正草的绘制，能够发现漏测、错测的尺寸和未交代清楚的地方。同时，正草图上的尺寸标注与测稿中的尺寸标注也存在差异：测稿中为了准确定位，所有画到的部分都要标注尺寸，而经过整理的正草图则应该对原始尺寸进行取舍，并按照建筑图纸的要求进行标注。

9.3.3 测绘图纸的绘制

正图的绘制是测绘工作最后一个阶段，在前期测绘的基础上，以正草图为基础绘制完整的成果正图。正图的绘制要注意满足工程制图的规范要求，同时加强对图纸与空间之间关系的理解。

9.3.3.1　正图绘制的成果要求

（1）图面表达。正图要求图面整洁，构图美观，布图均匀紧凑，并尽量保持各图之间的投影关系，平面与立面长对正，立面与剖面高平齐。绘图的线条应该清晰明确、字体工整美观。通过绘图加强线条、字体等基本功的训练，同时发挥主观能动性，增加图面的艺术表现力。

（2）图纸深度。图纸要求内容全面，表达完善。根据测绘对象决定绘图比例，根据比例确定必要的表达深度。通常建筑初步中测绘所选择的多为小型建筑，建议绘图的比例和图纸量如下：总平面图（1∶300），平面图（1∶100），立面图（1∶100），剖面图（1∶100），大样图（1∶20）。

（3）线条等级。为了图纸表达的清晰和美观需要使用不同宽度和类型的图线。

1）平面图与剖面图的图线区分基本一致，主要有两种线宽，剖断线用粗实线表示，可见线用细实线表示。根据表达深度的需要，剖断线的线宽又可以分为两个等级，主要建筑构造（如墙体、楼板）的剖断线最粗，次要建筑构造（如吊顶、窗框）的剖断线可稍细。可见线的线宽也可以分为两个等级，室内家具等的投影线稍宽，表面材质的划分线稍细。要注意，在平面图和剖面图中，不论总共由几种线宽，都要明确区分剖断线与可见线。

2）立面图需要通过线条粗细来表现建筑形体的层次关系。通常由粗到细的顺序为：地平线、外轮廓线、主要形体线、次要形体线、门窗扇划分线、表面材料的分格线。本环节可根据所绘立面图的比例使用 4～6 种不同的线宽（表 9－1）。

表 9－1　　图线的线型、线宽及用途

名称		线　型	线宽	一般用途
实线	粗	————	b	主要可见轮廓线
	中	————	$0.5b$	可见轮廓线
	细	————	$0.25b$	可见轮廓线，尺寸线、图例线等
虚线	粗	- - - - - -	b	见各有关专业制图标准
	中	- - - - - -	$0.5b$	不可见轮廓线
	细	- - - - - -	$0.25b$	不可见轮廓线、图例线等
单点长划线	粗	——·——·——	b	见各有关专业制图标准
	中	——·——·——	$0.5b$	见各有关专业制图标准
	细	——·——·——	$0.25b$	中心线、轴线、对称线等
双点长划线	粗	——··——··——	b	见各有关专业制图标准
	中	——··——··——	$0.5b$	见各有关专业制图标准
	细	——··——··——	$0.25b$	假想轮廓线，成型前原始轮廓线
折断线		——\/\——	$0.25b$	断开界线
波浪线		～～～	$0.25b$	断开界线

(4) 尺寸标注。

1) 尺寸的组成：建筑图上的尺寸由尺寸界线、尺寸线、尺寸起止符号、尺寸数字等组成（图 9-2)。

2) 尺寸的排列：建筑图中尺寸应注成尺寸链。如平面尺寸标注一般有三道，最外面一道是总尺寸，中间一道是定位尺寸，最里面是外墙的细部尺寸。定位尺寸标注的是相邻两条定位轴线间的尺寸，外墙细部尺寸标注时要注意每个尺寸都是与相邻的定位轴线发生关系（图 9-3)。

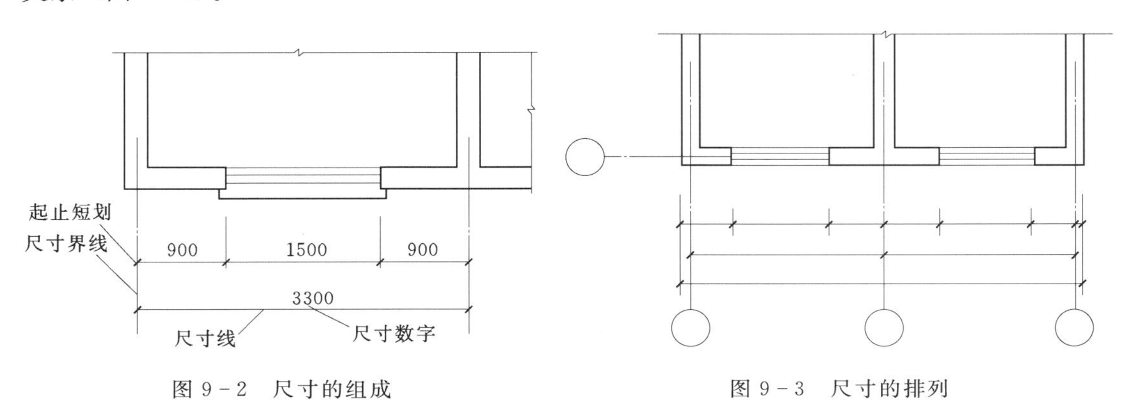

图 9-2　尺寸的组成　　图 9-3　尺寸的排列

3) 标高：不同于平面中以毫米为单位的尺寸标注，标高的标注是以米为单位，注写到小数点后第三位。标高符号的尖端应指向被标注的高度，尖端可向上也可向下，三角形可向左也可向右。

(5) 其他符号。

1) 剖切符号：剖面的剖切符号用来说明剖面与平面的关系。剖切位置线表示剖切的位置，剖视方向线表示观察的方向，剖切符号的编号一般注写在剖视方向线的端部，与该剖面的图名相对应。剖面的剖切符号一般在一层平面图表示，画在剖切位置的两端，两两对应。也可以画出带转折的剖面，但转折处必须在一个空间内。

2) 指北针：指北针用细实线绘制，圆的直径为 24mm；指北针尾部宽度 3mm；针尖方向为北向。

9.3.3.2 正图绘制的方法和步骤

绘制正图时要注意：尽量保持图纸干净整洁，通常要用较硬的铅笔打出较淡的底稿线，绘图时尽量将同一方向或相等的尺寸一起画，以提高画图速度。在底稿检查无误后，按照制图标准选择不同线宽进行加深或绘制墨线，绘图的顺序通常是先从上到下绘制水平线，后从左到右绘制垂直线和斜线；先绘制线条图，后统一标志尺寸和添加文字。

绘制正图通常会依照一定的顺序来进行：平面—立面—剖面—详图（详见第 8 章)。

各图纸绘制的步骤如下。

1. 平面图（图 9-4)

(1) 画出定位轴线。

(2) 画出墙体厚度和柱子断面。

（3）画出门窗洞口及其他细部，如楼梯、台阶、花池、卫生间、散水等。

（4）按照制图要求、以不同线宽加深图线。

（5）按照制图要求标注内外尺寸、轴线编号、剖切符等相关符号。

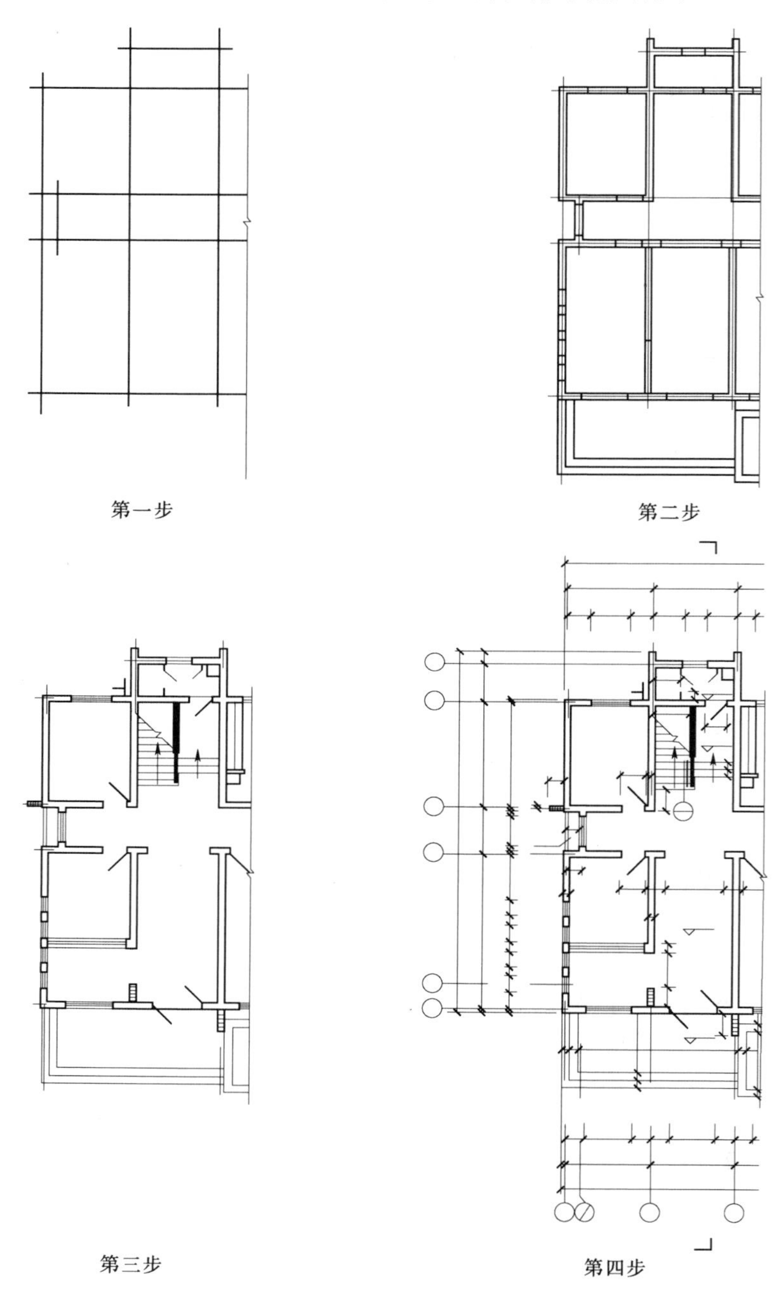

图9-4 平面图绘制步骤示意

2. 立面图（图9-5）

（1）画出室外地坪线，端部外墙定位轴线，屋顶线等外围轮廓线。

(2) 画出室内地坪线、入口台阶、凹凸墙面、门窗洞口和其他构件的轮廓线。

(3) 画出门窗和墙面分格线等细部线条。

(4) 以不同线宽加深图线。

(5) 标注标高。

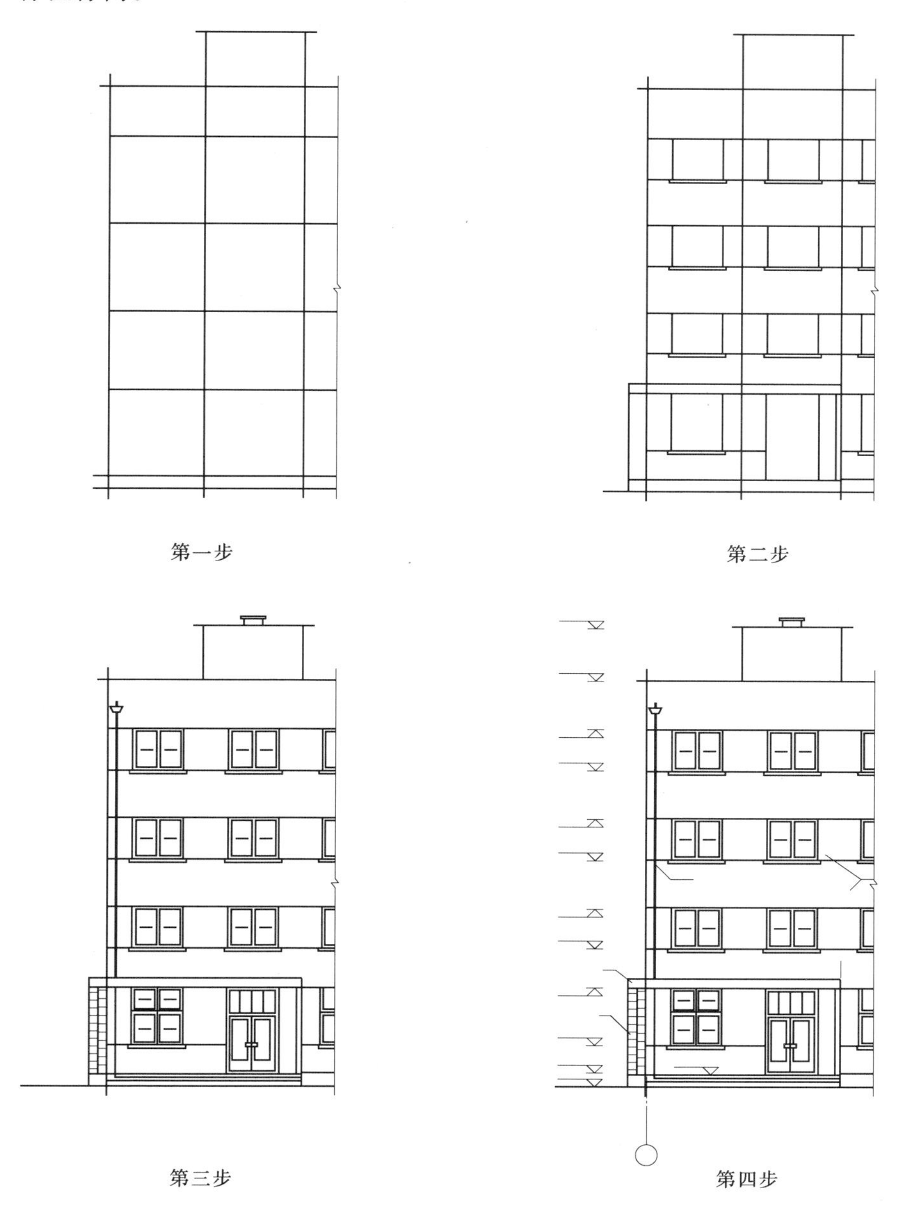

图 9-5 立面图绘制步骤示意

3. 剖面图（图 9-6）

(1) 画出定位轴线、室内外地坪线、楼面线、顶棚线、墙线等。

(2) 画出楼板、屋面、墙体等剖切到的主要部分。

（3）画出门窗、洞口等可见部分的投影线和建筑细部。

（4）以不同线宽加深图线。

（5）标注尺寸、标高和定位轴线编号。

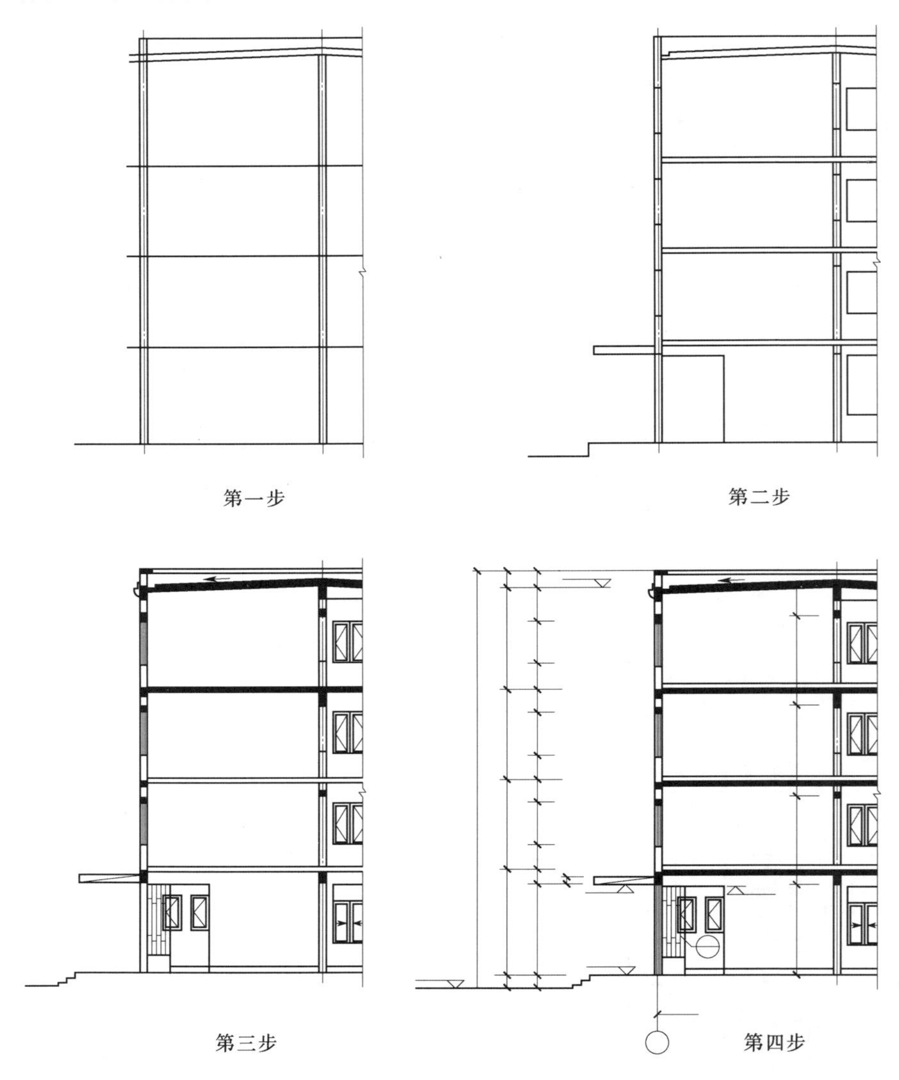

图9－6　剖面图绘制步骤示意

9.4　建筑单体测绘实训

9.4.1　建筑单体测绘的基本要求

1. 教学目的

（1）了解建筑工程图纸与建筑实物的关系，正确把握建筑制图的画法及规范。

（2）深入体会和认识建筑物构成的各要素，学习简单的建筑结构、构造、材料及施工等工程技术知识。

（3）分析理解建筑空间的构成原理，熟悉建筑空间设计中的总体布局、功能流线及尺度处理等基本规律。

2. 教学内容

测绘自己的宿舍。

3. 时间安排

2 周完成。

9.4.2 测绘的步骤及方法

1. 分组

每班学生以 5～6 人为 1 个小组，每组准备皮尺和钢卷尺各 1 把。1 人为组长，组长负责本组人员分工，至少应分成以下几个工种：跑尺和记数（兼绘制草图）。

2. 熟悉即将测绘的建筑

了解该建筑的外观造型、立面、内部房间组成、构造、与周围的环境协调等等，获得对即将测绘建筑的观感认识（图 9－7、图 9－8）。

图 9－7 待测建筑实景一

3. 画草图

在草图纸或者速写本上将测绘对象的平、立、剖面一一绘出，要求注意各图样的比例关系（图 9－9、图 9－10）。同时，对于一些建筑细部也要求绘出（图 9－11）。

图9-8 待测建筑实景二

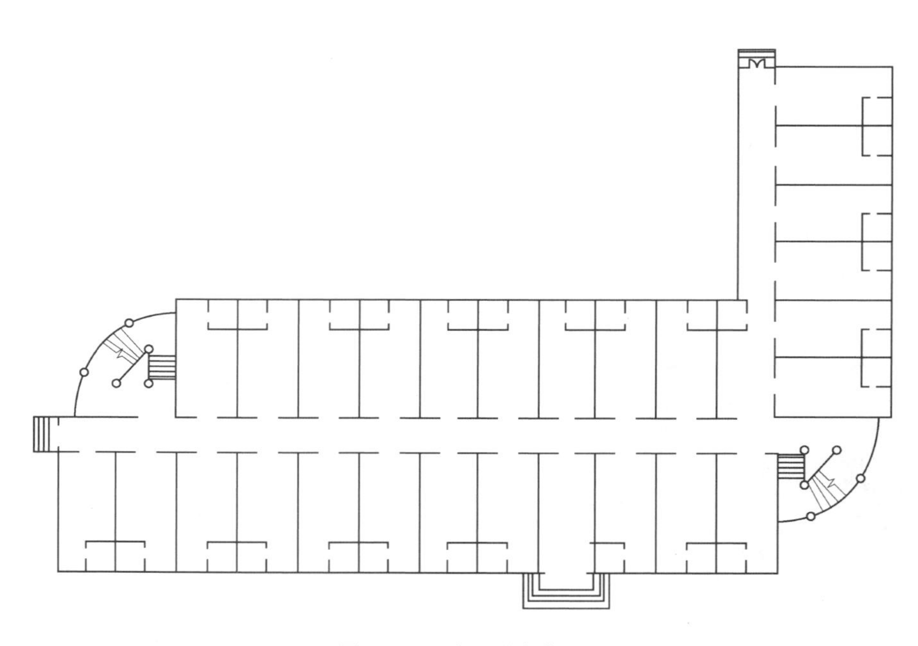

图9-9 平面测绘草图

4. 初测尺寸

按照分工，将各图样所需要的数据同时测出，并标注在草图上（图9-12、图9-13）。

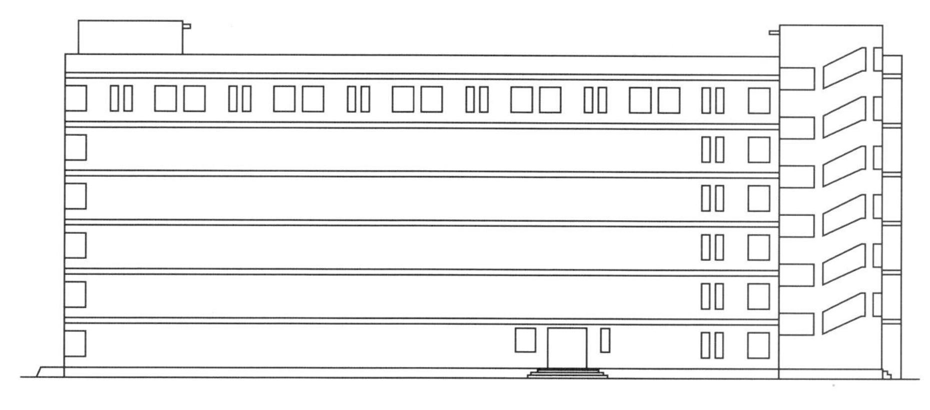

图 9-10 立面测绘草图

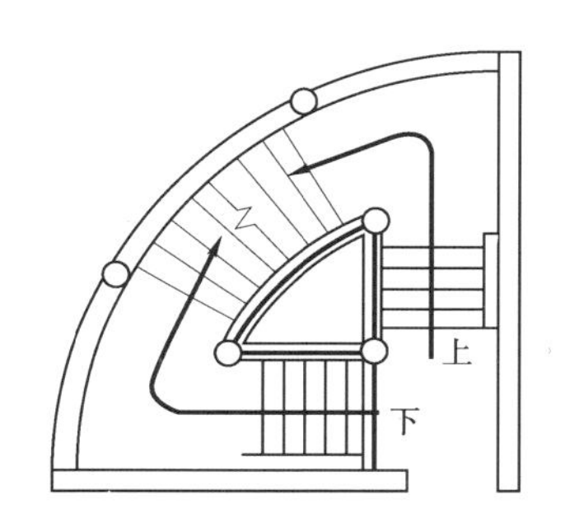

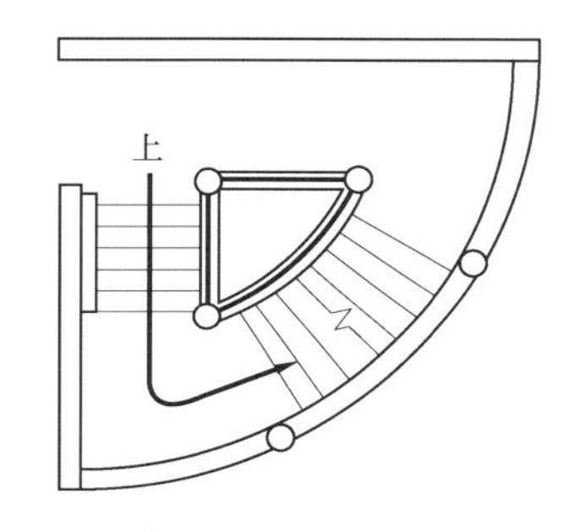

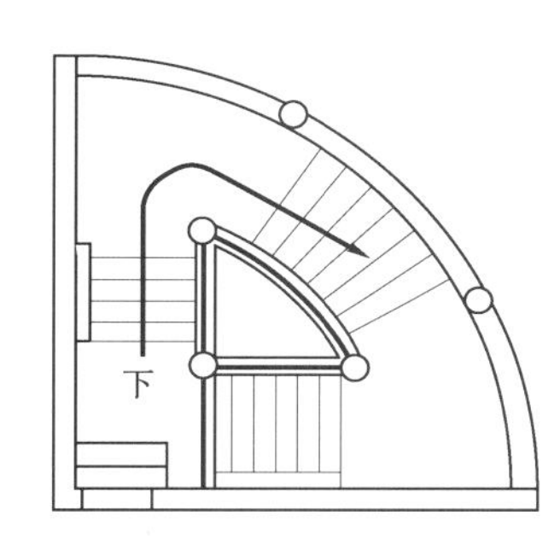

图 9-11 建筑细部放大草图

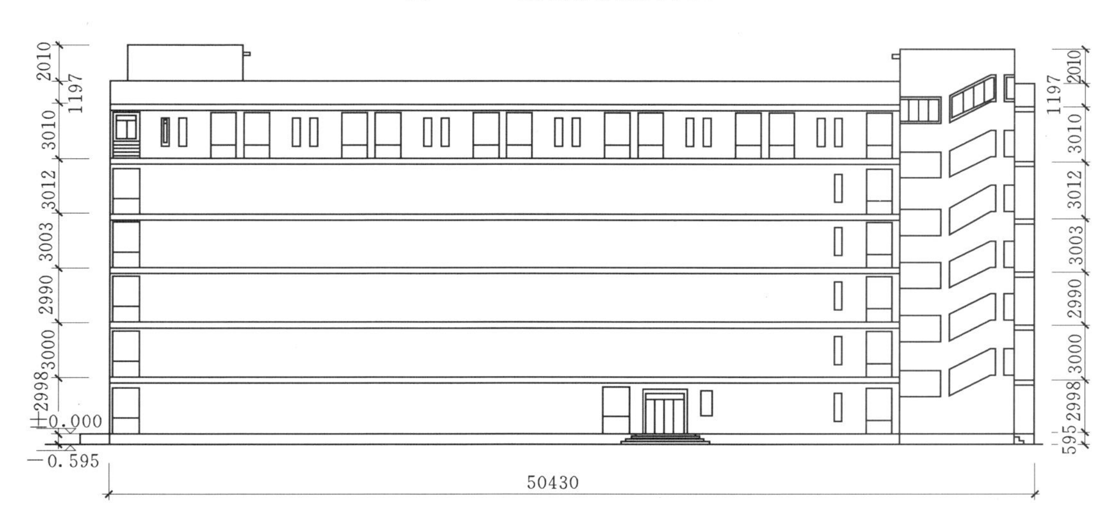

图 9-12 立面尺寸测绘，标注尺寸

5. 尺寸调整（图 9-14、图 9-15）

(1) 尺寸是否符合模数协调标准？

所测建筑在施工时所依据的图纸尺寸一般应是符合模数的：但由于误差及粉刷层的原因，所测量得到的尺寸并不是那样的理想，这就需要对测得的尺寸进行处理和调整，使之

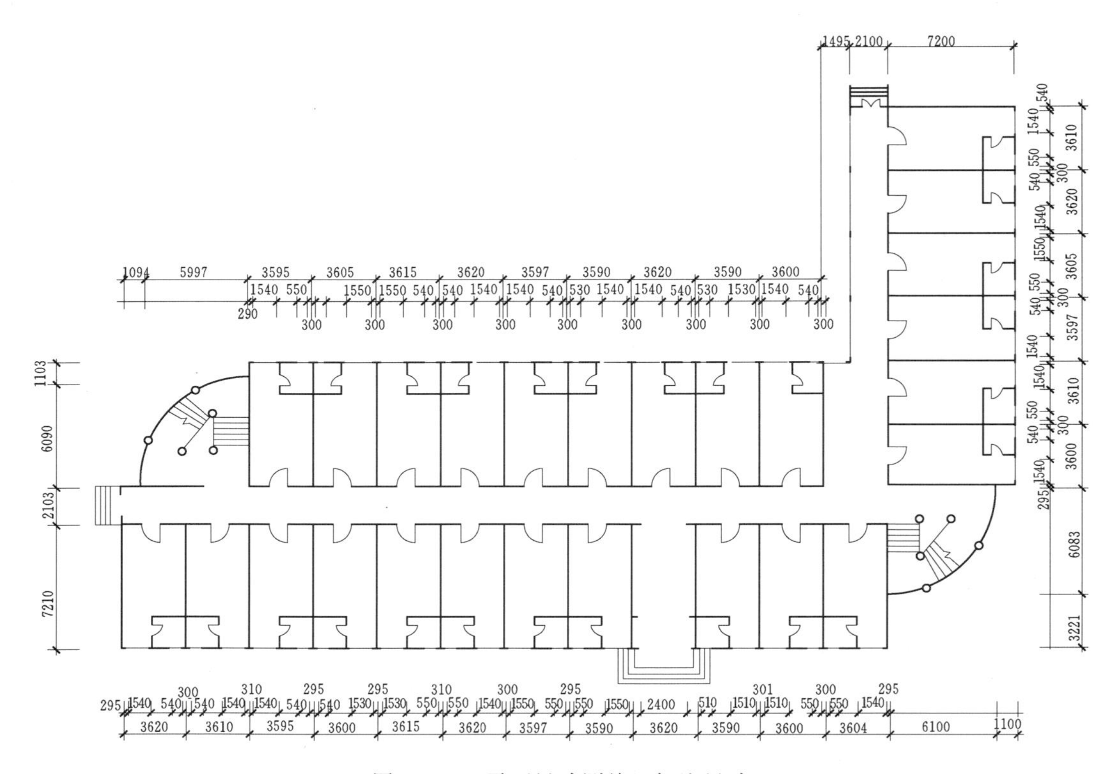

图 9-13 平面尺寸测绘，标注尺寸

符合模数标准。调整的原则是尺寸就近取整，如 1541 就应该被调整为 1500。

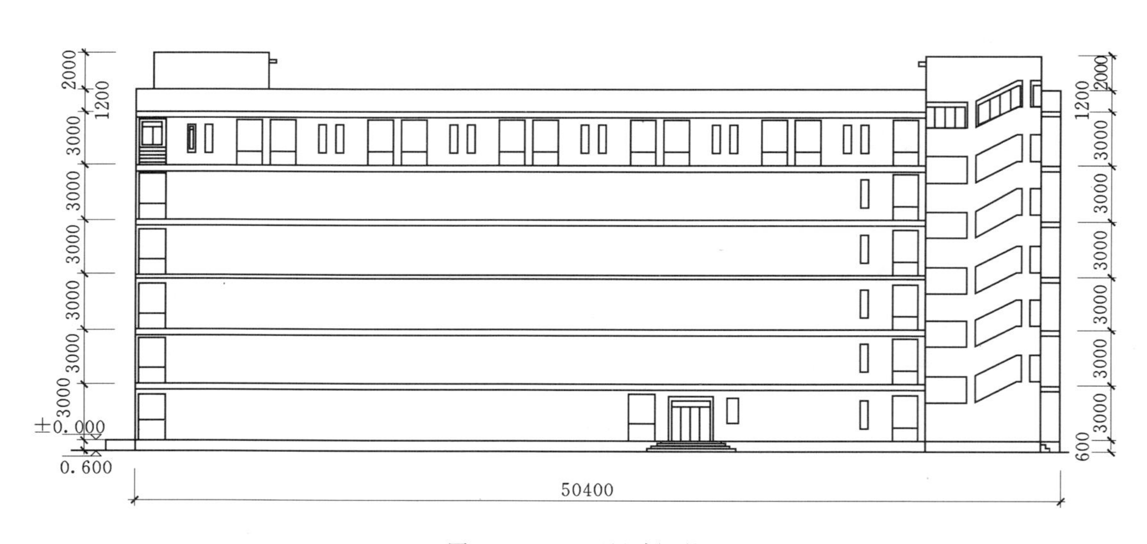

图 9-14 立面尺寸调整

(2) 尺寸是否前后矛盾？误差是否较大？

检查各分部尺寸之和是否与轴线尺寸相等；各轴线尺寸之和是否与总轴线尺寸相等。

如果不相等，则需要返回上一步检查，看看是否有尺寸调整得过大或者过小。

（3）有无漏测之尺寸？

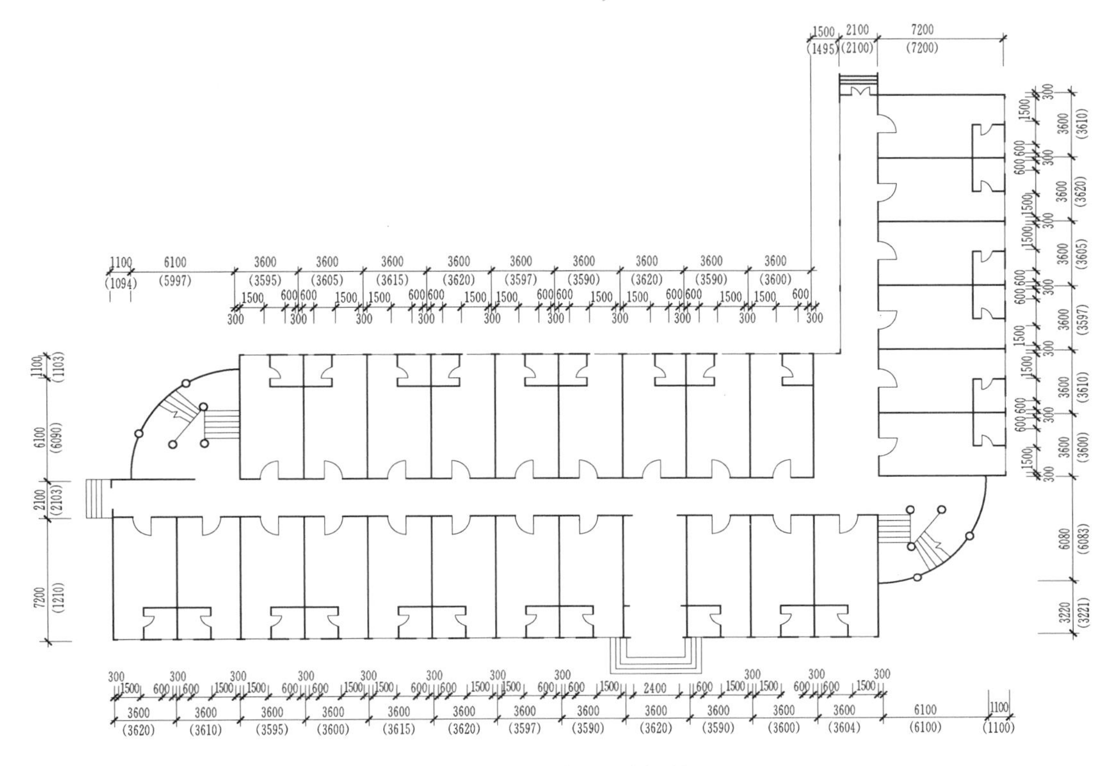

图9-15 平面尺寸调整

6. 补测尺寸

在初次的测绘过程中不可避免会有一些尺寸没有测到，在这一阶段中将之补充完整；另外，有些细部尺寸由于考虑欠周而没有测量的，也应该在这次的补测中加以测量，并绘制相关的测绘草图。在前一步的调整过程中，过于矛盾的某些尺寸也可以在这一次的补测中加以复核，以便找出问题之所在。

7. 画正图（图9-16和图9-17）

各个图样的画法及步骤如前所述，此处不再重复。不要求一种图样一张图纸，可以对各种图样进行综合布图；在布图的过程中应注意构图的均衡与完整；每套图纸应有大标题以及图纸编号。

一般，作为学生作业的测绘图纸可以按照建筑方案图纸的要求，包含以下图样：

（1）总平面图。

（2）各层平面图。

（3）各立面图。

（4）剖面图。

（5）透视图。

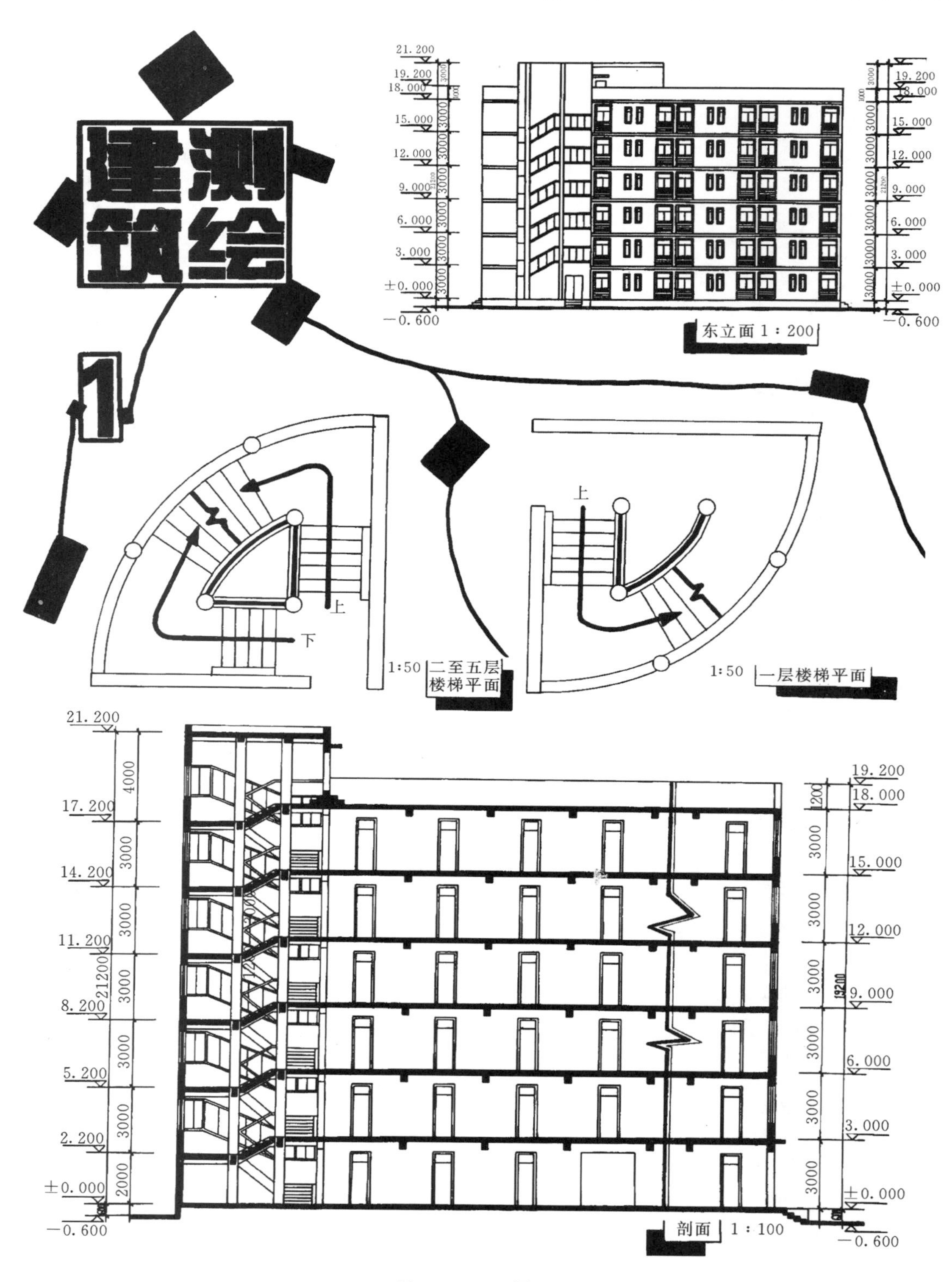
建筑测绘
1
东立面 1:200
1:50 二至五层楼梯平面
1:50 一层楼梯平面
上
下
剖面 1:100
21.200
19.200
18.000
15.000
12.000
9.000
6.000
3.000
±0.000
−0.600
17.200
14.200
11.200
8.200
5.200
2.200

图9-16 正图一

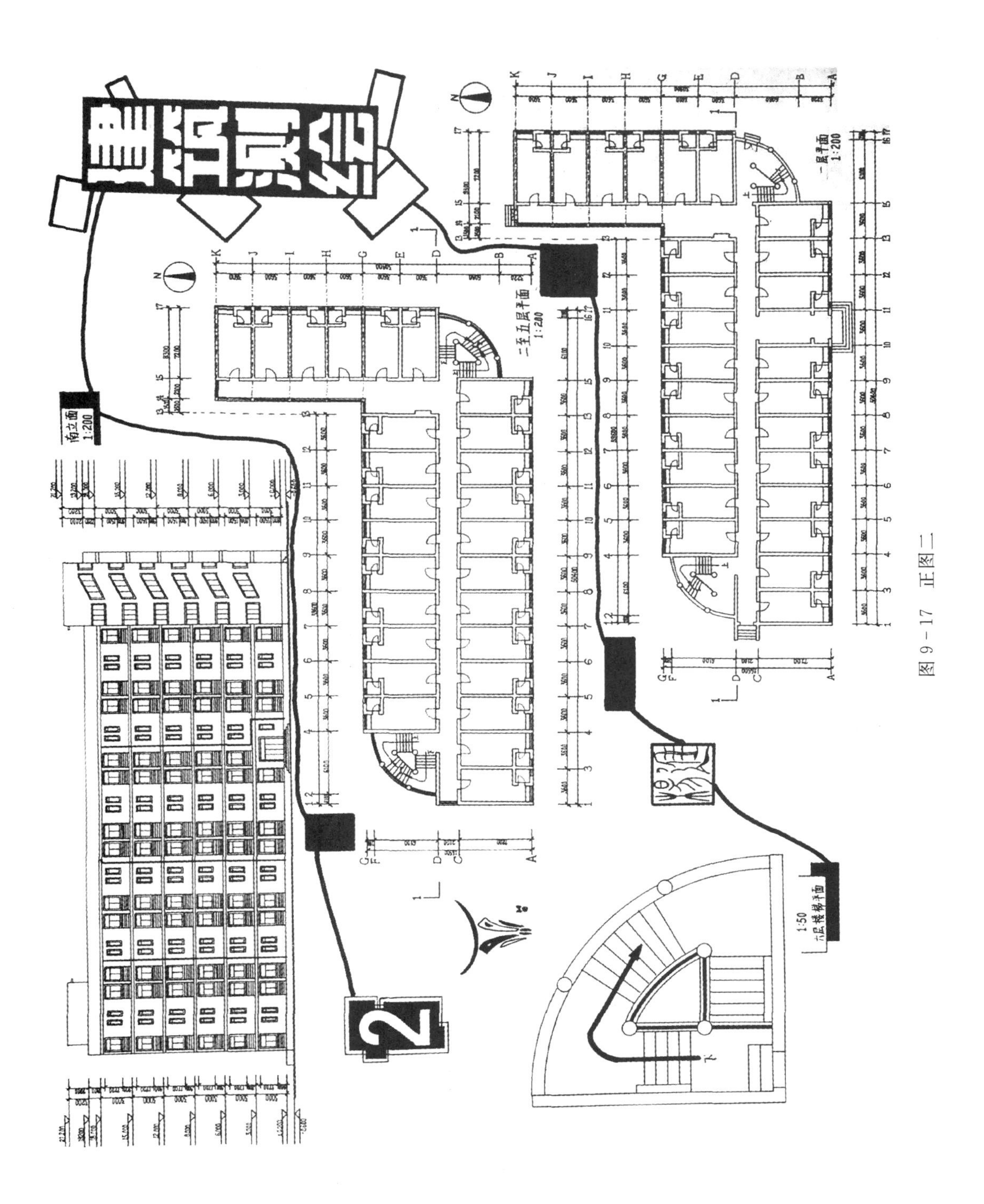

图 9-17 正图二

实训练习题

作业一 学生宿舍测绘

1. 教学目的

(1) 深入了解自己的身体尺寸与建筑环境（宿舍）的密切关系，以及日常生活、活动与宿舍环境的互动和联系。

(2) 通过亲身体验空间及观察空间中发生的活动，加深对空间尺度及功能分区的认识。

2. 教学内容

测绘自己的宿舍。

3. 教学要求

按班级分成4人一组进行宿舍空间的测量，每人绘制A3图纸一张，内容包括宿舍平面图1张（比例1：50）、局部剖立面1张（比例1：20）。表现形式：绘图纸钢笔徒手线条。

4. 时间安排

1周完成。

作业二 建筑单体测绘练习

1. 教学目的

培养学生综合运用各种知识在图纸上表达建筑的能力。

2. 教学要求

(1) 由教师指定测绘对象，以中小型建筑为佳。

(2) 在版面范围内进行排列组合，并确定最佳的版式效果。

(3) 以工具墨线的形式完成图像绘制部分。

(4) 用仿宋字书写说明部分。

(5) 对钢笔画和仿宋字的要求均等同于以前的训练要求。

3. 作业规格

841×594（A1）或594×420（A2）绘图纸。

第 10 章　小型建筑方案设计

建筑方案设计是建筑设计中的最关键的一个设计环节，也是最难和最令人操心的一个设计环节。但是建筑设计方案的重要性并非人人认同，认为只要投入相当的时间和精力，怎样都可以把设计做好。然而当真正面对一个设计题目时，无想法，无感觉，无从下手而大叫困难的人有之；坐等灵感到来但终无所获的人也有之。建筑学专业的学生在校期间，最为主要的就是学习如何做方案，对建筑及建筑设计有一个深入透彻的了解与认识。其实建筑设计是有章可循，有法可依，做好一个建筑设计并不是很难的。本章从认识建筑设计开始设计方案入门的讨论。

10.1　建筑设计的特征与基本方法

建筑设计，大体可以包括：设计前的准备阶段（或叫前设计阶段）、方案设计阶段、扩初设计阶段（或叫技术设计阶段、初步设计阶段）及施工图设计阶段。建筑学专业的学生所接受的建筑设计的训练更多地集中于方案设计，其他的训练则主要通过以后的建筑师业务实践来完成。因此，建筑方案设计是建筑设计的最初阶段，也是最关键的阶段。

建筑方案设计是建筑设计的最关键的一个环节；方案设计得不理想，以后所有的工作，如技术设计、施工图设计乃至具体的施工建造，无论怎么挽救，也是起不了多大的作用的。因此，建筑方案设计不能草率从事，不能马虎，而应当是兢兢业业，精心设计，反复推敲。

10.1.1　建筑方案设计的特点

1. 创造性的思维劳动

建筑设计是一种创造性的思维劳动。它需要创作主体有丰富的想象力和灵活开放的思维方式，而且把所有的条件、要求、可能性等，“化”成为建筑形象，安排出来。这里还须说明一点：所谓建筑方案设计，绝不只是造型设计，建筑师面对的是多种多样的建筑功能和千差万别的地段环境，必须表现出充分的灵活开放性才能够解决具体的矛盾与问题；人们对建筑形象和建筑环境有着高品质和多样性的要求，只有依赖建筑师的创新意识和创造能力才能够把属纯物质层次的材料设备点化成为具有一定象征意义和情趣格调的真正意义上的建筑。

2. 多学科的综合

建筑设计包括了为建造一幢建筑物所需要的工程技术知识，即建筑学、结构学以及给水、排水、供暖、通风、空气调节、电气、消防、自动控制以及建筑声学、建筑光学、建筑热力学、建筑材料学乃至工程经济学（概预算）等知识领域。由于建筑设计与特定的社会物质生产和科学技术水平有着直接的关联，使得建筑设计本身具有自然科学的客观性特征。因此，自古至今，建筑设计又与特定的社会政治、文化和艺术之间存在着显而易见的联系，因此建筑设计在另一方面又有着意识形态的精神性色彩。

从另一角度来看，由于建筑设计的终极目标永远是功能性与审美性，因此，建筑设计的研究对象便与设计的功能性与审美性有着不可割裂的联系。就设计的功能性而言，建筑设计涉及相关的工程学、物理学、材料学、电子学、经济学等理论研究的相关成果和原理；就设计的审美性而言，建筑设计还要对相关的艺术美学、构成学、心理学、民俗学、色彩学和伦理学等进行研究。如此广阔的研究领域，表明了建筑设计是一种边缘性和交叉性的学科。如此纷杂多样的需求（包括物质、精神两个方面），我们不可能通过有限的课程设计训练就做到全面的认识、理解并掌握。本课程力使同学们学到一种有效的设计方法。

3. 思维方式的双重性

由于建筑方案设计是一种逻辑性的思维劳动，建筑方案设计过程可以概括为分析研究—构思设计—分析选择—再构思设计……如此循环发展的过程，建筑师在每一个“分析”接待（包括前期条件、环境、经济分析研究和各阶段的优化分析选择）所运用的主要是分析概括、总结归纳、决策选择等基本的逻辑思维的方式，以此确立设计与选择的基础依据；而在各“构思设计”阶段，建筑师主要运用的则是形象思维，所以它具有“灵感”式的特征。

所谓“灵感”，即不是一点一点积聚而完成的，而是积累要素要求，分析各种条件，比较多种形式的基础上，忽然显现出一个“思路”，一种“形象”的思维状态。因此建筑师的工作有些特殊，有时候花上半天乃至数天，仍然“一无所有”；有时候却一下子就有了理想的思路和形象。这不是“运气”，而是工作性质所造成的，也是平时的积累使然。

因此，建筑设计的学习训练必须兼顾逻辑思维和形象思维两个方面，不可偏废。在建筑创作中如果弱化逻辑思维，建筑将缺少存在的合理性与可行性，成为名副其实的空中楼阁；反之，如果忽视了形象思维，建筑设计则丧失了创作的灵魂，最终得到的只是一具空洞乏味的躯壳。

4. 善于表现性

建筑方案设计是一种形象思维的过程，如何抓住思路是很关键的。如果只是想象形象是不够的，还须把凡是想到的形象画出来，这才能真正抓住。在建筑设计教学过程中，有经验的教师往往要说一句“口头禅”：画出来看看！学生对教师解说自己的设计意图，但教师总是要学生“画出来看看！”这是一种很有效的创作方法。另外，方案做出来，还须表现，建筑师要把自己的理想方案给人看，让人喜欢，除了精心设计外，还得善于表达。设计图纸出来既要是让建筑的“圈内”人接受；也要能让建筑的“圈外”人接受，所以还须画“效果图”（透视图），甚至做模型。

10.1.2 方案设计常用方法

在我们学习和工作的各个阶段，几乎每一件事情都得有个开始，都得从头做起。一提到开头，人们就会习惯性地想到“万事开头难”这句话，想必每一位学生都对此深有感触。其实，之所以“万事开头难”，究其原因主要有：一是知识不足。表现为初学者对建筑设计的条件、方法和原理等的知之不够，或知之有误。二是思路不对。表现为对建筑设计起点的忽视甚至漠视。由于初学者往往“志向远大”、“无知而无畏”，因此常常对设计的一般条件和基本限制因素看不到，或者不想看。那么什么才是行之有效的建筑方案设计方法？归纳起来大致可分为“先功能后形式”和“先形式后功能”两大类。

1. 先功能后形式

建筑方案设计“先功能后形式”是设计的主要方法，它的基本过程就是由功能关系和基地形态入手，一步一步地深入，用比较的方法，反复深入，由“粗线条”到细节部分顺着从大到小的原则完成方案设计。“先功能后形式”指建筑的功能是从平面设计入手，而且应当是平面设计为主，垂直行为只是交通问题，这正是建筑设计的一个特点。另外，建筑形态虽是立体的，但这种立体往往是要先有平面，然后垂直地向上或向下，上下之间的变化不及水平面上的变化多。所以，必须抓住平面形态。即先平面后立面，体量。此方法对初学者来说易于掌握而且功能比较合理，但是由于空间形象设计处于滞后被动位置，可能会在一定程度上制约了对建筑形象的创造性发挥。

2. 先形式后功能

从建筑的体型环境入手进行方案的设计构思，重点研究空间与造型，当确立一个比较满意的形体关系后，再反过来填充完善功能，并对体型进行相应的调整。要解决的问题首先从地形开始，接着就是解决建筑的功能和体量大小与地块形状、大小等关系。这种方法，其关键就是要“抓大”，各环节不要拘泥于细部，不要具体化，而应当是在对各种要求、条件娴熟地“化”在脑子里的基础上，着眼于大关系。这好比画素描一样，从大轮廓开始。此方法易于创造出有新意的空间、体量造型，发挥个人的想象力与创造力，后期的“填充”、“调整”有很大难度，功能复杂者尤其如此。因此，该方法比较适合于功能简单、规模不大、造型要求高、设计者又比较熟悉的建筑类型。它要求设计者具有相当的设计功底和设计经验，初学者一般不宜采用。

当然，上述两种方法并非截然对立的，对于那些具有丰富经验的建筑师来说，两者甚至是难以区分的。当他先从形式切入时，他会时时注意以功能调节形式；而当首先着手于平面的功能研究时，则同时构想着可能的形式效果。最后，他在两种方式的交替探索中找到一条完美的途径。

10.2 设计前期工作

设计前期工作是建筑设计的第一阶段工作，其目的就是通过对设计任务书、“公共限制”条件、经济因素和相关规范资料等重要内容的系统、全面的分析研究，为方案设计确立科学的依据。

在设计教室中经常听到教师问“总图什么样，拿来看看”或者“用地周边情况如何”；有时则建议“把这两部分调换一下”或者“把整个构图颠倒过来是不是更好”，以此来提示学生在建筑构图中所忽略的某些必要的环境线索。事实上，作为建筑方案设计的条件，有些是明显的、有些则是潜在的；有时是明确的、有时又是笼统的。归纳起来大致有如下几方面。

1. 设计任务书

设计任务书一般是由建设单位或业主依据使用计划和意图提出。一个完整的设计任务书应该表达四类信息：①项目类型与名称（工业/民用、住宅/公建、商业/办公/文教/娱乐/……）、建设规模与标准、使用内容及其面积分配等；②用地概况描述及城市规划要求等；③投资规模、建设标准及设计进度等；④有时，任务书中还包括建设单位（业主）的一些主观意图描述。例如，业主常常提出的一些口号或目标："国内领先水平"、"20年不落后"或者希望设计成某地区的"标志性建筑"等。

2. "公共限制"条件

新建筑的介入都会对城市或区域的环境引起某些改变。为了保证建筑场地与其他周围用地单位拥有共同的协调环境和各自利益，场地的开发和建筑设计必须遵守一定的"公共限制"。如图10－1中新建建筑的高度、出入口、建筑边界及建筑尺度都受到原有建筑的限制。"公共限制"包括：地段环境（气候条件、地质条件、地形地貌、景观朝向、周边建筑、道路交通、城市方位、市政设施、污染状况等）；人文环境（城市性质规模、地方风貌特色）；城市规划设计条件（图10－2、图10－3）（后退红线限定、建筑高度限定、容积率限定、绿化率要求、停车量要求）。

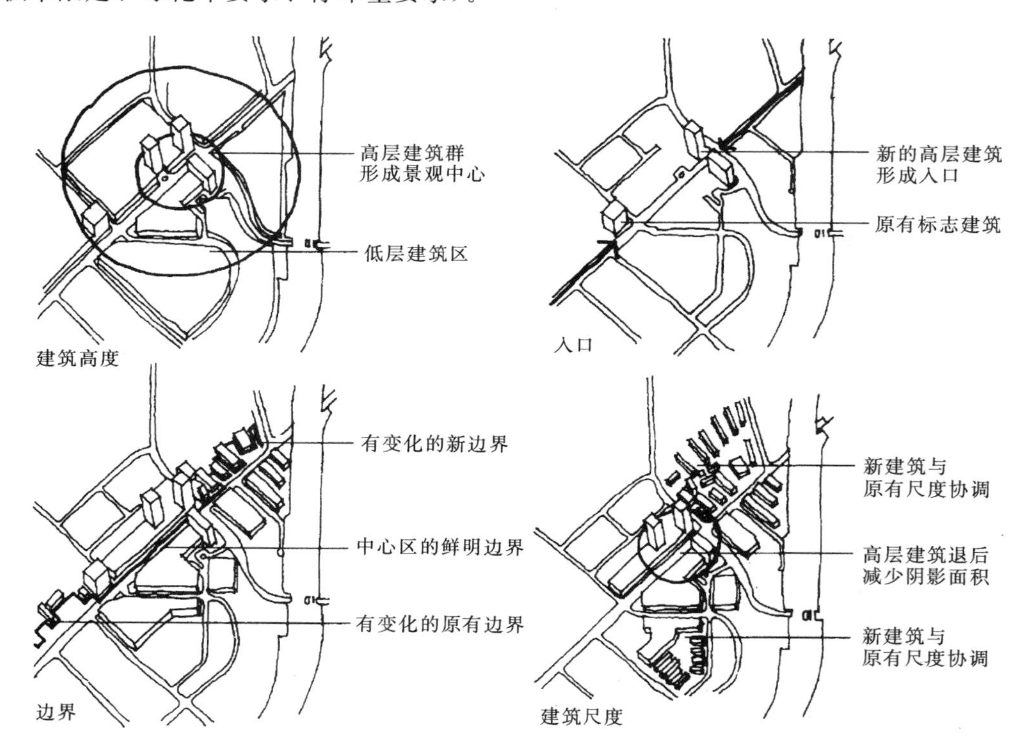

图10－1　城市规划对建筑的限制

3. 造价和经济技术要求

经济技术因素是指建设者所能提供用于建设的实际经济条件与可行的技术水平。它是

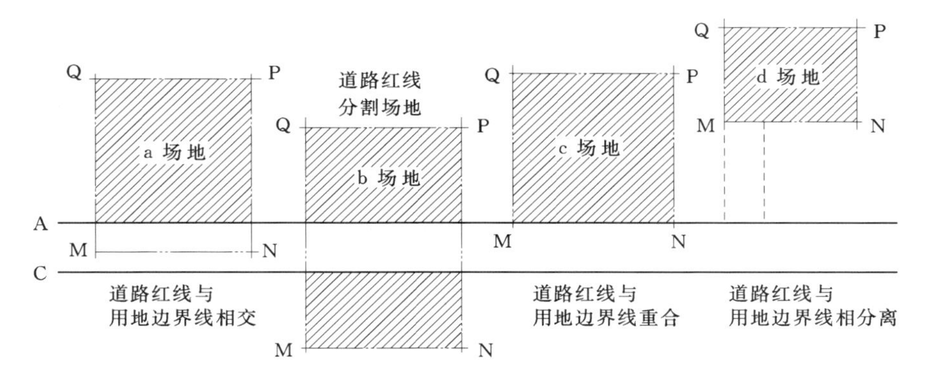

图 10-2　建筑红线与用地边界线的关系

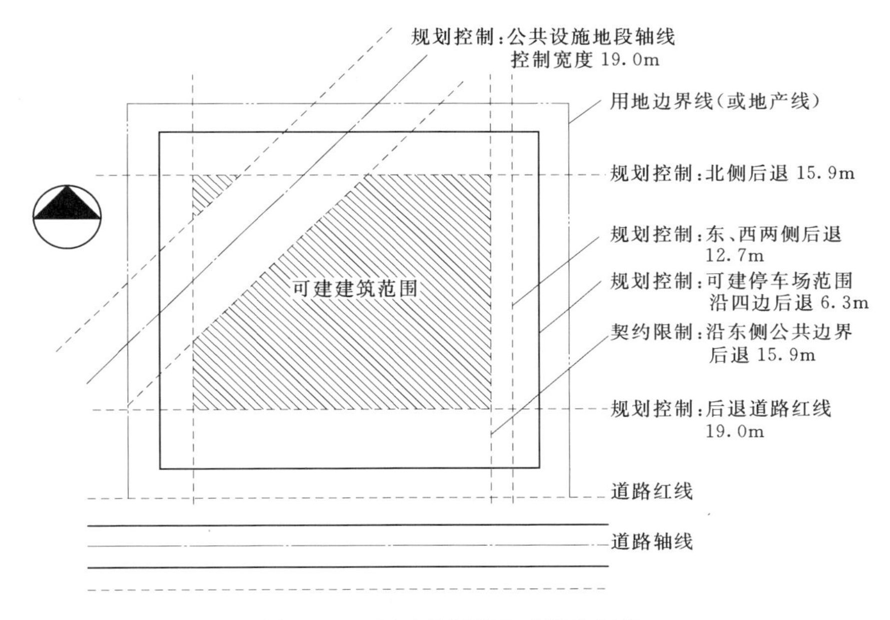

图 10-3　用地控制线与建筑控制线

确立建筑的档次质量、结构形式、材料应用以及设备选择的决定性因素，是除功能环境之外影响建筑设计的第三大因素。

有的业主自己提不出具体要求，建筑师就应做业主的“代理”，为他们做好这些“前期设计阶段”的工作。在这些工作的基础上，建筑师要明确所要进行的设计的主题思想，即这个建筑以表现什么为主，深入一步就是它的造型要求表现什么精神。这种明确的意图对做设计来说是必需的。

4. 收集资料

学习并借鉴前人正反两个方面的实践经验和教训，了解并掌握相关规范制度，既是避免走弯路，走回头路的有效方法，也是认识熟悉各类型建筑的最佳捷径。因此，为了学好建筑设计，必须学会搜集并使用相关资料。

做这个工作要注意两点：一是专门收集与本设计类型相同的实例资料，而且是规模和基地情况也是接近。包括对设计构思、总体布局、平面组织和空间造型的基本了解和使用管理情况等。最终以图、文形式尽可能详尽而准确地表达出来，形成一份永久性的参考资料。二是收集一些规范性资料和优秀设计图文资料。建筑设计规范是建筑师在设计过程中必须严格遵守的具有法律意义的强制性条文，在我们的课程设计中也必须严格遵守。对我们影响最大的设计规范有日照规范、消防规范和交通规范。优秀设计图文资料的搜集与实例资料有一定的相似之处，只是前者是在技术性了解的基础上更侧重于实际运营情况的调查，后者仅限于对该建筑总体布局、平面组织、空间造型等技术性了解。但简单方便和资料丰富则是后者的最大优势。但优秀设计图文资料不应是用来抄袭的，而是用来分析研究的，分析它为何如此，有何特点，哪些地方可以借鉴等。

方案设计，除了收集、分析、比较同类建筑之外，还要做一些基本的“工具性”资料的收集工作，如中学的设计，则要收集一些普通教室的尺寸，课桌椅的尺寸，走道的宽度，厕所的布局，房子的层高，阶梯教室的各种规定等。

5. 类比工作

类比的目的就是要比优劣，知道什么是好，什么是坏，从而就有努力追求的目标和方向。方案设计之前，或早期阶段，须做好类比工作。

同类建筑的资料收集来了，还须作深入分析比较。这种比较不仅是谁好谁坏之分，还要分析它们的规模、功能、总体、细部、造型等。

10.3 方案设计实践

在完成上述步骤后，我们对要设计的对象已有了一个比较系统全面的了解与认识，并得出了一些原则性的结论，在此基础上可以开始建筑设计的实际体验了。要求一个建筑师要像作家、演员那样去体验生活。由于“先形式后功能”的方法它要求设计者具有相当的设计功底和设计经验，本章不加分析。下面按步骤分析“先功能后形式”的方案设计过程和方法。

10.3.1 设计立意

设计立意对建筑方案设计相当重要，它包括基本和高级两个层次。前者是以设计任务书为依据，目的是为满足最基本的建筑功能、环境条件，对于初学者是常用的方法；后者则在此基础上通过对设计对象深层意义的理解与把握，谋求把设计推向一个更高的境界水平。而对于初学者言，设计立意不应强求定位于高级层次。

许多建筑名作的创作在设计立意上给了我们很好的启示。

例如流水别墅，它所立意追求的不是一般视觉上的美观或居住的舒适，而是将建筑融入自然，回归自然，谋求与大自然进行全方位对话作为别墅设计的最高境界。在具体构思上从位置选择、布局经营到空间处理、造型设计，无不是围绕着这一立意展开的（图10－4）。

又如悉尼歌剧院，丹麦建筑师伍重正是受贝壳的启发，才创作出悉尼歌剧院独特的形象（图10－5）。这些空间形态对社会和自然的折射，从一定意义上说是社会和自然向建筑空间领域的延伸，是对空间内涵的艺术创造。

图 10-4 流水别墅

图 10-5 悉尼歌剧院

再如卢浮宫扩建工程，由于原有建筑特有的历史文化地位与价值，决定了最为正确而可行的设计立意应该是无条件地保持历史建筑原有形象的完整性与独立性，将新建、扩建部分的主体置于地下，仅把入口设置在广场上，而竭力避免新建、扩建部分喧宾夺主（图10-6）。

图 10-6 巴黎卢浮宫

10.3.2 基地的把握

当我们接到一个建筑设计任务时，首先分析设计任务的功能及设计立意。基本把握了建筑的功能关系及设计立意后，接着的工作是对基地的熟悉和把握。建筑的基地在设计中有些什么要素，设计者首先要了解，并进一步能处理这些要素。

基地的熟悉和把握对建筑总平面设计关系甚大。例如，比较方正的基地，建筑的总平面布置比较自由，较容易处理，如图 10-7 所示。如果是一块狭长的基地，就有一定的难度（受制约很大），尤其是基地南北长，东西狭，则难度就更大了，因为涉及建筑物的朝向问题，如图 10－8 所示。有时基地有起伏，则还必须考虑等高线的处理。大体说，建筑物总希望顺着等高线布置，但也不能不考虑到建筑物的朝向，建筑物一般都朝南，一进一进地造；前低后高，这种形式的目的，其实主要是为了阳光。但从基地来讲，不能不考虑到朝向而产生的室外环境的效果。

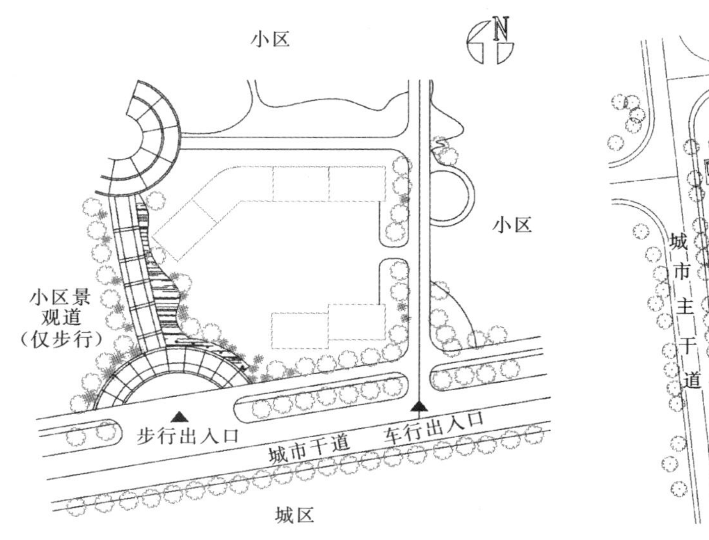

图 10－7　较方正的基地

图 10－8　南北长东西狭的基地

如果是一块不规则的基地，则要看他是否符合功能关系所确定的形态。但这也要设计者会动脑筋、想办法。最典型的例子就是著名的美国华裔建筑师贝聿铭设计的华盛顿国家美术馆东馆。在华盛顿美术馆东馆的方案构思中，地段环境尤其是地段形状起到了举足轻重的作用。

图 10－9　华盛顿美术馆东馆

东馆建在一块 $3.64hm^2$ 的呈楔状的梯形地段上，该地段位于城市中心广场东西轴北侧，其楔底面对新古典式的国家美术馆老馆（该建筑的东西向对称轴贯穿新馆用地）。用地东望国会大厦，南临林荫广场，北面斜靠宾夕法尼亚大道，附近多是古典风格的重要公共建筑（图 10－9）。

严谨对称的大环境与非规则的地段形状构成了尖锐的矛盾冲突。贝聿铭紧紧把握住地段形状这一突出的特点，选择了两个三角形拼合的布局形式，使新建筑与周边环境关系处理得天衣无缝。用一条对角线把梯形分成两个三角形。西北部面积较大，是等腰三角形，底边朝西馆，以这部分作展览馆。三个角上突起断面为平行四边形的四棱柱体。东南部是直角三角形，为研究中心和行政管理机构用房。对角线上筑实墙，两部分在第四层相通。这种划分使两大部分在体形上有明显的区别，但又不失为一个整体。展览馆入口宽阔醒目，它的中轴线在西馆的东西轴线的延长线上，加强了两者的联系。研究中心的入口则偏处一隅。而划分这两个入口的是一个棱边朝外的三柱体，浅浅的棱线，清晰的阴影，使两个入口既分又合，整个立面既对称又不完全对称。同时，展览馆入口北侧的大型铜雕，与建筑紧密结合，相得益彰，如图 10－10～图 10－12 所示。

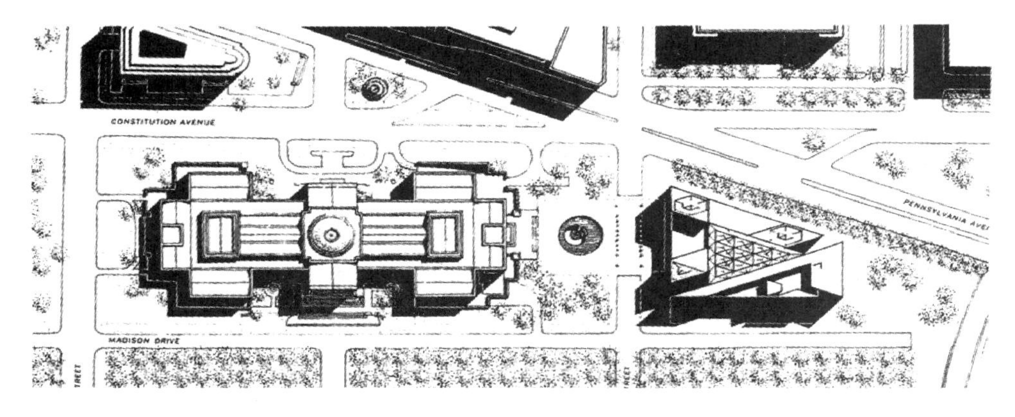

图 10－10　华盛顿美术馆东馆平面图

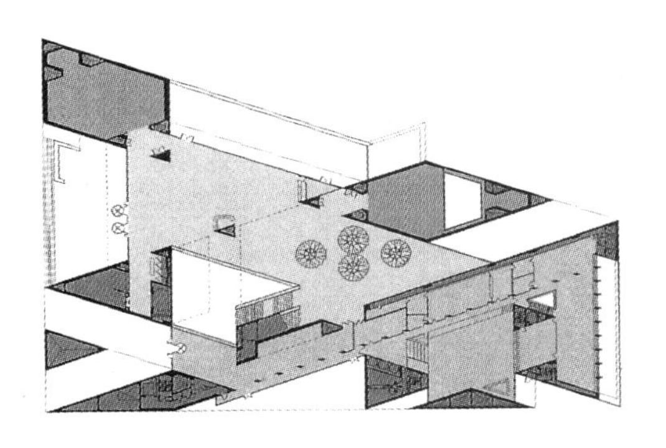

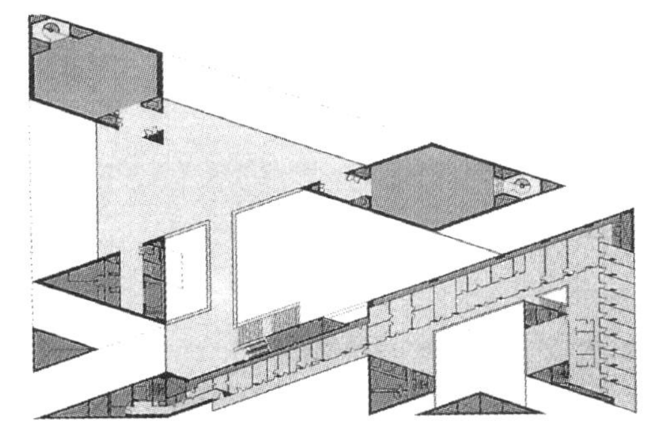

图 10－11　华盛顿美术馆东馆一层平面图

图 10－12　华盛顿美术馆东馆二层平面图

东西馆之间的小广场铺花岗石地面，与南北两边的交通干道区分开来。广场中央布置喷泉、水幕，还有五个大小不一的三棱锥体，是建筑小品，也是广场地下餐厅借以采光的天窗。广场上的水幕、喷泉跌落而下，形成瀑布景色，日光倾泻，水声汩汩。观众沿地下通道自西馆来，可在此小憩，再乘自动步道到东馆大厅的底层。

这里说的建筑方案的布局，还只是从大的关系来考虑，无论是从功能出发、从基地出发，还是从它们的工程技术性出发，都只是考虑一个大关系。这是一个基本前提。作为一个建筑师，首先的本领就是从大关系入手。从抓大关系，体现出他是否具有“大手笔”的水准。

10.3.3　建筑平面设计

建筑平面设计是建筑设计的重要阶段，通过二维图形来组织空间分析建筑内部功能，完善建筑内部使用功能。建筑的功能主要是平面的功能，因为人在其中的很多行为，几乎都是平面性的，垂直行为只是交通问题。建筑平面设计包括单一功能房间平面设计及平面组合设计。不同建筑的功能可分为主要使用功能空间、辅助使用功能空间和交通联系功能空间三种。这三种功能既相互独立，又相互联系，并具有一定的兼容性。单一功能房间平面设计是在整体建筑合理而适用的基础上，确定房间的面积、形状、尺寸以及门窗的大小和位置。平面组合设计是根据各类建筑功能要求，抓住主要使用功能空间、辅助使用功能空间和交通联系功能空间的相互关系，结合基地环境及其他条件，采取不同的组合方式将各单个房间合理地组合起来。

10.3.3.1 单一功能房间平面设计

单一功能房间是构成建筑最基本的单位，在分析功能与空间的关系时就是从单一功能房间入手的，现在我们还是从这里入手来研究它的形式处理与人的精神感受方面的联系。

在一般情况下室内空间的体量大小主要是根据房间的功能使用要求确定的，室内空间的尺度感应与房间的功能性质相一致。例如住宅中的居室，过大的空间将难以造成亲切、宁静的气氛。为此，居室的空间只要能保证功能的合理性，即可获得恰当的尺度感。

对于公共活动来讲，过小或过低的空间将会使人感到局促或压抑，这样的尺度感也会有损于它的公共性。而出于功能要求，公共活动空间一般都具有较大的面积和高度，这就是说，只要实事求是地按照功能要求来确定空间的大小和尺寸，一般都可以获得与功能性质相适应的尺度感。

1. 主要使用空间的面积、平面形状和尺寸

主要使用功能空间是指最能反映建筑物功能特征的房间。例如居住建筑的卧室、学校的教室、商业建筑的营业厅、宾馆、饭店的标准房、影剧院的观众厅等。

建筑使用空间犹如一种容器，不过这种容器所容纳的不是具体的物，而是人的活动。为此，它的体量大小必然因活动的情况（功能）不同而设计方法千差万别。这种差别主要体现在主要使用空间的面积、平面形状和尺寸。

（1）房间的面积。房间面积的大小主要取决于功能。由家具和设备所占用的面积、人们使用家具设备及活动所需的面积以及房间内部的交通面积组成。

对于一般的使用房间来说，以上所说的三部分建筑面积中最活跃、使用价值最高的是人们使用家具设备及活动所需的面积，因为这一部分是最直接为使用者服务的，如果设计条件许可，应适当加大这一部分面积所占的比例。与此相反的是“房间内部的交通面积”，这部分面积一般被认为是“不利的”，或者说是“浪费的”，但又是不可缺少的。在多数情况下，这一部分的面积应当受到控制，也就是说在满足正常使用情况和紧急情况下的交通要求后，就不应再扩大它的比例。关于“家具及设备所占用的面积”，它经常是由所设计房间的使用性质决定的，它的数量和平面投影面积几乎是确定的，比如电影院观众厅中的座椅，在设计时只要考虑合理布置就可以了。这一部分的面积在设计中应以所使用的家具及设备自身的情况以及它们的使用情况作为面积分配的依据。

在设计中，房间面积的确定一般采取下列方式。

1）人体活动与房间面积。房间面积与人体尺度相适应。当人站立或静坐时形成静态尺寸；当人行走或使用家具设备时将产生功能尺寸，它是动态的。由此为了确定房间使用

面积的大小，除了需要掌握室内家具，设备的数量和尺寸外，还需要了解人的室内活动和交通面积的大小。这些面积的确定和人体活动的基本尺度有关。例如教室中，学生就座、起立时桌椅近旁应该有必要的使用活动面积，入座，离座时通行的最小宽度，以及教师讲课时黑板前的活动面积等［见图 10－13（b）］。

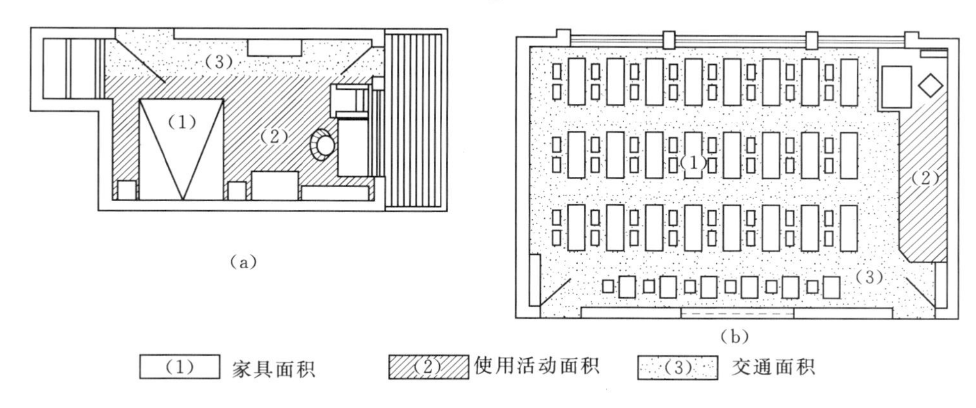

图 10－13　房间使用面积分析图

2）面积定额指标。在实际工作中，房间面积的确定主要是依据我国有关部门及各地区制订的面积定额指标（表 10－1）。面积定额指标的编制国家或所在地区设计的主管部门，对各种类型的建筑物，通过大量调查研究和积累的设计资料，结合中国现有经济条件和各地具体情况，编制出来的，用以控制各类建筑中使用面积的限额，并作为确定房间使用面积的依据。应当指出：每人所需的面积除面积定额指标外，还需通过调查研究并结合建筑物的标准综合考虑。有些建筑的房间面积指标未作规定，使用人数也不固定，如展览室、营业厅等。这就要求设计人员根据设计任务书的要求，对同类型、规模相近的建筑物调查研究，通过分析比较得出合理的房间面积。

表 10－1　　部分民用建筑房间面积定额参考指标

建筑类型	房间名称	面积定额（m^2/人）	备注
中小学	普通教室	1～1.2	小学取下限
办公楼	一般办公室	3.5	不包括走道
	会议室	0.5	无会议桌
		2.3	有会议桌
铁路旅客站	普通候车室	1.1～1.3	
图书馆	普通阅览室	1.8～2.5	4～6 座双面阅览桌

（2）房间平面形状与尺寸。在使用房间面积确定之后，需要进一步确定房间的平面形状和尺寸。房间平面形状和尺寸的确定，主要是从房间内部的使用要求、家具布置方式以及采光、通风、声学方面的要求和其他技术经济条件来考虑。同时室内空间处理等美观要求、建筑物周围环境和基地大小等总体要求也是影响房间平面形状的重要因素，即在满足使用要求的同时，构成房间的经济技术条件以及人们对室内空间的观感也是确定房间平面形状和尺寸的相关因素。

1）房间的平面形状。房间平面形状的确定应从使用功能要求、结构合理性、空间技术效果、总体组合的灵活性、房间朝向、施工便利性等多方面进行考虑。随着上述因素的改变，平面形状也应随之改变。

在大量民用建筑的房间平面形状中，常见的是以住宅为代表的沿外墙短向布置的矩形平面，这是综合考虑家具布置、房间组合、经济技术条件和在总体上节约用地等多方面因素而选择的结果。由于矩形平面通常便于家具和设备的安排、房间开间或进深调整统一、结构布置和预制构件的选用，所以住宅、宿舍、学校、办公楼等建筑房间大多采用矩形平面。

对于一些单层大空间如观众厅、杂技场、体育馆等房间，它们的使用房间面积很大，使用要求的特点突出，覆盖和围护房间的技术要求也较复杂，而且又不需要同类的多个房间进行组合，它们的形状则首先应满足这类建筑的特殊功能及视听要求。

根据房间的使用要求一般生活、工作、学习用房常采用矩形平面，矩形平面有利于家具设备布置，功能适应性强。当然矩形不是唯一的选择，平面形状只要处理得当，完全可以做到适用而新颖。功能要求特别突出的房间，平面形状要受到这种功能要求的制约。例如，不同平面形状的教室（图 10－14）和影剧院的观众厅（图 10－15）。

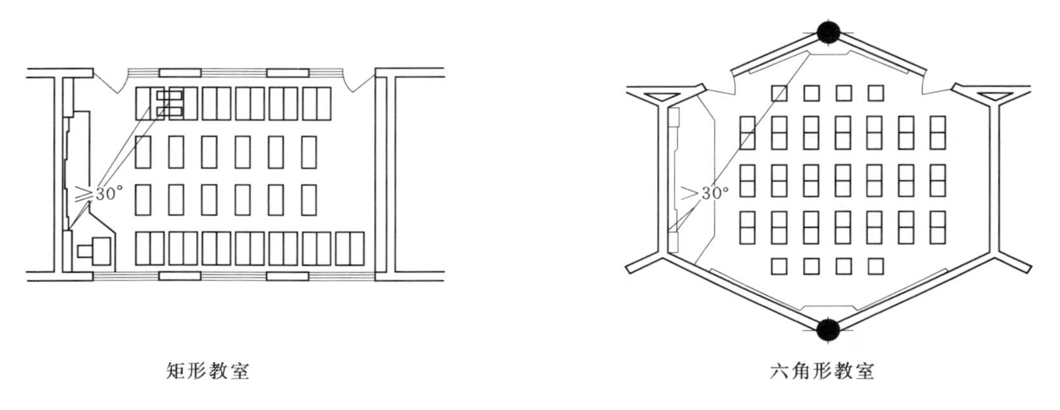

图 10－14　不同平面形状的教室

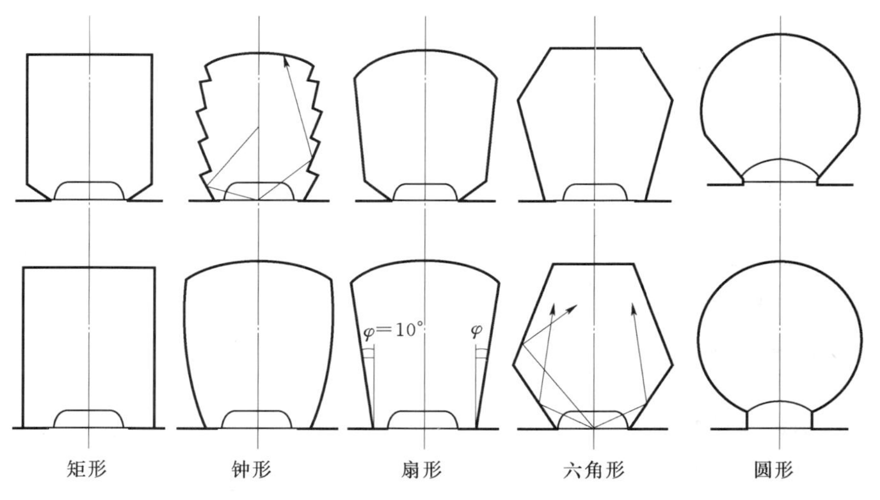

图 10－15　观众厅的平面形状

同时日照和基地条件、结构选型、建筑艺术处理等对平面形状有很大的影响。例如，华盛顿美国国家艺术博物馆东馆，结合特殊的地形形状，采用独特的构图形式，取得了成功；国家大剧院在结构选型和建筑艺术处理上有其独特的应用。

2）房间的平面尺寸。房间平面尺寸主要依据房间的使用功能、家具和设备的尺寸及布置要求，建造的经济技术条件和使用者的心理感受等方面来确定。

房间的平面尺寸包括房间的开间和进深，而房间常常是由一个或多个开间组成。在确定了房间面积和形状之后，确定合适的房间尺寸便是一个重要问题了。一般从以下几方面进行综合考虑：

a. 满足家具设备布置及人们活动的要求。家具尺寸、布置方式及数量对房间面积、平面形状和尺寸的确定有直接影响。家具种类很多，在确定房间平面尺寸时，应以主要家具、尺寸较大的家具为依据。例如，主要卧室要求床能两个方向布置，因此开间尺寸常取 3.6m，进深方向常取 3.90～4.50m。小卧室开间尺寸常取 2.70～3.00m（图 10-16）。医院病房主要是满足病床的布置及医护活动的要求，3～4 人的病房开间尺寸常取 3.30～3.60m，6～8 人的病房开间尺寸常取 5.70～6.00m（图 10-17）。

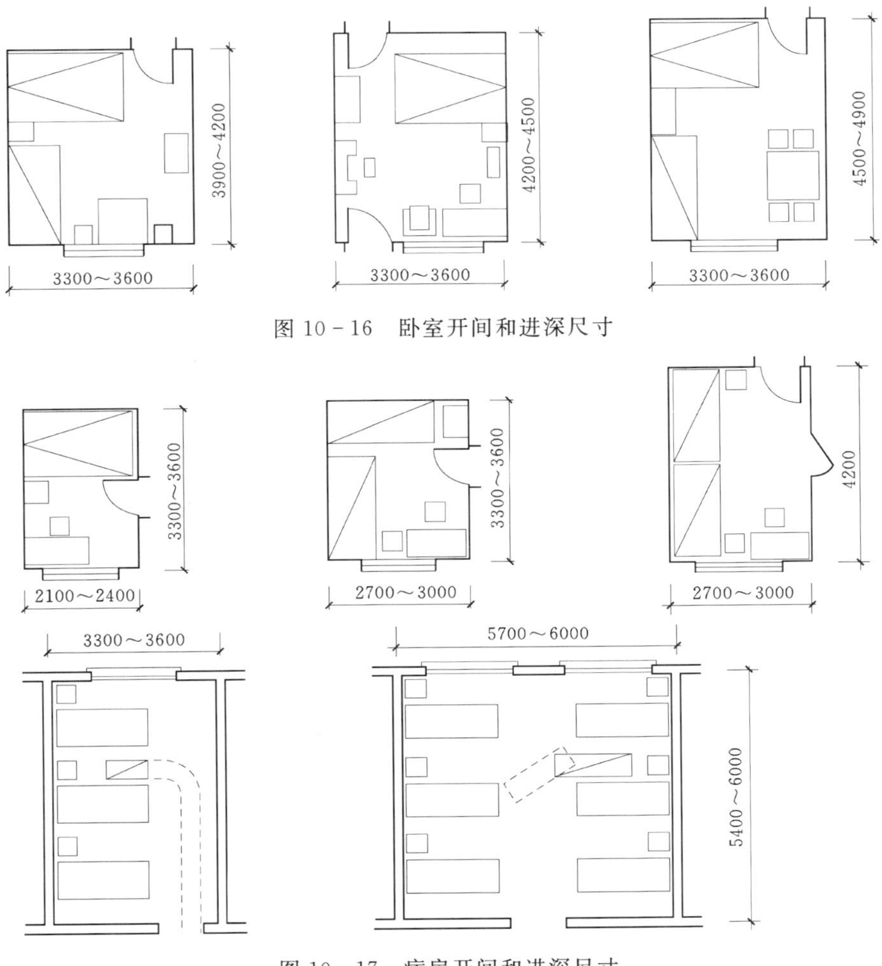

图 10-16　卧室开间和进深尺寸

图 10-17　病房开间和进深尺寸

b. 满足视听要求。有的房间如教室、会堂、观众厅等的平面尺寸除满足家具设备布置及人们活动要求外，还应保证有良好的视听条件（图10-18）。

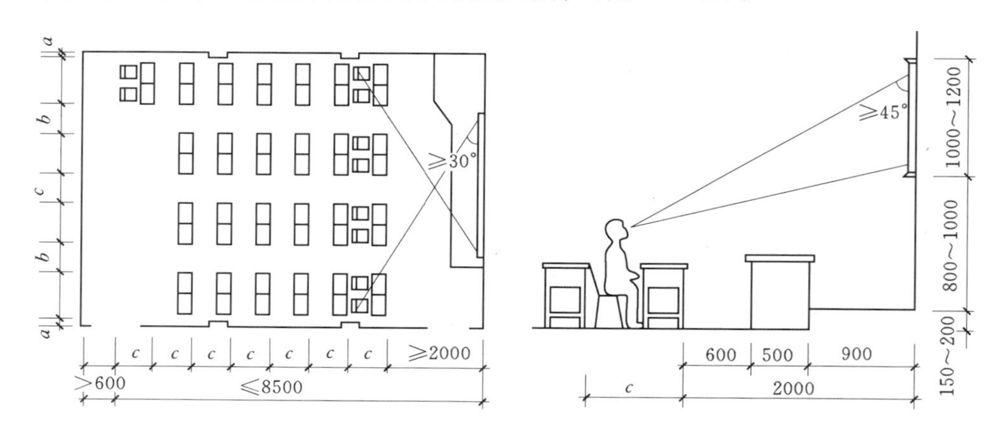

图10-18 教室的视线要求与平面尺寸的关系

从视听的功能考虑，中学教室的平面尺寸应满足以下的要求：第一排座位距黑板的距离不小于2.00m；后排距黑板的距离不宜大于8.50m；为避免学生过于斜视，水平视角应不小于30°。中学教室平面尺寸常取6.00m×9.00m、6.00m×9.00m、6.60m×9.00m、6.90m×9.00m等（图10-18）。

c. 良好的天然采光。一般房间多采用单侧或双侧采光，因此，房间的深度常受到采光的限制。一般单侧采光时进深不大于窗上口至地面距离的2倍，双侧采光时进深可较单侧采光时增大一倍（图10-19）。

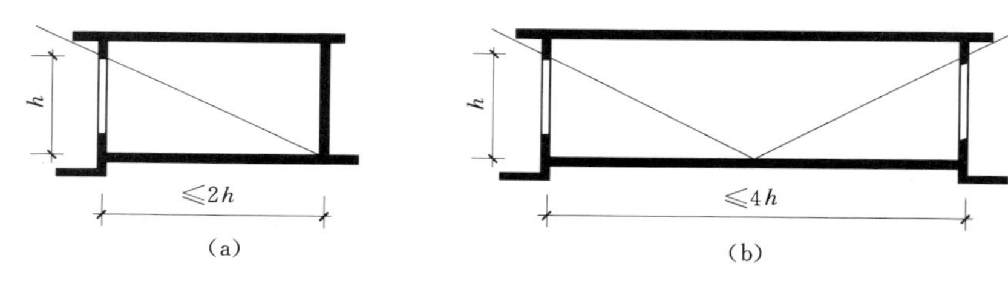

图10-19 采光方式与进深的关系
(a) 单侧采光；(b) 双侧采光

d. 经济合理的结构布置。采用砖混结构时较经济的开间尺寸是不大于4.00m，钢筋混凝土梁较经济的跨度是不大于9.00m。对于由多个开间组成的大房间，如教室、会议室、餐厅等，应尽量统一开间尺寸，减少构件类型。

（3）房间的门窗设置。在房间平面设计中，门窗的大小、数量、位置和开启方式对房间的平面使用效果有较大影响。同时，窗的形式和组合方式又和建筑立面设计的关系极为密切。门窗的宽度在平面中表示，高度在剖面中确定，但是窗和外门的组合形式却只在立面中看到全貌。因此，在平、立、剖面的设计过程中，门窗的布置应多方面综合考虑，反复推敲。

下面先从门窗的布置和单个房间平面设计的关系进行分析。

1）门的宽度及数量。门的宽度取决于人流股数及家具设备的大小等因素。一般单股人流通行宽度取 550＋(0～150)mm，一个人侧身通行需要 300mm 宽。因此，门的最小宽度一般为 700mm，常用于住宅中的厕所、浴室。住宅中卧室、厨房、阳台的门应考虑一人携带物品通行，卧室常取 900mm，厨房可取 800mm。普通教室、办公室等的门应考虑一人正面通行，另一人侧身通行，常采用 1000mm。双扇门的宽度可为 1200～1800mm，四扇门的宽度可为 2400～3600mm（图 10－20）。

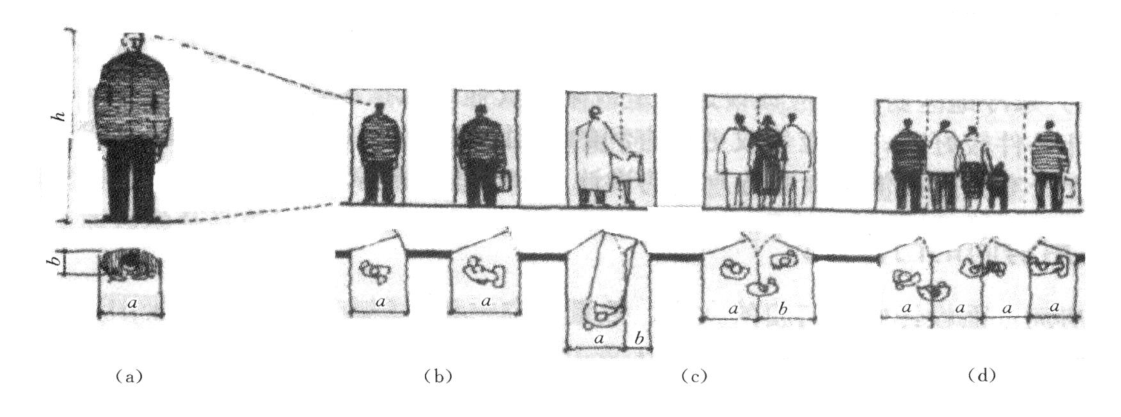

图 10－20　门尺寸与使用功能的确定

(a) 供人出入的门其宽度与高度应当视人的尺度来确定；(b) 供单人或单股人流通过的门，其高度应不低于 2.1m，宽应在 0.7～1.0m 之间；(c) 除人外还要考虑到家具、设备的出入，如病房的门应方便于病床的出入，一般宽 1.1m；(d) 公共活动空间的门应根据具体情况按多股人流来确定门的宽度，可开双扇、四扇或四扇以上

按照 GB 50016—2006《建筑设计防火规范》的要求，当房间使用人数超过 50 人，面积超过 $60m^2$ 时，至少需设两个门。影剧院、礼堂的观众厅、体育馆的比赛大厅等，门的总宽度可按每 100 人 600mm 宽（根据规范估计值）计算。影剧院、礼堂的观众厅，按不小于 250 人/安全出口，人数超过 2000 人时，超过部分按不小于 400 人/安全出口；体育馆按不小于 400～700 人/安全出口，规模小的按下限值。

2）门在房间平面布置中的位置。房间平面中，门的位置应考虑室内交通路线的简捷和安全疏散的要求，门的位置还对室内使用面积能否充分利用、家具布置是否方便以及组织室内穿堂风等有很大影响。

对于面积大、人流活动频繁的房间，门的位置主要考虑通行简捷和安全疏散。例如影剧院观众厅一些门的位置，通常应较均匀地分设，使观众能尽快到达室外。对于面积小、人数少、只需设一个门的房间，门的位置首先需要考虑家具的合理布置。当门的数量不止一个时，门的位置应考虑缩短室内交通路线，保留较为完整的活动面积，并尽可能留有便于布置家具的墙面。有的房间由于平面组合的需要，几个门的位置比较集中，并且经常需要同时开启，这时要注意协调几个门的开启方向，防止门扇相互碰撞和妨碍人们通行（图 10－21）。

在平面组合时，如果从整幢房屋的使用要求上考虑，房间平面中门的位置也可能需要改变。门的位置和开启方向除了要保证有效活动空间和交通需要以外，还应避免门相互

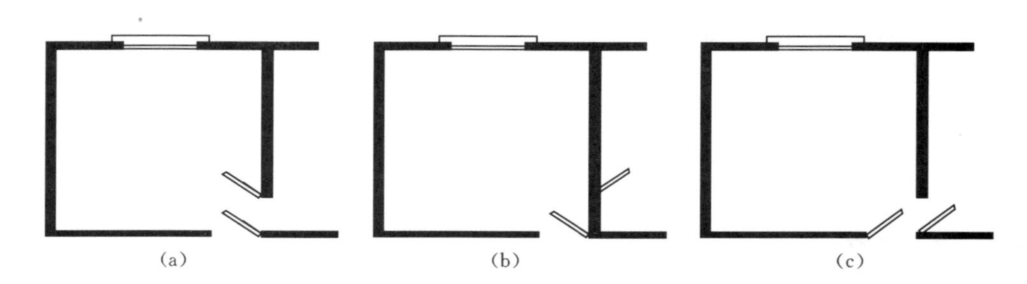

图 10-21　紧靠在一起的门的开启方向
(a) 不好；(b) 好；(c) 较好

“打架”。例如，有的房间需要尽可能缩短通往房间出入口或楼梯口的距离，有些房间之间联系或分隔的要求比较严密，这些要求都可能导致房间门的位置的重新调整。

3）窗的面积。窗口面积大小主要根据房间的使用要求、房间面积及当地日照情况等因素来考虑。根据不同房间的使用要求，建筑采光标准分为五级，每级规定相应的窗地面积比，即房间窗口总面积与地面积的比值（表 10-2）。

表 10-2　民用建筑采光等级表

采光等级	视觉工作特征		房间名称	窗地面积比
	工作或活动要求精确程度	要求识别的最小尺寸（mm）		
Ⅰ	极精密	0.2	绘图室、制图室、画廊、手术室	1/3～1/5
Ⅱ	精密	0.2～1	阅览室、医务室、健身房、专业实验室	1/4～1/6
Ⅲ	中精密	1～10	办公室、会议室、营业厅	1/6～1/8
Ⅳ	粗糙	>10	观众厅、居室、盥洗室、厕所	1/8～1/10
Ⅴ	极粗糙	不作规定	贮藏室、走廊、楼梯间	

4）门窗位置（图 10-22）。

a. 门窗位置应尽量使墙面完整，便于家具设备布置和充分利用室内有效面积。

b. 门窗位置应有利于采光、通风。

c. 门的位置应方便交通，利于疏散。

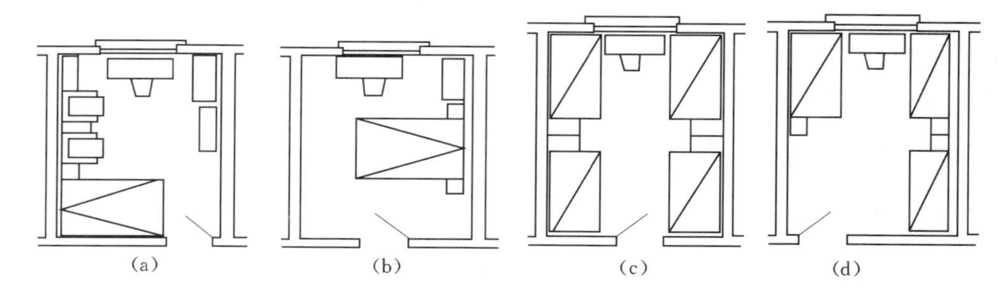

图 10-22　卧室、集体宿舍门位置的比较
(a) 合理；(b) 不合理；(c) 合理；(d) 不合理

2. 辅助使用空间

辅助使用空间是指厕所、盥洗间、浴室、通风机房、水泵房、配电间、贮藏间等，这些用房中的设备多少取决于使用人数，其具体数量见单项建筑设计规范的规定。

在建筑设计中，通常先根据各种建筑物的使用特点和使用人数的多少确定所需设备的个数，再根据计算所得的设备数量考虑在整幢建筑物中辅助房间的房间数情况，最后在建筑平面组合中，根据整幢房屋的使用要求适当调整并确定这些辅助房间的位置面积、平面形式和尺寸。厕所、浴室、盥洗室等辅助房间的基本布置方式和所需尺寸必须考虑设备大小和人体使用所需尺度。其中公共建筑中的厕所应设置前室，这样使用较隐蔽，也有利于改善通向厕所的走廊或过厅处的卫生条件。有盥洗室的公共服务厕所，为了节省交通面积并使管道集中，通常采用套间布置，以节省前室所需的面积。

本书重点讲解厕所、卫生间的平面设计。

建筑中不可少的辅助房间首先是厕所、卫生间。根据使用者的情况，可以将其分为公共服务性的厕所、卫生间和非公共服务性厕所、卫生间（归属于某个或某些特定使用着的住宅中的厕所、卫生间以及旅馆中归属于单个客房的卫生间）两类。

（1）公共服务性厕所和卫生间的平面设计。在设计公共服务性厕所和卫生间时必须注意以下几点：

1）尽量避免无直接采光和通风的暗厕所、卫生间。在建筑设计中应当尽可能地提供比较好的空间环境，以避免公共厕所、卫生间因没有直接采光和通风措施而导致昏暗、闭塞，进而加剧其环境的恶化。

2）提供厕所、卫生间与外界联系的过渡空间。加设厕所、卫生间前室，在现代建筑中显得很重要。一方面使用起来非常方便，另一方面在增强隐蔽性的同时还提供了一个独立的、完整的空间，便于设置洗手盆等。

3）在厕所、卫生间中设置通风装置。排除厕所、卫生间内污浊空气的最重要、最有效的途径是设置通达屋面上的通风道，使厕所、卫生间内的空气保持清新状态；同时不使污浊空气直接侵扰其他相邻的房间。设计时常常将男女厕所相邻布置；上下楼层的厕所、卫生间应相对。

（2）非公共服务性厕所、卫生间的平面设计。在非公共服务性的厕所、卫生间的设计中必须注意以下几点：

1）充分利用空间。充分利用可利用的面积，形成紧凑的、私密感较强的空间。

2）尽量争取良好的空间环境。在生活水平不断提高的今天，应当争取较宽敞的面积、直接的采光和通风等良好的环境因素，避免造成阴暗、湿冷的环境形象。

3）通过细致周到的设计提高方便和舒适度。总而言之，在厕所、卫生间的设计时应综合考虑设备水平与当时当地的设计标准、投资、使用要求等。

3. 交通联系空间

交通联系空间不仅是建筑总体空间的一个重要组成部分，而且是将主要使用空间、辅助使用空间组合起来的重要手段。建筑中的交通联系空间包括水平交通联系空间（走廊、过道等）、垂直交通联系空间（楼梯、坡道、电梯、自动扶梯等）和交通联系枢纽空间（门厅、过厅等）。

交通联系空间最基本的设计要求包括以下几点：

（1）交通路线应简洁明确，联系通行顺畅。

（2）紧急疏散时能使人流组织良好、安全迅速。

（3）满足必要的采光、通风要求。

（4）在满足使用要求的前提下，尽量减少交通联系空间的面积，以节省投资。同时还要考虑空间造型问题。

1）水平交通空间。走道（走廊）是用以连接各个房间、房间与楼梯、房间与电梯、楼梯和门厅以及楼梯之间的纽带，通常用来解决建筑中水平方向的联系和安全疏散问题。过道设计应满足人流通畅和建筑防火的要求。

走道的宽度由建筑物耐火等级、层数和通行人数决定。走道宽度的确定应符合人流、货流通畅以及紧急疏散的要求。通常单股人流通行宽度为550～600mm。在通行人数较少的情况下，考虑到两人相向通过和搬运家具等物品的需要，走道的最小净宽不宜小于1100mm，即走道最小宽度应为1100～1200mm。在确定走道宽度时，还应当根据该走道的使用情况适当做些调整。根据不同建筑类型的使用特点，走道除了交通联系外，也可以兼有其他的使用功能。例如，有的建筑物走道兼有展览、陈列的功能（如学校、办公楼等），这时其宽度除了要满足正常通行和紧急疏散的要求外，还应当适量加宽以满足展览和陈列的需要；再如医院的走道除应满足正常情况下健康人通行以及紧急疏散的外，还要满足须人扶持的病人以及病人使用手推车通行的需要；另外，学校教学楼中的过道，兼有学生课间休息活动的功能；医院门诊部分的过道，兼有病人候诊的功能等。

其他类型的建筑如展览馆、画廊、浴室等，根据房屋中人流的活动和使用的特点，也可以把过道等水平交通联系面积和房间的使用面积完全结合起来，组成套间式的平面布置。

在设计通行人数较多的公共建筑时，应按各类建筑的使用特点，建筑平面组合的要求、通过人流的多少及根据调查分析或参考设计资料来确定过道宽度。设计过道的宽度，应根据建筑物的耐火等级、层数和过道中通行人数的多少进行符合防火要求最小宽度的校核。过道从房间门到楼梯间或外门的最大距离以及袋形过道的长度，从安全疏散的角度考虑也有一定的限制。

走道的长度除了涉及建筑的经济性之外，还涉及安全疏散距离问题。表10-3为依据现行建筑防火设计规范而列出的关于限制走道长度的内容。

表10-3　　低、多层建筑安全疏散距离

名称	直接通向公共走道的房门至量近的外部出口或封闭楼梯间的最大距离（m）					
	位子两个外出口或楼梯间之间的房间			位于袋形走道两侧或尽端的房间		
	耐火等级			耐火等级		
	一、二级	三级	四级	一、二级	三级	四级
托儿所、幼儿园	25	20		20	15	
医院、疗养院	35	30		20	15	
学校	35	30		22	20	
其他民用建筑	40	35	25	22	20	15

走道的平面设计还应满足一定的采光要求。走道部分窗地比应大于 1/14；内廊式走道长度不超过 20m 时应有一端设采光口，超过 20m 时应两端设有采光口，超过 40m 时应增加中间采光口。一般来说，走道的通风能力应大于相邻的使用房间的通风能力。

2）垂直交通空间。水平交通是用来解决同一层中各房间交通联系的问题。除单层建筑外，各层之间还必须用竖向交通来解决各层之间的交通联系问题。综合地利用水平交通和垂直交通，就可使用整个建筑内部各房间四通八达。垂直交通空间指楼梯、电梯、自动扶梯和坡道等，是沟通不同标高上各使用空间的空间形式。

3）交通联系枢纽空间。交通联系枢纽空间——厅是专供人流集散和交通联系用的空间，也可以把各主要使用空间连接成一体。这种组合形式的特点是：厅成为大量人流的集散中心，通过它即可以把人流分散到各主要空间，也可以把各主要使用空间的人流汇集于这个中心，从而使厅成为整个建筑物的交通联系中枢。一幢建筑视其规模大小可以有一个或几个中枢。这种组合形式较适合于大量人流集散的公共建筑，如展览馆、火车站、图书馆、航空站等。

10.3.3.2 平面组合设计

平面组合设计的常见方法如下。

1. 走廊式

各使用空间用墙隔开，独立设置，并以走廊相连，组成一幢完整的建筑，这种组合方式称为走廊式。走廊式是一种被广泛采用的空间组合方式。它特别适合于学校、办公楼、医院、疗养院、集体宿舍等建筑。这些建筑房间数量多，每个房间面积不大，相互间需适当隔离，又要保持必要的联系。

2. 穿套式

在建筑中需先穿过一个使用空间才能进入另一个使用空间的现象称为穿套。穿套式空间组合是把各个使用空间按功能需要直接连通，串在一起而形成建筑整体。这种组合没有明显的走道，节约了交通面积，提高了面积的使用效率；但另一方面，容易产生各使用空间的相互干扰。它主要适应于各使用空间使用顺序较固定，隔离要求不高的建筑，如展览馆、商场等。

3. 单元式

将关系密切的若干使用空间先组合成独立的单元，然后再将这些单元组合成一幢建筑，这种方法称为单元式空间组合。这种组合，使各单元内部的各使用空间联系紧密，并减少了外界的干扰。这种组合常采用在城市住宅和幼儿园设计中。

4. 大厅式

以某一大空间为中心，其他使用空间围绕它进行布置，这种方式称为大厅式空间组合。采用这种组合，有明显的主体空间。这种空间组合常用于影剧院、会堂、交通建筑以及某些文化娱乐建筑中。

5. 庭院式

以庭院为中心，围绕庭院布置使用空间，这种方式称为庭院式组合。庭院三面布置使用空间，称为三合院，第四面常为围墙或连廊。庭院四面布置使用空间，称四合院。大的建筑也可能设置两个或多个庭院。庭院可大可小，面积小的也可称天井。庭院可作绿化用地、活动用地，也可作交通场地。如果庭院上方加上透明顶盖，则成为变相的大厅。这种组合，空间变化多，富于情趣，有利于改善采光、通风、防寒、隔热条件，但往往占地面积较大。这种组合常见于低层住宅、风景园林建筑、纪念馆、文化馆以及中低层的旅馆。

6. 综合式

在很多建筑中，同时采用两种或两种以上的空间组合方式，则称为综合式空间组合。不同组合方式之间，常以连廊、门厅、过厅、楼梯等作为过渡。

10.3.4　建筑体型及立面设计

建筑美是指建筑物的外在体型要漂亮，即包括建筑物造型的别致，线条的流畅，色彩的和谐，环境的适宜等因素。

建筑构图就是要在设计中把统一与变化、对比与协调、节奏与韵律、均衡与错落、局部与重点、联系与间隔、比例与尺度等的基本法则灵活的加于应用。

10.3.4.1　建筑体型设计

建筑体型设计主要是对建筑物的轮廓形状、体量大小、组合方式及比例尺度等的确定，一般有对称外形和不对称外形两种。

1. 不同体型的特点和处理方法

(1) 单一性体型。这类建筑的特点是平面和体型都较完整单一平面形式多采用对称式的正方形、三角形、圆形、多边形等单一几何形状，给人以统一、完整、简洁大方、轮廓鲜明和印象强烈的感觉。主要用于需要庄重、肃穆感觉的建筑，例如政府机关、法院、博物馆、纪念堂等（图 10－23、图 10－24），这种体型设计方法是建筑造型设计中常用的方法之一。

图 10－23　毛主席纪念堂

一般地说，细长的体型有挺拔的感觉，如高层建筑一般都有这种感觉。建筑底部处理应厚重一些，否则有不稳定之感。横长的体型较稳定，但比例处理不好易产生呆板的感觉。

(2) 单元组合体型。单元组合体型是将几个独立体量的单元按一定方式组合起来，广泛应用于住宅、学校、幼儿园、医院等建筑类型（图 10－25）。这种组合体型组合灵活，

图 10-24 某法院大楼

没有明显的均衡中心及体型的主从关系，而且单元连续重复，形成了连续的韵律感。

(3) 复杂体型。复杂体型由两个以上的体量组合而成。这些体量之间存在着一定的关系，如何正确处理这些关系是这类体型构图的重要问题。

复杂体型的组合应运用建筑构图的基本法则，将其主要部分、次要部分分别形成主体、附体，突出重点，主次分明，并将各部分有机地联系起来，形成完整的建筑形象。如前面提到的巴西国会大厦就是很好的例子（图 10-26）。

图 10-25 某三单元住宅楼

2. 体型的转折与转角处理

体型的组合可能会受到所处的地形和位置的影响，如在十字路口时，为了创造较好的建筑形象及环境景观，必须对建筑物进行转折或转角处理，以与地形环境相协调。转折与转角处理中，应顺其自然地形，充分发挥地形环境优势，合理进行总体布局。如在路口转角处采用主附体相结合的处理，以附体陪衬主体；也可以局部升高的塔楼为重点处理，使道路交叉口突出、醒目。

3. 体量间的联系和交接

由不同大小、高低、形状、方向的体量组合成的建筑，都存在着体量之间的联系和交接处理。这个问题处理得是否得当，直接影响到建筑体型的完整性，同时和建筑物的结构构造、地区的气候条件、地震烈度以及基地环境等有密切的关系。

建筑体型组合中，当不同方向体量交接时，一般以相互垂直为宜，尽可能避免锐角交接的出现。因为锐角交接，在内部空间组合和外部造型处理，以及建筑结构、构造、施工

图10-26　巴西国会大厦

等方面都将带来不利影响。但有时由于地形的限制以及其他特殊因素的影响，不可避免地出现锐角交接，为了便于内部空间的组合和使用，应加以适当的修正。

各体量之间的联系和交接的形式是多种多样的，可归纳为两大类三种形式。

（1）直接连接。将不同体量的面直接相连称为直接连接。有拼接和咬接两种，它具有体型分明、简洁、整体性强的优点，常用于功能要求各房间联系紧密的建筑，如图10-27（a）所示。

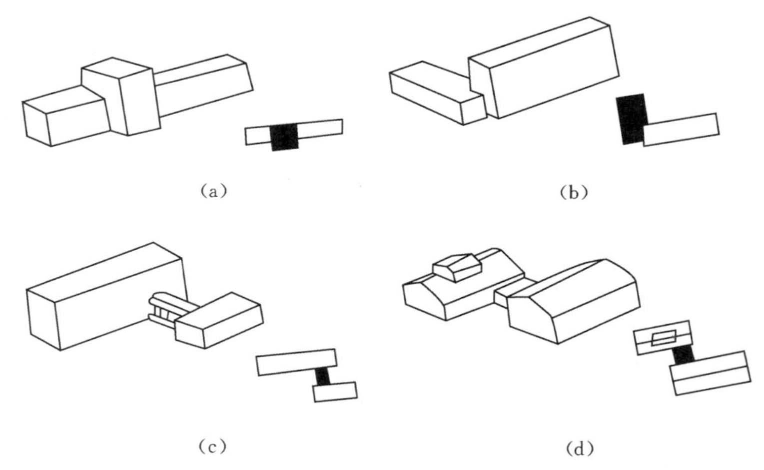

图10-27　建筑体量之间的交接

（a）拼接；（b）咬接；（c）廊连接；（d）连接体连接

（2）咬接。各体量之间相互穿插，体型较复杂，但组合紧凑，整体性强，较前者易于获得有机整体的效果，是组合设计中较为常用的一种方式，如图10-27（b）所示。

（3）以走廊或连接体相连。这种方式的特点是各体量之间相对独立而又互相联系，走廊的开敞或封闭、单层或多层，常随不同功能、地区特点、创作意图而定，建筑给人以轻快、舒展的感觉，如图10-27（c）、（d）所示。

10.3.4.2 建筑立面的设计

进行建筑立面设计时，要在符合建筑功能和结构要求的基础上，加强对建筑空间的造型作进一步的深化，并注意保持建筑空间的整体性，注重建筑空间的透视效果，使之形成一个有机统一的整体。

建筑立面设计通常偏重于对建筑物的各个立面以及其外表面上所有的构件，例如门窗、雨篷、遮阳、暴露的梁、柱等的形式、比例关系和表面的装饰效果等进行仔细的推敲。在设计时，通常是根据初步确定的建筑内部空间组合的平、剖面关系，例如房间的大小和层高、构部件的构成关系和断面尺寸、适合开门窗的位置等，先绘制出建筑物各个立面的基本轮廓，作为下一步调整的基础。然后再在进一步推敲各个立面的总体尺度比例的同时，综合考虑立面之间的相互协调，特别是相邻立面之间的连续关系，并且对立面上的各个细部，特别是门窗的大小、比例、位置，以及各种突出物的形状等进行必要的调整。最后还应该对特殊部位，例如出入口等作重点的处理，并且确定立面的色彩和装饰用料。

立面设计要注意以下几方面。

1. 注重建筑立面的比例和尺度的协调性

这是立面设计所要解决的首要问题：首先立面的高宽比例要合适；其次立面上的各组成部分及相互之间的尺寸比例也要合适，并且存在呼应和协调的关系；第三所取的尺寸还应符合建筑物的使用功能和结构的内在逻辑。

天安门广场红线宽度为500m，广场的深度为800余m（比例约为5∶8，与“黄金比率”几近相合），人民大会堂（图10-28）北墙与对面中山公园南墙间红线为180m，有些尺度是毛主席确定的，所以，广场规划几经变异，但红线始终没动，红线内的总面积为40余hm^2。

图10-28 人民大会堂

2. 掌握节奏的变化和韵律感

建筑立面上的节奏变化和所形成的韵律感在门窗的排列组合、墙面构件的划分方面表现得较为突出。一般来说，如果门窗的排列较为均匀，大小也接近，立面就会显得比较平板；如果门窗的排列有松有紧，而且疏密有致并存在规律性，就可以形成一定的节奏感。另外，墙面上一些线条的划分或者一些装饰构件的排列，也会对立面节奏和韵律的形成起到重要的作用。

如图 10－29 所示建筑采用玻璃竖明横隐幕墙，展示了建筑物外形的韵律和节奏美，给人一种舒适而清新的视觉享受。

图 10－29 某公司多层建筑工程

3. 掌握虚实的对比和变化

建筑面中“虚”的部分是指窗、空廊、凹廊、漏空花饰等，给人以轻巧、通透的感觉；“实”的部分主要是指墙、柱、屋面、柱板等，给人以厚重、封闭的感觉。

以虚为主、虚多实少的处理手法能获得轻巧、开朗的效果。常用于剧院门厅、餐厅、综合楼、商店等大量人流聚集的建筑（图 10－30）。

图 10－30 某建筑效果图

以实为主，实多虚少能产生稳定、庄严、雄伟的效果，常用于纪念性建筑及重要的公共建筑（图 10－31）。

虚实相当的处理容易给人以单调、呆板的感觉。在功能允许的条件下，可以适当将虚的部分和实的部分集中，使建筑物产生一定的变化。

在住宅建筑常常利用阳台、凹廊、雨篷等形成虚实、凹凸的变化来丰富立面效果。

图 10－31 人民英雄纪念碑

10.3.4.3 立面的线条组织

任何线条本身都具有一种特殊的表现力和多种造型的功能，不同的线条组织可产生不同的观感效果。

（1）从方向变化看，水平线使人感到舒展、连续、宁静与亲切；垂直线具有挺拔、高耸、向上的气氛；斜线具有动态的感觉；网格线有丰富的图案效果，给人以生动、活泼而有秩序的感觉。

（2）从粗细、曲折变化看，粗线条表示厚重、有力；细线条具有精致、柔和的效果；直线表现刚强、坚定；曲线则会使人感到优雅、轻盈。

利用墙面中不同部位的线脚和构件，如立柱、墙垛、窗台、遮阳板、檐口、通长栏板、窗间墙、分格线等进行划分，可以形成多种立面效果，表现出立面的节奏感和方向感。

1）水平划分（图 10－32），可以取得使人感到舒展、活泼、轻快的效果。

2）垂直划分（图 10－33），给人以高耸、雄伟、挺拔的气氛。

图 10－32 某建筑水平划分效果图

图 10－33 某建筑垂直划分效果图

10.3.4.4 注意材料的色彩和质感

不同的色彩会给人的感官带来不同的感受，例如白色或较浅的色调会使人觉得明快、清新；深色调容易使人觉得端庄、稳重；红、褐等暖色趋于热烈；而蓝、绿等冷色使人感到宁静，不过建筑物的色彩总体上应当相对较为沉稳，色调因建筑物的性质而异，或者根据建筑物所处的环境来决定取舍。特别鲜亮的色彩一般只用在屋顶部分或是只用作较小面积的点缀。另外，同一建筑物中不同色彩的搭配也要讲究协调、对比等效果。例如处在绿树环抱中的住宅群，墙面颜色一般比较淡雅。在接近地面的部分可以贴石材或者色彩较深的面砖，使得建筑物显得底盘较稳重。而屋顶则可以选用与环境对比较为强烈的色彩，以与绿树相映衬，并突出建筑的轮廓。

建筑表面的材料质感主要涉及视觉和触觉方面的评价。表面粗糙的石质块材、混凝土等一般显得较为厚重粗犷，而平整光滑的金属装饰材料、玻璃等则显得较为轻巧华贵；天然竹、木手感较好，令人易于亲近，而用石粒、石屑等装修的表面则使人保持距离，等等。

建筑外形色彩设计主要包括两个内容：一是大面积墙面的基调色的选用；二是墙面上不同色彩的构图等两方面。色彩设计中应注意以下几个问题：

（1）色彩处理应和谐统一并富有变化可采取大面积基调色为主，局部采用其他色彩形成对比而突出重点。

（2）色彩选择必须与建筑物的性质相一致如医院建筑常采用白色或浅色基调，给人以清洁安定感；娱乐性公共建筑可采用暖色调，并适当运用对比色以增强建筑物华丽、活泼而热烈的气氛；一般民居常采用灰白色的基调以体现朴素、淡雅的效果。

（3）色彩运用必须注意与环境相协调，如位于天安门广场周围的人民大会堂、毛主席纪念堂、中国革命历史博物馆等建筑，在用色上均与天安门城楼和故宫内的建筑色彩相一致，从而使建筑群体取得和谐统一的效果。

（4）基调色的选择应结合各地区的气候特征炎热地区多偏于采用冷色调，寒冷地区宜采用暖色调。

10.3.4.5　突出重点与处理细部

（1）建筑物的主要出入口及楼梯间（图10-34），是人流最多的部位，要求能吸引人们的视线，明显突出，易于寻找。

（2）根据建筑造型的特点，应重点表现有特征的部分，在体量中转折、转角、立面的突出部分及上部结束部分，如机场瞭望塔、车站钟楼（图10-35）、商店橱窗、房屋檐口等。

图10-34　武汉东湖新技术开发区新办公楼

图 10－35 北京火车站

（3）反映质的重要部位。阳台的形式、比例、材料、色彩及细部处理，对丰富建筑立面有良好效果（见图 10－36）。

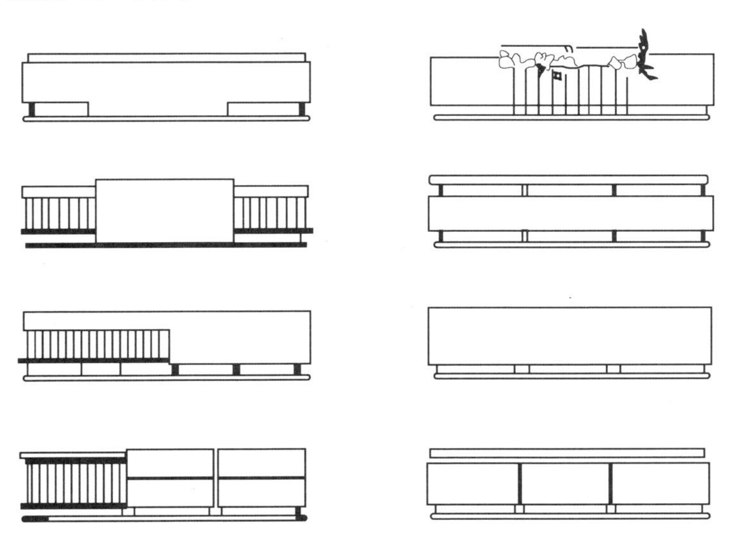

图 10－36 阳台栏板形式示例

细部处理也是建筑立面设计的一项重要内容。对于体量较小或人们接近时才能看得清楚的部分，如墙面线脚、花格、檐口细部、窗套、栏杆、遮阳、雨篷、花台及其他细部装饰等的处理称为细部处理。细部处理必须从整体出发，接近人体的细部应充分发挥材料色泽、纹理、质感和光泽度的美感作用。

10.3.5 建筑剖面设计

同平面图一样，剖面图也是空间的正投影图，是建筑设计的基本语言之一。剖面图的概念可以这样理解，即用一个假想的垂直于外墙轴线的切平面把建筑物切开，对切面以后部分的建筑形体作正投影图。

10.3.5.1　建筑剖面设计的内容

建筑平面图表现了空间的长度与深度或宽度关系。而建筑剖面图反映了建筑内部空间在垂直维度上的变化以及建筑的外轮廓特征。

建筑剖面图不仅要反映室内外高差、建筑层高、室内净高、建筑高度等；同时应反映建筑的结构特点、建筑功能的要求、使用者的生理和心理方面的舒适性要求以及建筑的经济性要求等。

剖面高度因素在一般的公共建筑物或普通的建筑空间的设计中，似乎不需要特别地关注。但在某些公共建筑设计中则需特别地强调剖面的高度控制。例如剧院和电影院的观众厅的设计、大型阶梯教室或会堂的剖面设计，乃至于在有明显高差的不规则地形上的一般建筑物的内部交通流线设计中，剖面设计的优劣无疑是建筑方案好坏的重要依据。此外，建筑剖面高度控制对经济性的影响随着建筑层数的增多，也越明显，例如在高层建筑设计中，建筑主体净高的选择对高层建筑的经济性具有特别的意义。它是确定建筑物等级、防火与消防标准、建筑设备配置要求的重要依据。也是城市规划控制满足有关日照、消防、旧城保护、航空净空限制等的重要内容，反映了建筑设计的政策含义。

10.3.5.2　建筑剖面设计的效果

在平面设计中房间的功能是否符合要求，主要看面积大小、平面的长宽比例是否恰当，而剖面设计在观察空间效果时主要看空间容积和空间高深比例（高度与进深之比）。一般认为，平面面积越大，空间高度也越高，或者空间进深越大，其高度也越高。采用一种恰当的高深比，不但可以给使用者的心理带来舒适感，同时也可以提高自然采光的质量。

建筑设计不但要处理好空间的平面功能，同时也要处理好竖直空间上的立体空间。立体空间既要符合功能合理、动线流畅的原则，同时又要符合结构力学的一般常识。在通常情况下，大跨度的空间上部一般不宜设置过多的小空间。这对于在有抗震要求的建筑设计中尤其如此。

平面图与剖面图反映了建筑整体空间体量在三个维面上的轮廓线，反映了建筑造型的基本特征。当然，建筑的艺术造型设计有其自身独特的依据和规律。但是，它应该以不违背上述两个基本层面的要求为前提。事实上，造型问题不是一个孤立的现象，平面布局的情况会影响剖面轮廓的变化，反之，剖面中的空间分布调整也会改变平面图的轮廓线。平面图与剖面图相互制约相互影响，是我们看待建筑空间组合和造型效果的一个基本视角。

实训练习题

作业一　建筑体型和立面设计

1. 教学要求

通过对建筑体型和立面的研究，从建筑造型的角度出发，分析建筑的体型和立面的构图原则，学习并领会建筑设计的基本方法。掌握图纸表现与模型表现的方法。

2. 内容

任务一：大门设计（图 10－37）。

（1）总建筑面积 120m^2（±10%）。

（2）房间名称及使用面积分配见表 10－4。

表 10－4　　房间名称及使用面积　　单位：m^2

<table>
<tr><td>收发室</td><td>1</td><td colspan="2">18</td></tr>
<tr><td>门卫</td><td>1</td><td colspan="2">18</td></tr>
<tr><td>值班</td><td>1</td><td colspan="2">12～15</td></tr>
<tr><td>厕所</td><td>1</td><td>4</td><td rowspan="2">（厕所和盥洗可合设一间）</td></tr>
<tr><td>盥洗</td><td>1</td><td>4</td></tr>
<tr><td>接待</td><td>1～2</td><td colspan="2">45</td></tr>
<tr><td>合计</td><td></td><td colspan="2">101～104</td></tr>
</table>

任务二：每人分别从建筑的基地、功能、空间、形式与结构的角度出发，完成建筑立面造型设计（图 10－38、图 10－39）。

3. 进度

讲课 2 学时，设计制作 20 学时完成。

4. 模型要求

模型底版 500mm×500mm，比例为 1∶20。

5. 参考书目

《建筑空间组合论》。

作业二　经典建筑案例分析（图 10－40 和图 10－41）

1. 教学要求

通过对经典案例模型的研究，从建筑的基地、功能、空间、形式与结构的角度出发，分析建筑生成的逻辑概念，学习并领会建筑设计的基本方法。掌握图纸表现与模型表现的方法。

2. 内容

每 5 个同学为一组。

任务一：共同完成经典案例模型的制作。

任务二：每人分别从建筑的基地、功能、空间、形式与结构的角度出发，分析建筑生成的逻辑概念，并独立完成相应的分析模型。

任务三：每组对以上模型进行编辑，同时补充相应的文字及图片，并以 powerpoint 的形式作为成果。

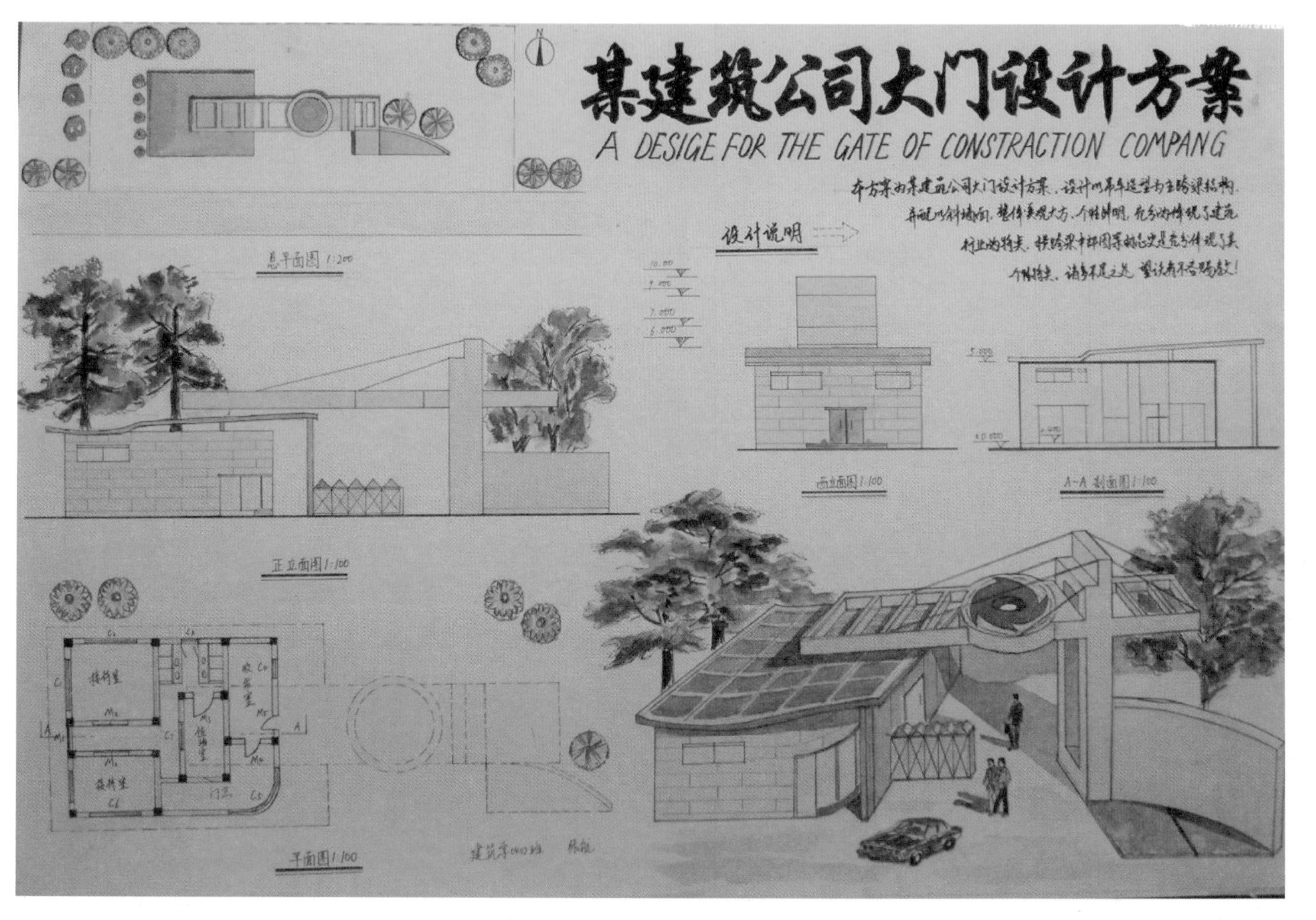

图10-37　建筑体型和立面设计(一)

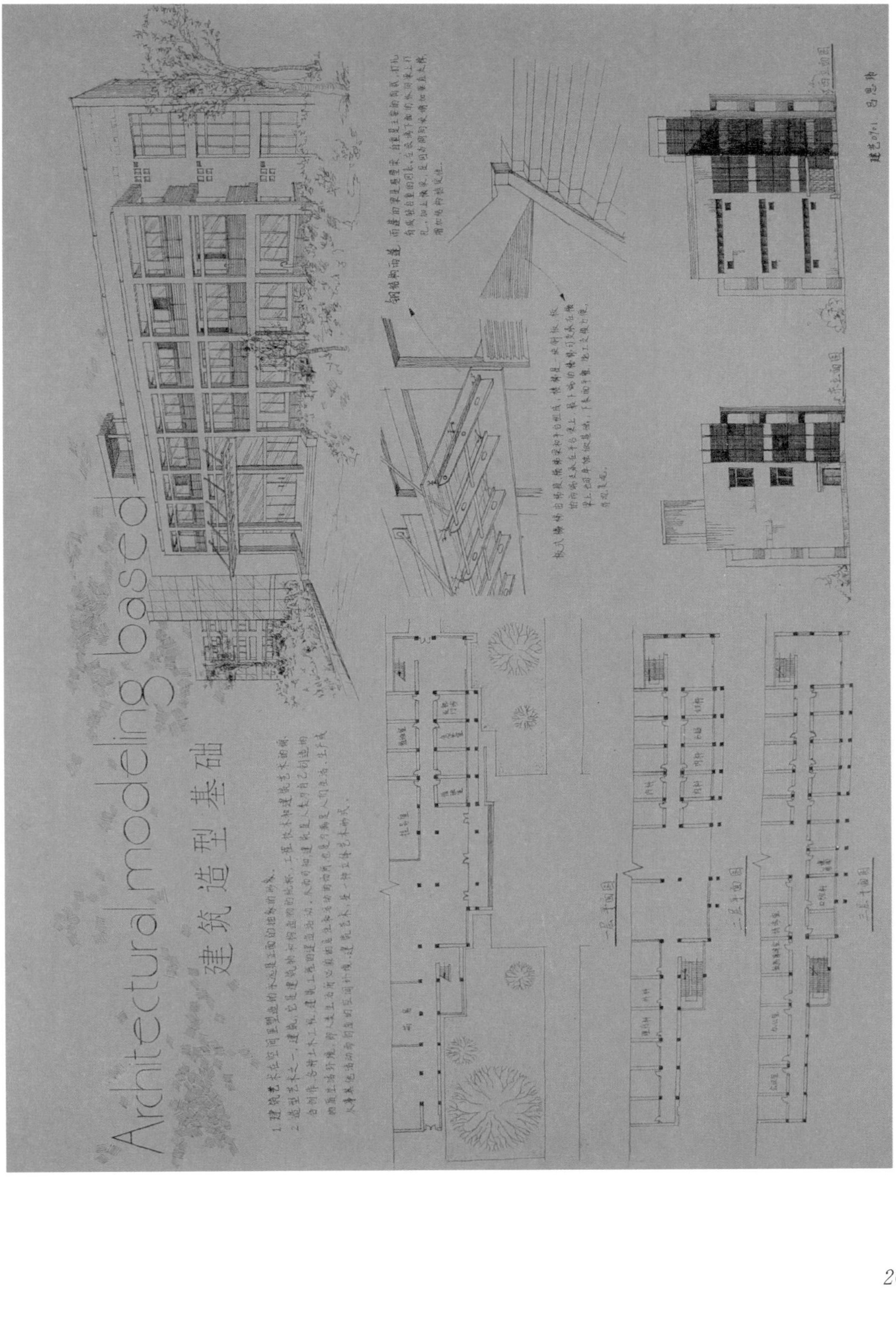

图10-38 建筑体型和立面设计(二)

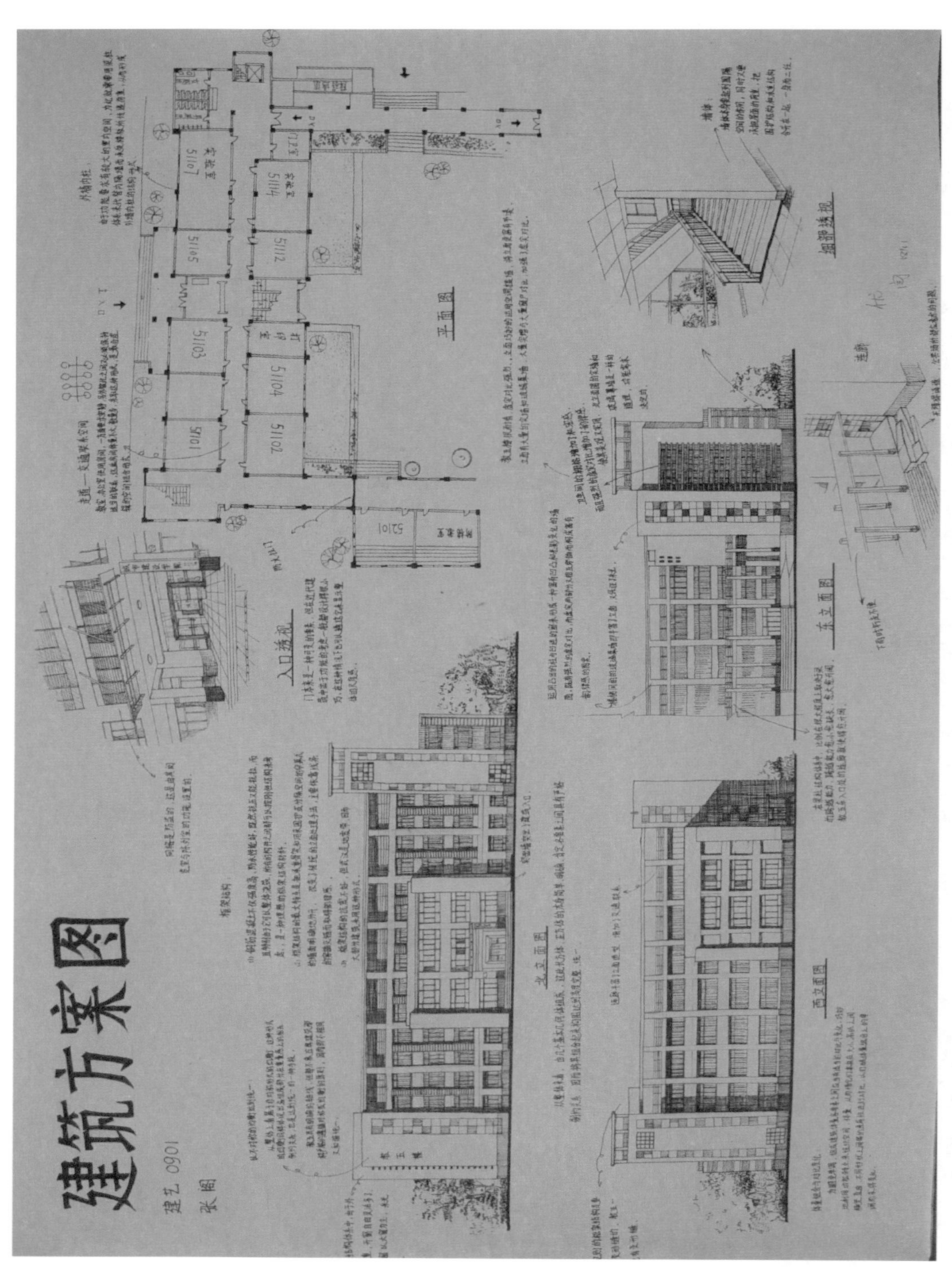

图10-39　建筑体型和立面设计(三)

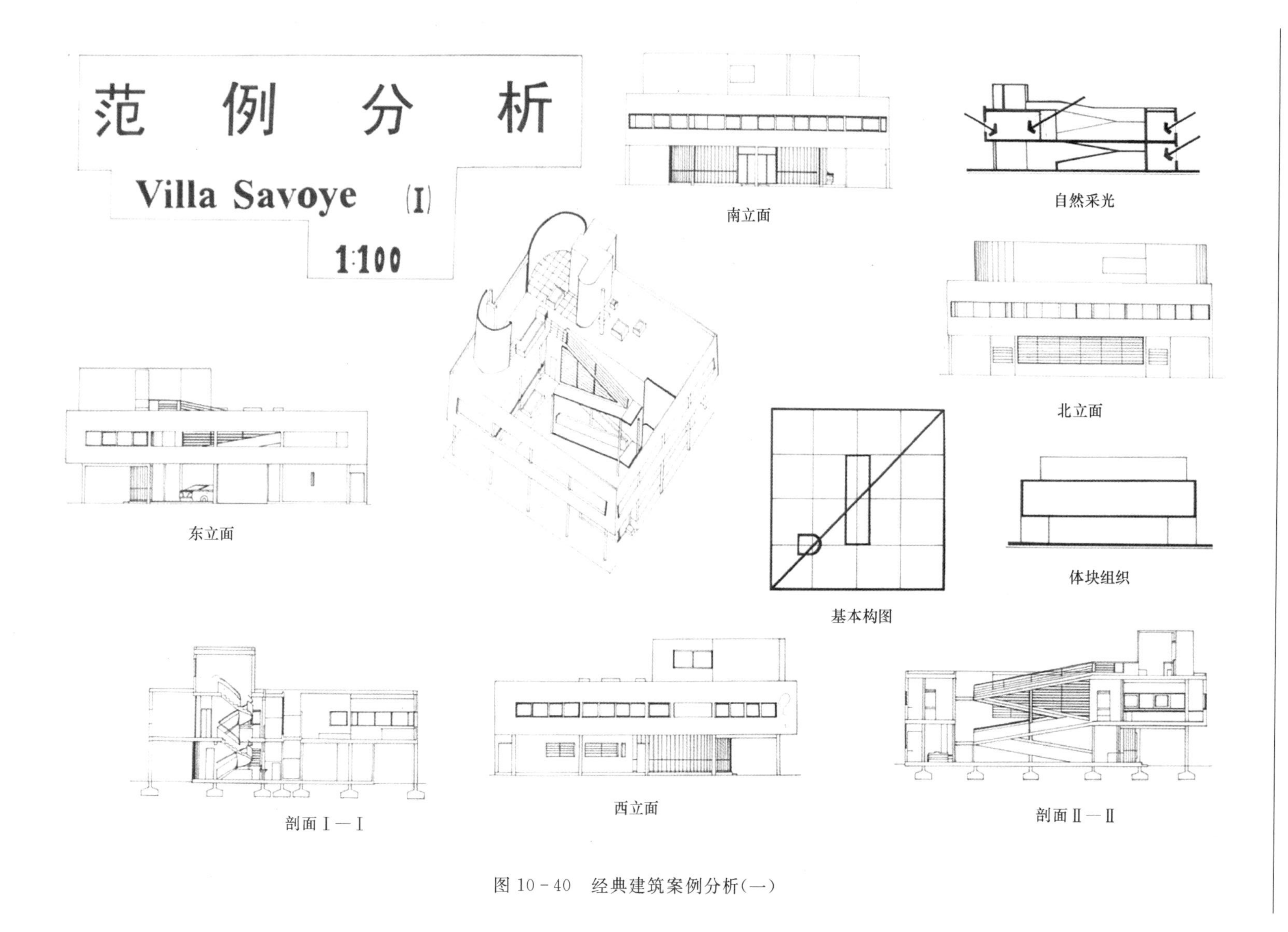

图10-40 经典建筑案例分析(一)

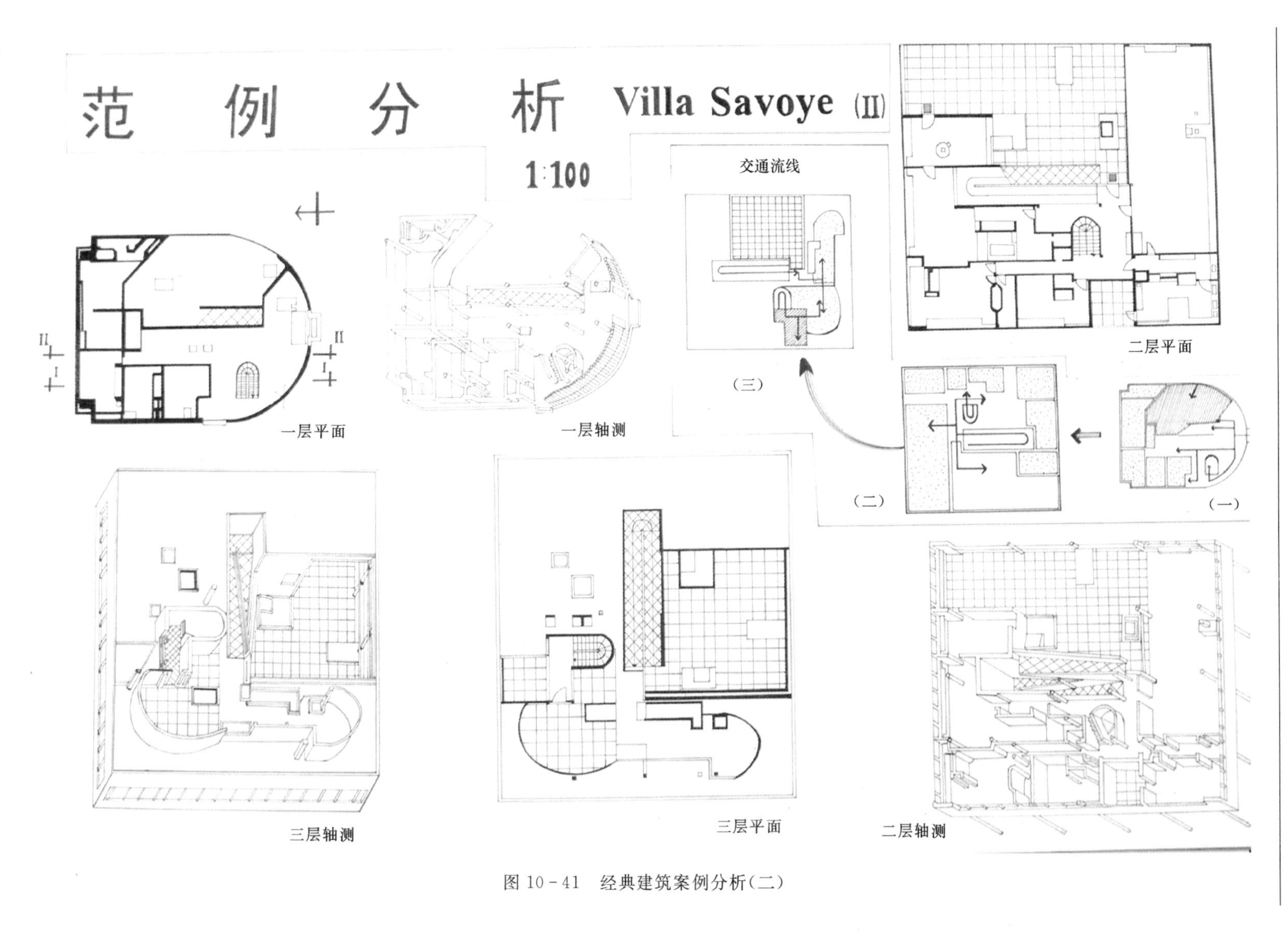

图10-41 经典建筑案例分析(二)

3. 进度。

共计 2 周（16 学时）。

其中，经典案例模型的制作：1 周。

分析模型及 ppt 文件的制作：1 周。

4. 图纸要求

（1）模型成果。

（2）ppt 文件。

作业三　小型公共建筑设计（图 10－42 和图 10－43）

1. 教学要求

通过小型公共建筑方案设计，初步掌握建筑设计的基本方法和步骤；创造个性空间、建筑形态，注重建筑与周边环境之间的协调关系；了解建筑设计中的有关规范；熟练掌握草图表达方案设计。

2. 内容

选择以下建筑中的一个建筑进行建筑方案设计。

（1）校园茶室（建筑面积 120m^2）。

其中，茶室：60m^2。

服务间：10m^2。

办公室：10m^2。

厕所：10m^2。

（2）系学生会活动室（建筑面积 120m^2）。

其中，多功能活动室：60m^2。

服务间：10m^2。

办公室：10m^2。

厕所：10m^2。

（3）综合展览室（建筑面积 120m^2）。

其中，多功能展览室：60m^2。

服务间：10m^2。

办公室：10m^2。

厕所：10m^2。

3. 进度

讲课 2 学时，设计 20 学时完成。

4. 图纸要求

500mm×360mm 复印纸徒手铅笔表达。

总平面：1∶200。

平面：1∶100。

立面：1∶100。

剖面：1∶100。

小透视。

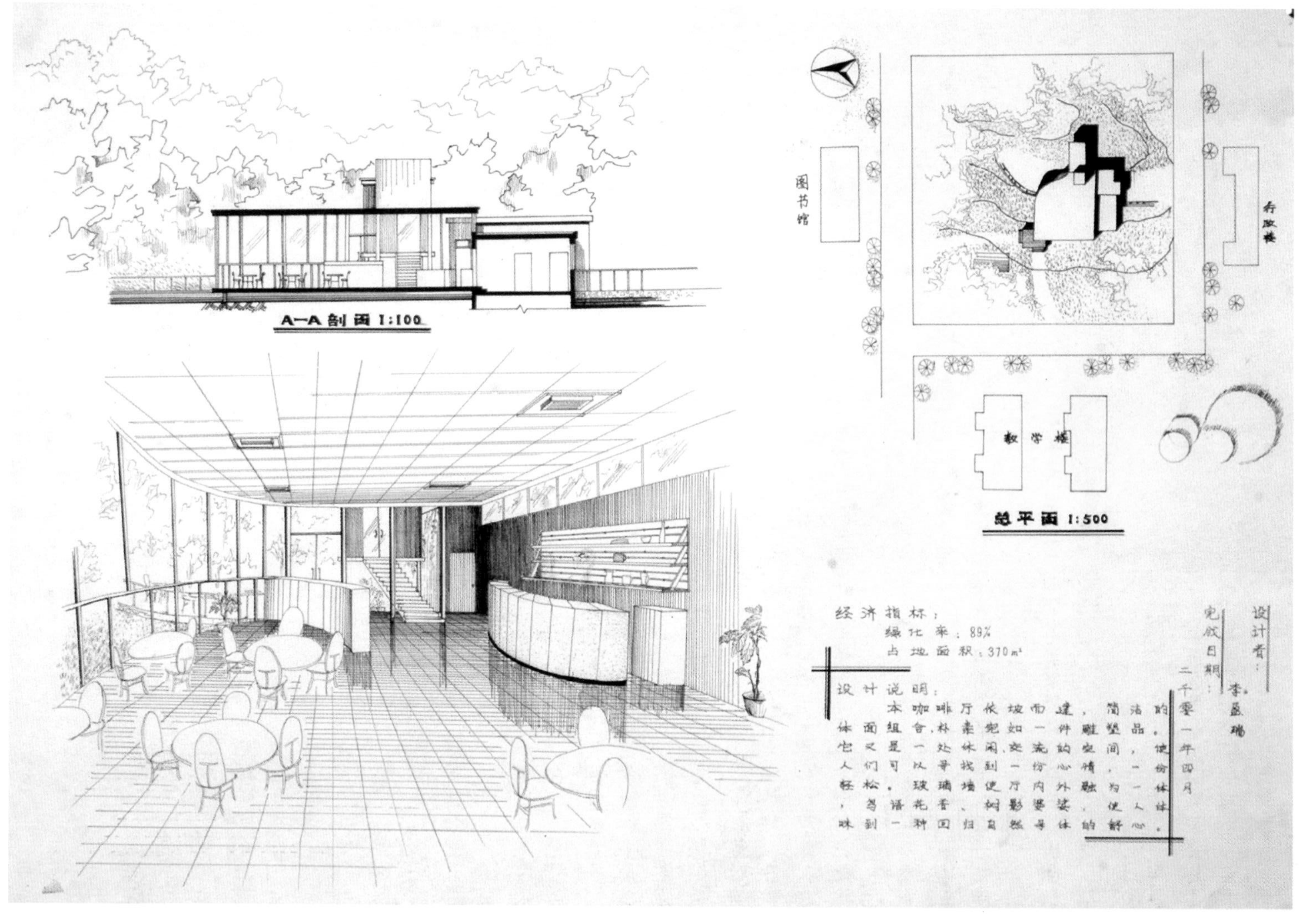

图10-42　小型公共建筑设计(一)

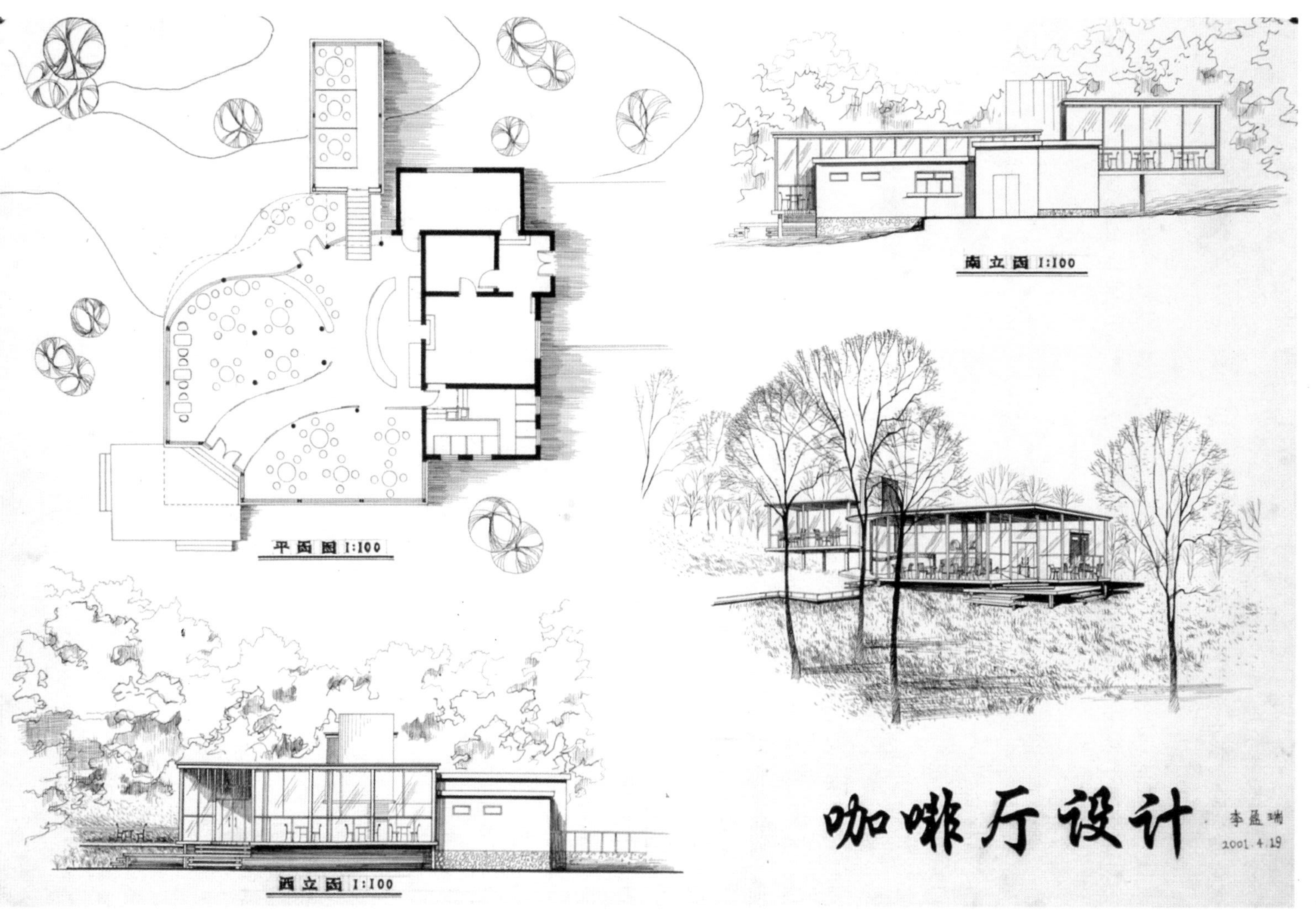

图 10-43　小型公共建筑设计(二)

5. 参考书目。

《公共建筑设计原理》。

作业四　独立式小住宅设计（图10－44和图10－45）

1. 教学要求

通过本设计认识居住功能的一般要求，了解住宅设计的基本原理，学习建筑空间和形式的处理方法；采用工作模型帮助设计，并初步掌握用图纸表达建筑方案设计的技能。

2. 内容

在某近郊拟建一独立式小住宅，基地位于一居住小区内，住宅宅基地面积约680m²（1亩），指标如下：

（1）建筑面积200m²，二层独立式，层高一般为3m。

（2）客厅：30～35m²。

（3）餐厅：10～12m²。

（4）厨房：8～10m²。

（5）家务工作室：4～6m²。

（6）储藏：4～6m²。

（7）客厅卫生间：3～5m²。

（8）主卧室：16～18m²。

（9）主卧卫生间：6～8m²。

（10）次卧室：10～12m²。

（11）客卧室：10～12m²。

（12）卫生间：6～8m²。

（13）起居室。

（14）书房：16～18m²。

（15）阳台、晒台。

（16）室外停车位。

3. 进度

讲课4学时，设计绘制40学时完成。

4. 图纸要求

使用720mm×500mm不透明绘图纸，内容包括：

总平面：1∶300。

各层平面：1∶100。

各立面：1∶100。

剖面：1∶100。

水粉透视表现画（500mm×360mm）。

工作模型（设计过程中评）。

5. 参考书目

《住宅建筑设计原理》。

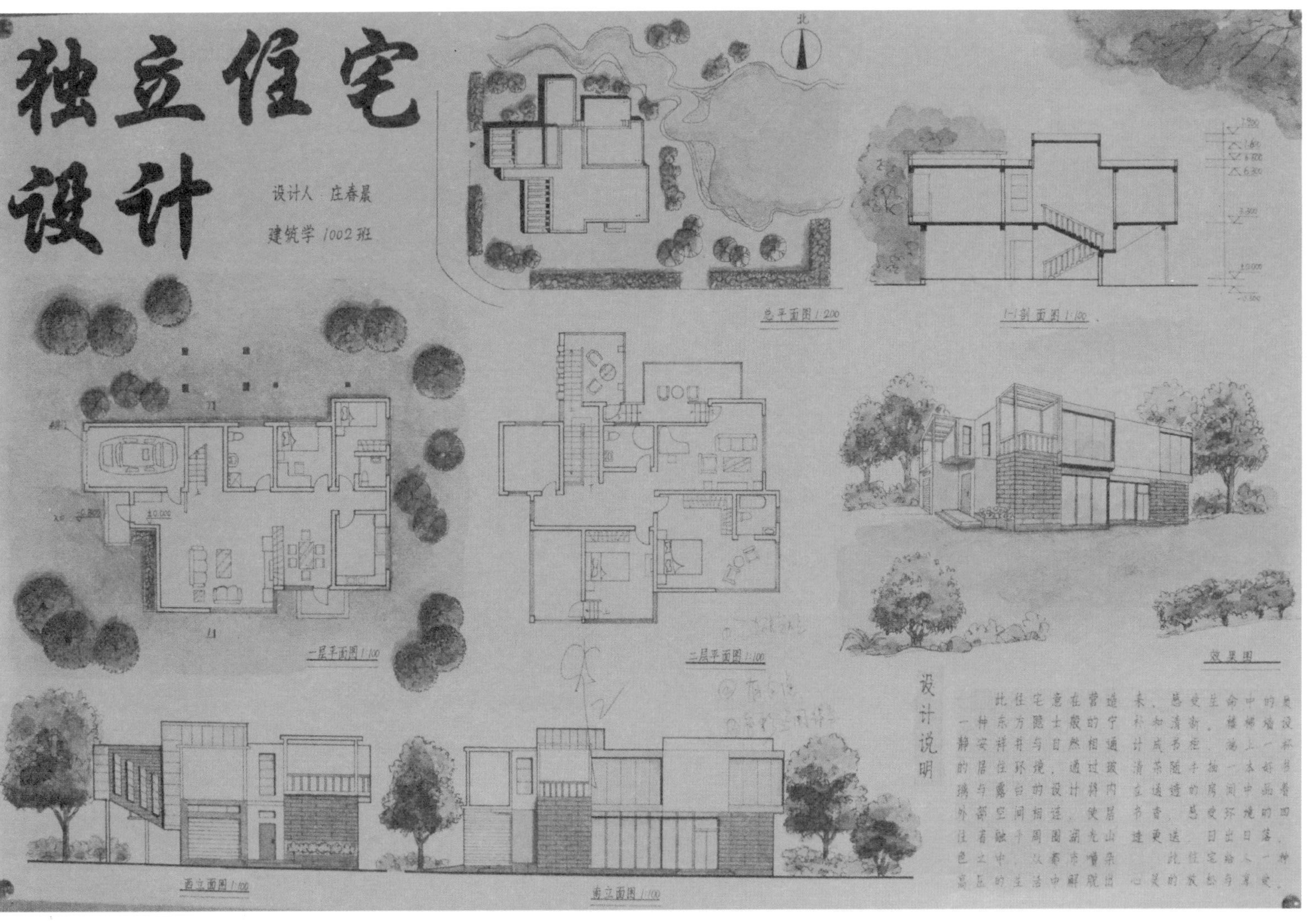

图 10-44 独立式小住宅设计(一)

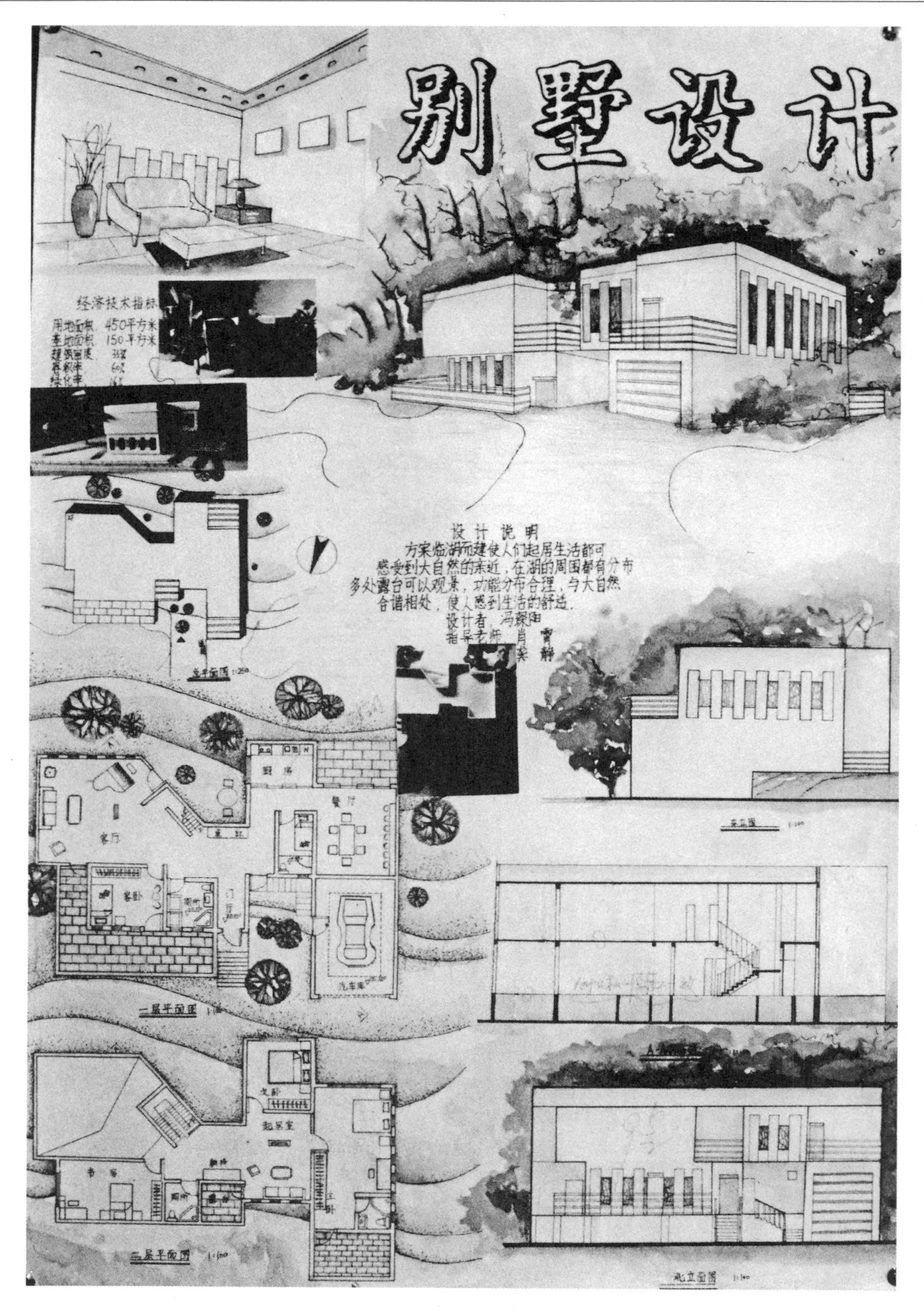

图 10-45　独立小住宅设计（二）

作业五　幼儿园建筑设计（图 10－46 和图 10－47）

1. 教学要求

（1）树立正确的设计思想。

（2）通过幼儿园建筑设计初步掌握建筑方案设计全过程。

（3）对重复空间构成的建筑设计方法有进一步的了解。

（4）掌握水粉表现建筑方案的能力。

2. 设计内容

为了与住宅小区配套，拟建幼儿园一所，规模为 6 个班，每班 24 名儿童，层数不超过三层。

（1）室内部分。

班活动室：能满足 24 名幼儿上课等室内活动要求，每间面积不超过 $50m^2$。

班午睡室：能满足 24 名幼儿午睡，每间面积不超过 $40m^2$。

班盥洗室：洗手、厕所、浴室共 $15m^2$。

班被褥储藏室：$9m^2$。

全园大活动室：$120m^2$。

（2）室外部分。

班活动场地：面积与班活动室相仿。

全园活动场地：集体操场，沙坑 5m×5m，戏水池 $50m^2$，跷跷板二个，滑梯、秋千、平衡木、转椅攀登架各一个，儿童车道 1.2m 宽一条，种植园一小块等。

（3）办公，总务用房。

教师办公室、工会行政办公及财务办公：$75m^2$。

会议室：$20m^2$。

晨检及医务：$18m^2$，隔离观察室：$10m^2$。

厨房（分生熟间及储藏）：$90m^2$。

教工厕所（男、女）：$12m^2$。

储藏：$36m^2$，木工修理：$12m^2$，传达室：$10m^2$。

3. 图纸要求

720mm×500mm 硬质纸，内容包括：

总平面图：1∶500。

各层平面图：1∶200。

立面：1∶200。

剖面：1∶200。

透视图（水粉表现）。

4. 进度安排

讲课 2 学时，设计绘制 60 学时完成。

5. 参考书目

《幼儿园建筑设计原理》。

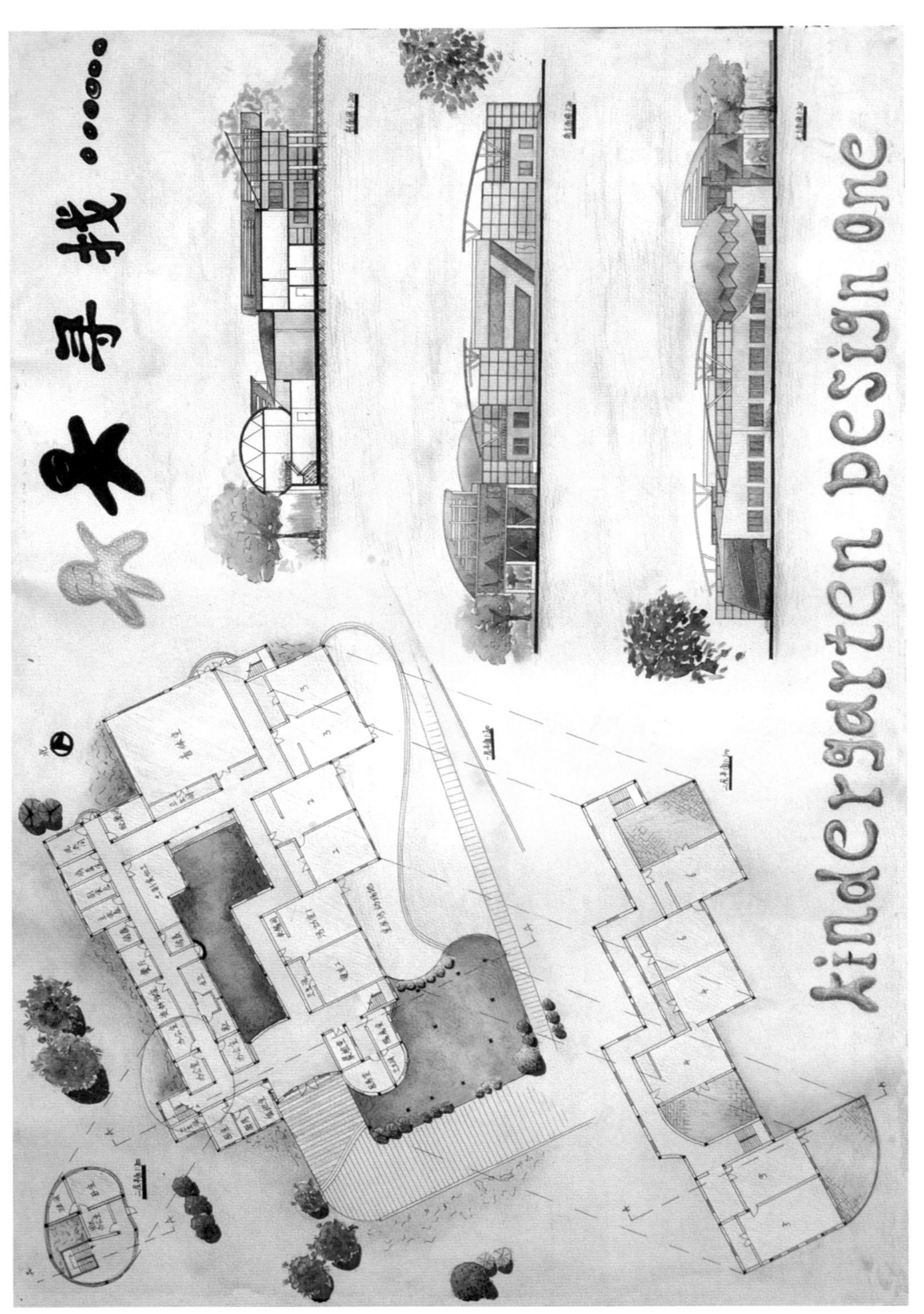

图 10-46　幼儿园建筑设计(一)

图10-47 幼儿园建筑设计(二)

作业六　小型小区会所建筑设计任务书（图10-48和图10-49）

1. 教学要求

（1）建立正确的设计思想，掌握正确的设计方法。

（2）学习和掌握小型小区会所建筑的设计原则和有关知识。

（3）学习复杂建筑空间的有机组合和灵活处理。

（4）加强建筑设计环境观及人本思想。

（5）了解多种建筑结构的布局与形式。

（6）加强线条、字体、构图、着色透视图等基本技能的训练。

2. 设计内容

某新建居住小区为了满足居民在工作、生活之余，文化娱乐活动的需要，完善居住区配套服务设施，拟建一小区会所，具体要求如下：

（1）多功能大厅1间：主要供文娱演出、录像放映，同时可作会议、演讲、展览等用，也可举办舞会、跳操，200m^{2}左右，适当考虑储藏等附属用房。

（2）茶室1间：50～60m^2，附设茶水间，小卖柜台。

（3）报刊阅览室1间：20～30m^2。

（4）健身房2间：50～60m^2。

（5）值班室1间：12～15m^2。

（6）乒乓室1间：2张乒乓桌，50～60m^2。

（7）台球室1间：2张球台，50～60m^2。

（8）棋室2间：2～4张桌，20～30m^2。

（9）牌室2间：2～4张桌，20～30m^2。

（10）办公室：1～2间，每间15～20m^2。

（11）适当考虑厕所、储藏等附属用房。

（12）交通、走道、楼梯和门厅大堂等合理考虑。

总建筑面积控制在1200m^{2}以内。

3. 图纸要求

（1）草图：总平面1∶500，平、立、剖面1∶200。

（2）正图。

1）总平面1∶500。

2）各层平面1∶100或1∶200。

3）立面两个1∶100或1∶200。

4）剖面至少一个1∶100或1∶200。

5）设计说明（立意构思、空间特色、细部设计等）、空间流线分析图、特色节点图。

6）透视一幅（水彩、水粉渲染）。

以上正图在卡板纸或水彩纸上用墨线绘制，可适当着色，2号图幅。

4. 基地平面（图10-50）

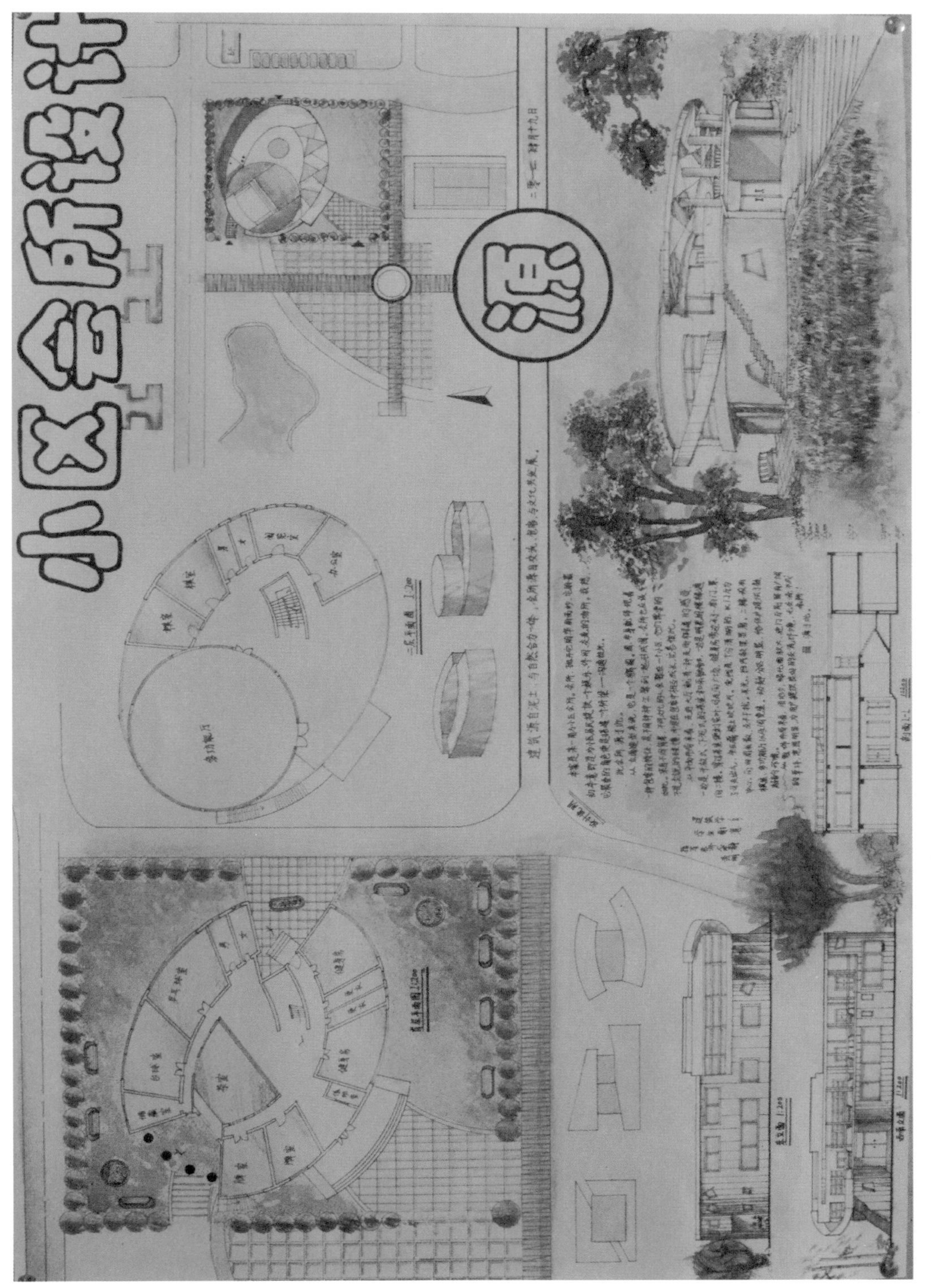

图10-48　小区会所设计(一)

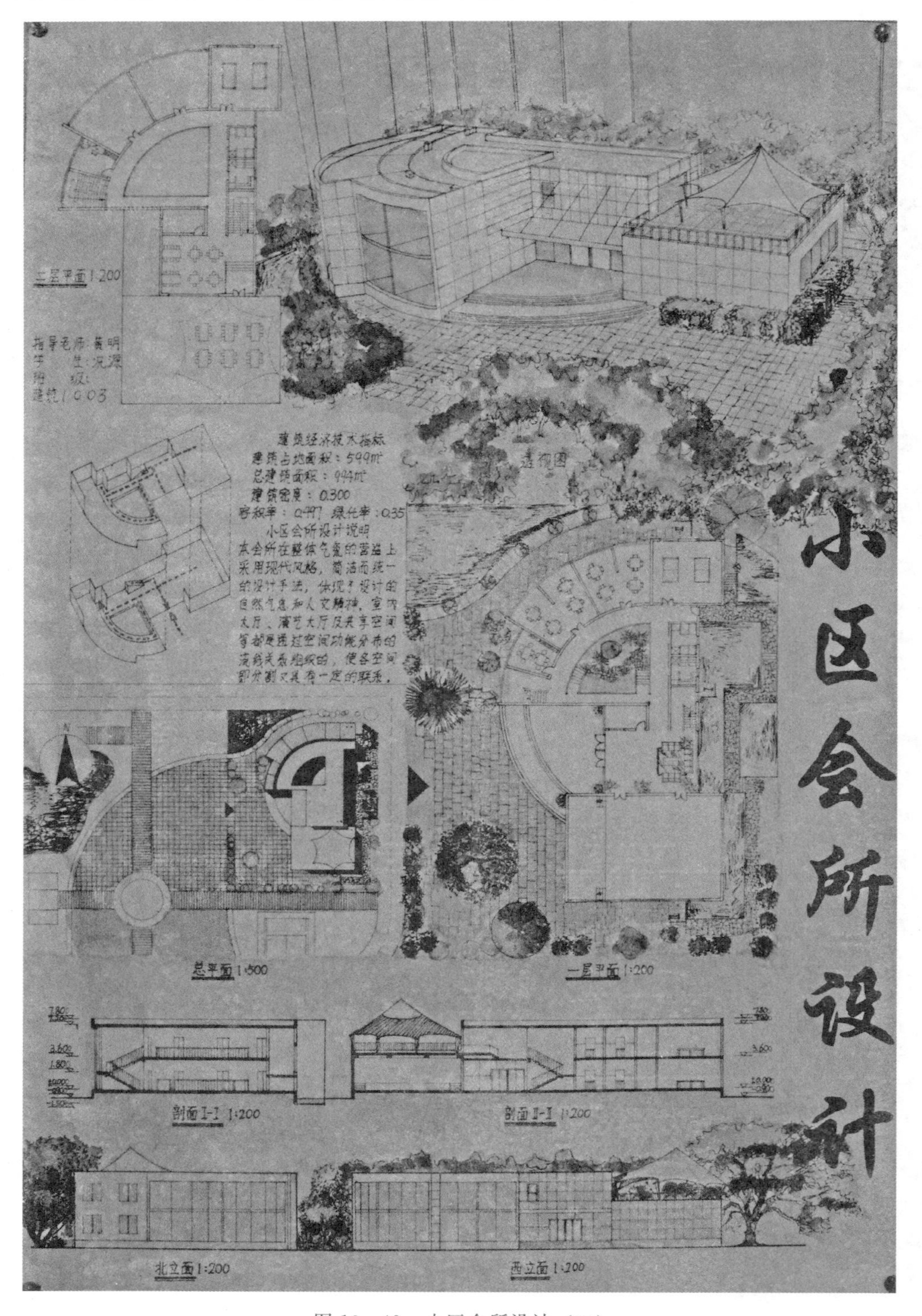

图 10-49 小区会所设计（二）

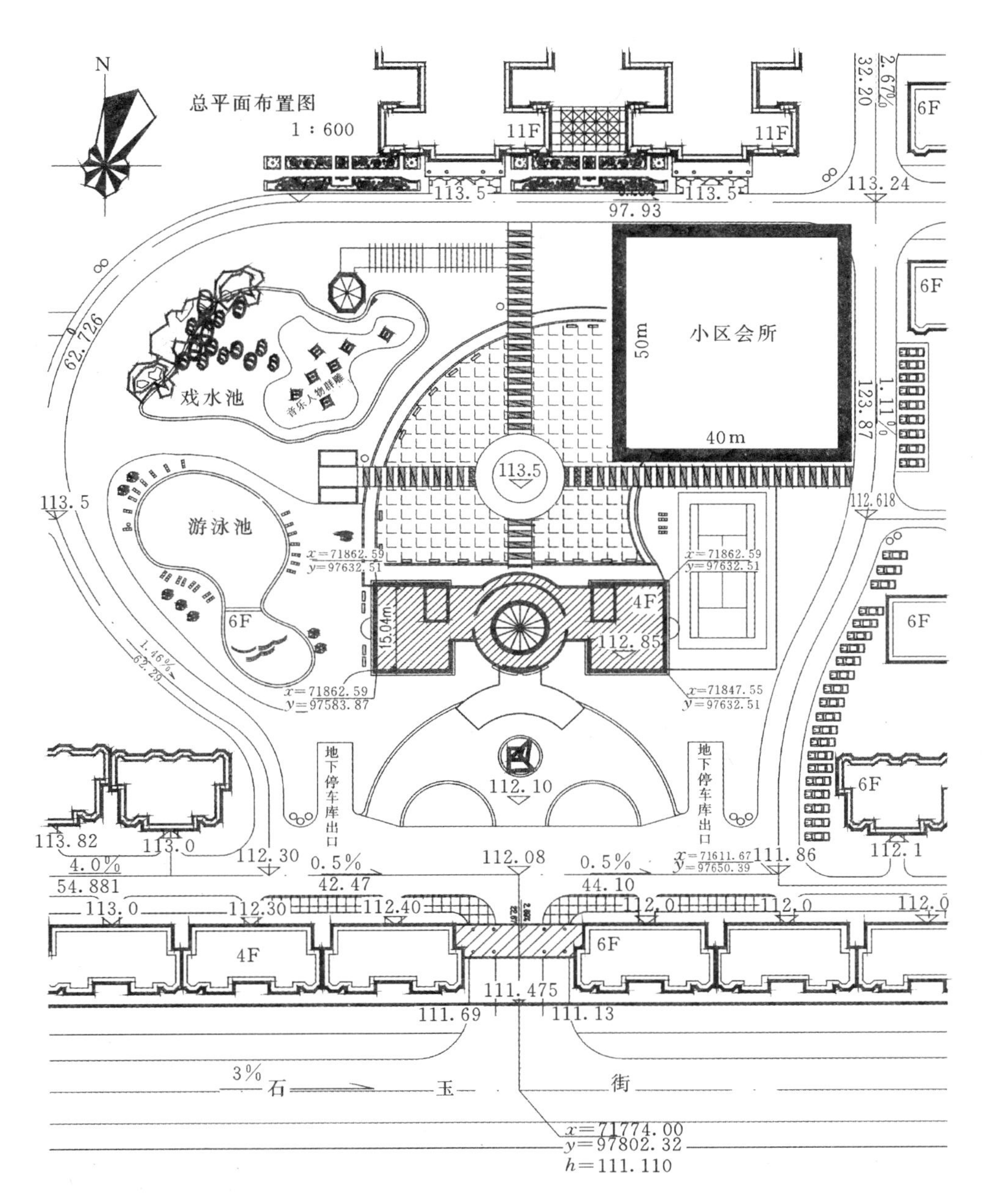
N
总平面布置图
1：600
11F
11F
113.5
113.5
97.93
113.24
2.67%
32.20
6F
6F
小区会所
50m
40m
1.11%
123.87
62.726
戏水池
音乐人物群雕
113.5
113.5
游泳池
112.618
x=71862.59
y=97632.51
x=71862.59
y=97632.51
4F
6F
6F
15.04m
112.85
1.46%
62.29
x=71862.59
y=97583.87
x=71847.55
y=97632.51
地下停车库出口
地下停车库出口
112.10
6F
113.82
113.0
112.30
0.5%
112.08
0.5%
x=71611.67
y=97650.39
111.86
112.1
4.0%
42.47
44.10
54.881
113.0
112.30
112.40
112.0
112.0
112.0
4F
6F
111.475
111.69
111.13
3%
石
玉
街
x=71774.00
y=97802.32
h=111.110

图 10-50　基地平面图

第11章　建筑实例考察

本章通过分析建筑设计案例，了解建筑师的创作过程与设计理念，接受建筑文化的熏陶，理解建筑专业所涉及的广阔领域，从而提高学生专业学习的热情与兴趣。

11.1　上海世博会中国馆

11.1.1　项目概况

主创建筑师：何镜堂。

工程名称：中国2010年上海世博会中国馆。

用地面积：7.4hm^2。

建筑面积：16万m^2。

造型亮点：象征中国精神的雕塑感造型主体。

设计主题：城市发展中的中华智慧。

设计时间：2007年9月。

11.1.2　设计理念

主体构思：东方之冠，鼎盛中华，天下粮仓，富庶百姓。

展馆建筑外观以“东方之冠，鼎盛中华，天下粮仓，富庶百姓”的构思主题，表达中国文化的精神与气质。中国馆整体结构为中国传统建筑构件斗拱，它很像夏商周的青铜器——鼎，有些鼎立之势，但却更抽象，属于现代构型手法。这种下窄上宽的造型，象征了中华民族自强不息、奋发向上的精神。国家馆的“斗冠”造型除了整合了中国传统建筑文化要素外，地区馆的设计也极富中国气韵，借鉴了很多中国古代传统元素。地区馆以“叠篆文字”传达出中华人文历史地理信息。在地区馆最外侧的环廊立面上，将用叠篆文字印出中国传统朝代名称的34字，象征中华历史文化源远流长；而环廊中供参观者停留休憩的设施表面，将镌刻各省、直辖市、自治区名称34字，象征中国地大物博，各地团结共同进取。展馆的展示以“寻觅”为主线，带领参观者行走在“东方足迹”、“寻觅之旅”、“低碳行动”三个展区，在“寻觅”中发现并感悟城市发展中的中华智慧。走到中国馆的旁边，可以发现馆的外壁上有很多中国文化的元素，如同篆刻字体的24节气的“春分”、“谷雨”、“立夏”等字样原来就是这样浑然天成地运用在建筑上。展馆从当代切入，回顾中国30多年来城市化的进程，凸显30多年来中国城市化的规模和成就，回溯、探寻中国城市的底蕴和传统。随后，一条绵延的“智慧之旅”引导参观者走向未来，感悟立足于中华价值观和发展观的未来城市发展之路。

11.1.3 展馆简介

中国馆共分为国家馆和地区馆两部分，国家馆主体造型雄浑有力，宛如华冠高耸，天下粮仓；地区馆平台基座汇聚人流，寓意社泽神州，富庶四方。国家馆和地区馆的整体布局，隐喻天地交泰、万物咸亨。国家馆居中升起、层叠出挑，采用极富中国建筑文化元素的红色“斗冠”造型，建筑面积46457m^2，高69m，由地下一层、地上六层组成；地区馆高13m，由地下一层、地上一层组成，外墙表面覆以“叠篆文字”，呈水平展开之势，形成建筑物稳定的基座，构造城市公共活动空间。观众首先将乘电梯到达国家馆屋顶，即酷似九宫格的观景平台，将浦江两岸美景尽收眼底。然后，观众可以自上而下，通过环形步道参观49m、41m、33m三层展区。而在地区馆中，观众在参观完地区馆内部31个省、直辖市、自治区的展厅后，可以登上屋顶平台，欣赏屋顶花园。游览完地区馆以后，观众不需要再下楼，可以从与屋顶花园相连的高架步道离开中国馆。为了均衡客流，世博会期间中国馆将实行“全预约”参观，预约点设在展览现场各出入口。

装点国家馆的“中国红”，是从足足上百种红色材料色样中逐一挑选而出的，由7种红色组合而成。馆体颜色由上至下依次由深至浅，能在白昼不同阳光折射和夜间灯光投射及不同视觉高度等条件下，形成统一的具有沉稳、经典视觉效果的红色。此外，中国馆红板选用金属材料，采用灯芯绒状肌理方案，不仅为中国馆穿上了更具质感的“外衣”，也为原本张扬、跳跃的红色赋予了稳重、大气的印象。

在中国馆的地区馆屋顶平台上，2.7万m^{2}的城市空中花园“新九洲清晏”，将为中国馆承担起人员疏散、公共休闲等多项功能。新九洲清晏之中，不但浓缩着中国传统园林和现代造景技术，更蕴藏着中华智慧和东方神韵。河清海晏，就是河水澄清透明、大海风平浪静的景观，比喻了祥和、美好的生活场景；而九州既是中华大地最早的行政区划，也是中国的代称。作为上海世博会中国国家馆的裙楼部分，将屋顶花园命名为新九洲清晏，无疑能更好地衬托出中国馆“东方之冠、鼎盛中华，天下粮仓、富庶百姓”的美好寓意。每一个小洲上都会有代表中华大地上典型地貌的景观布置。游客们穿梭其中，就好比在微缩了的神州大地上漫步，看遍鬼斧神工的自然造化，而它们所展现的悠久文化和丰富景观，也是中国馆“城市发展中的中华智慧”展示主题的重要组成部分。

除国家馆的造型整合了中国传统建筑文化要素外，地区馆的设计也极富中国气韵，借鉴了很多中国古代传统元素。在地区馆的外墙，设计者采用中国古老的文字——篆书来作为装饰。“叠篆文字”装饰的地区馆建筑表面，传递着二十四节气的人文地理信息。

看似简洁的中国馆台阶蕴藏无数奥妙，其共有76级踏步，质量、工艺堪比人民大会堂的大台阶。同时重拾濒临失传的民间绝艺“三斩斧”，一块1m^{3}的石头上，斩斧要达上万刀，整个中国馆大台阶加起来达5400多万刀。中国馆大台阶全部采用花岗石“华夏灰”制作而成，呈现出黑白相间的视觉效果。

11.1.4 节能环保

中国馆的设计引入了最先进的科技成果，使它符合环保节能的理念。四根立柱下面的大厅是东西南北皆可通风的空间，在四季分明的上海，无论展会期间各种气候如约而至，让观众都能感到有一股股与人体相宜的气流在抚摸自己的肌肤。外墙材料为无放射、无污染的绿色产品，比如所有的门窗都采 LOM－E 玻璃，不仅反射热量，降低能耗，还喷涂了一种涂料，将阳光转化为电能并储存起来，为建筑外墙照明提供能量。地区馆平台上厚达 1.5m 的覆土层，可为展馆节省 10%以上的能耗。国家馆顶上的观景台也可能引进最先进的太阳能薄膜，储藏阳光并转化为电能。顶层还有雨水收集系统，雨水净化用于冲洗卫生间和车辆。主体建筑的挑出层，构成了自遮阳体型，已经为下层空间遮阴节能了。所有管线甚至地铁通风口都被巧妙地隐藏在建筑体内。

11.1.5 中国馆设计图（图 11－1～图 11－12）

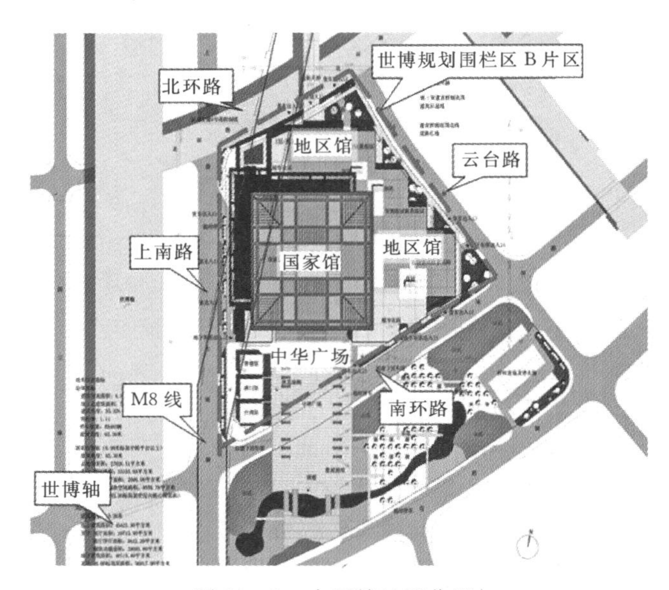

图 11－1 中国馆地理位置

图 11－2 中国馆鸟瞰图

图 11-3 上海世博会中国馆实施方案

图 11-4 上海世博会中国馆细部

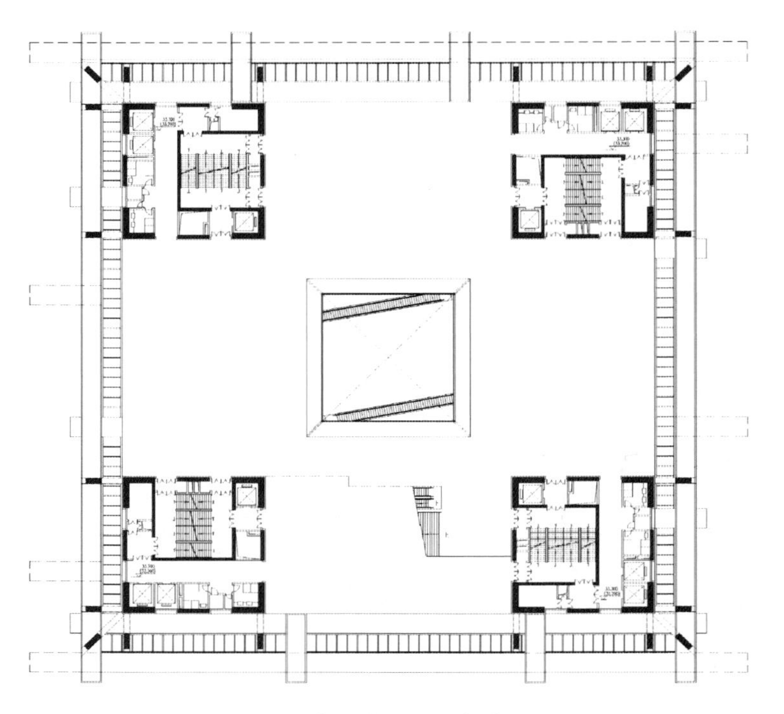

图11-5 中国馆33.3m标高平面图

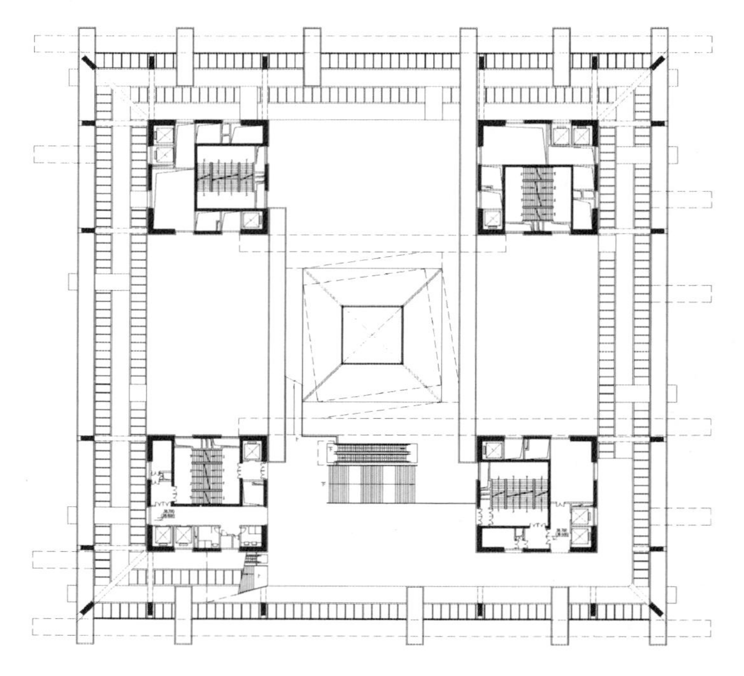

图11-6 中国馆38.7m标高平面图

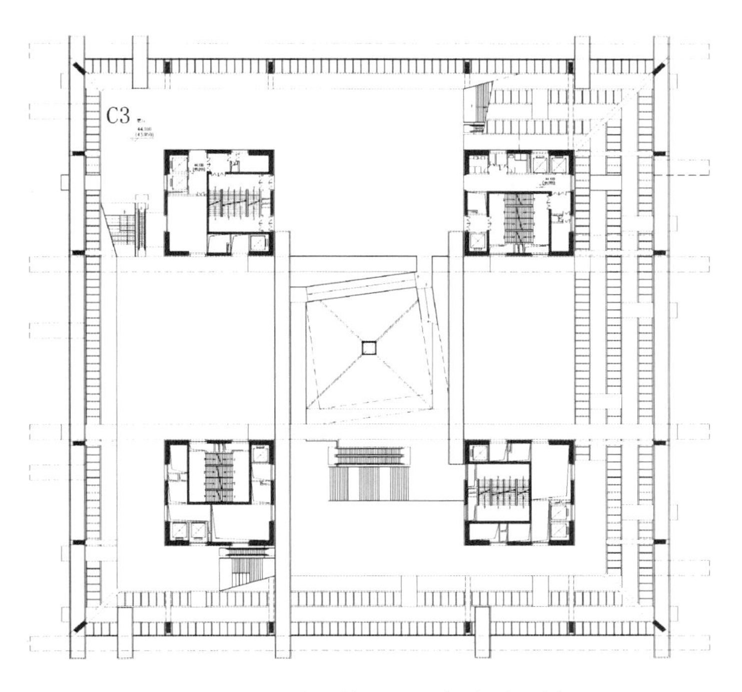

图 11-7 中国馆 44.1m 标高平面图

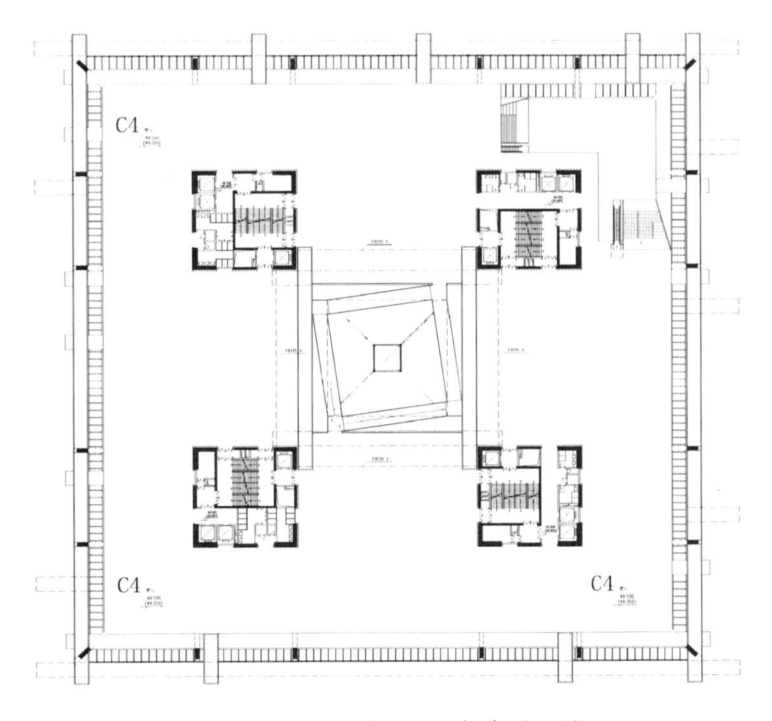

图 11-8 中国馆 49.5m 标高平面图

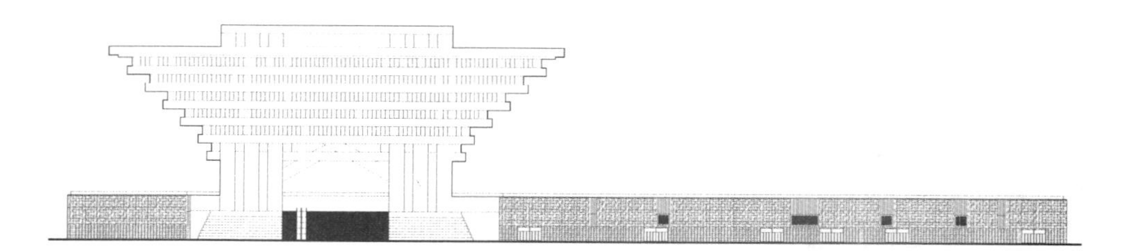

图11-9 中国馆正立面图

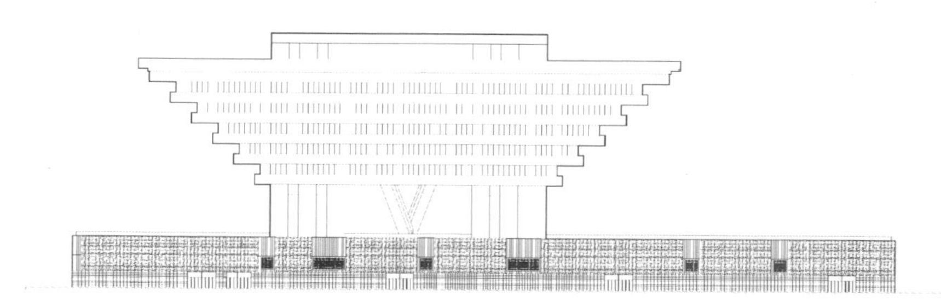

图11-10 中国馆侧立面图

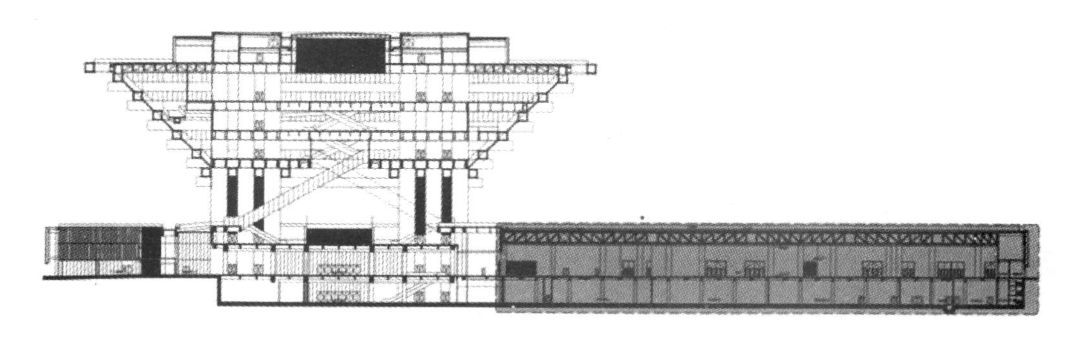

图11-11 中国馆剖面图（一）

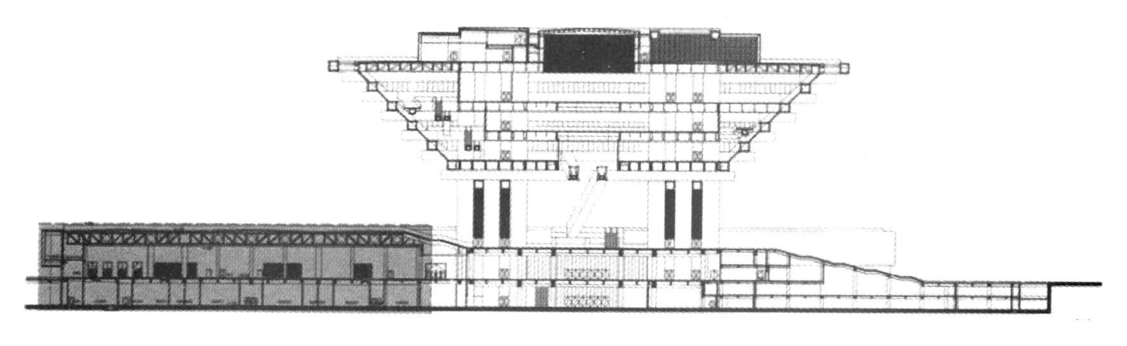

图11-12 中国馆剖面图（二）

11.2 武汉火车站

11.2.1 项目概况

设计单位：中铁第四勘察设计院。

主创建筑师：盛晖、陈学民、刘云强、黄咏梅。

工程名称：武汉火车站。

用地面积：15.5hm^2。

建筑面积：33.2万m^2。

其中：站房建筑面积10.8万m^2。

五站台柱雨棚13.5万m^2。

11.2.2 设计理念

千年鹤归、中部崛起、九省通衢。

“黄鹤一去不复返，白云千载空悠悠。”唐朝诗人崔灏那触景生情的千古绝唱使得“白云黄鹤”成为武汉的代名词。颇富仙气的千年黄鹤感叹新时代家乡翻天覆地的变化，翩然而归，是方案的造型立意。独特的造型使新建的武汉站成为一座“飞翔的车站”。

立面水波状的屋顶寓意“千湖之省”的省会——江城武汉。

建筑中部突出的大厅屋顶象征着地处华中的湖北武汉“中部崛起”，反映出武汉蒸蒸日上的经济发展趋势。

周围环绕的屋檐，其造型取中国传统建筑重檐意象，九片屋檐，同心排列，象征着武汉“九省通衢”的重要地理位置，同时突出了武汉作为我国铁路的四大客运中心沟通全国、辐射周边的重要交通地位。

11.2.3 设计指导思想

1. 高效的

旅客进出站快捷便利，适应客运专线公交化的高效运转。设计吸收机场的旅客进出模式，强调旅客进出站的直接性，弱化等候空间。充分利用高架站场下的空间连接东西两个广场并以此作为旅客出站和换乘的节点，与地铁等城市交通紧密结合、无缝衔接，使旅客换乘明确方便。

2. 可读的

内部空间清晰可读，有明确的布局，强烈的视觉导向。车站中部设置可通达站台的下沉式中庭空间，绿色通道和候车室围绕中庭设置。旅客在站内可以明确了解车站布局掌握自己的行进方向。

3. 丰富的

新型的车站应给旅客一种全新的旅行体验，并提供多种服务满足旅客的各种需求。

11.2.4　规划设计原则

武汉火车站（图 11－13）的周边环境十分独特，建成后武汉站将是一个新的交通中心、景观中心和城市新区发展的核心。站区规划的总体设想是：

延续并完善城市规划轴线，与铁路线成“丁”字形格局，车站位于这两条轴线的交叉点上，成为区域的中心。

西侧面向城市方向，强调景观和步行空间的连续性。将杨春湖与东湖水系连成一体，使车站融于绿色与湖水。

东侧面向快速路方向强调交通的连续性，依靠三环快速路设置交通广场，隔离东部重工业区和高架路的不良影响。

利用高架桥下空间连接东西广场，作为出站和换乘的节点，与地铁等城市交通紧密结合，形成系统性的交通枢纽（图 11－14）。

图 11－13　武汉火车站

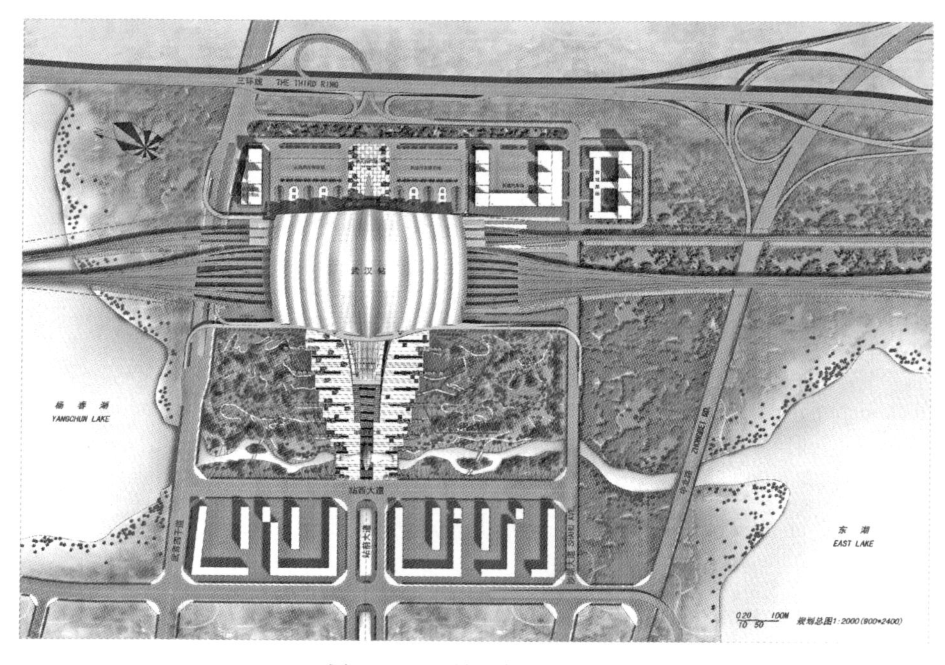

图 11－14　站区规划总平面

11.2.5 用地功能分区

根据总体设想，规划用地自西向东划分为广场—站场—广场三部分。

西广场面向城市是以铺地、绿化、水体为主的步行景观广场。

东广场紧邻城市快速路，是以车流入口、公交车站、长途汽车站及停车场为主的交通广场。

车站位于用地的中心，设置于高架站场上方，底部的架空使东西广场相连接，三部分空间形成连续的整体。

11.2.6 功能布局

武汉站站场轨顶设计标高31.858m，车站站周围的道路、广场标高约为20.00m，站台层与广场之间有10m左右的高差，车站站场采用了全高架形式。

结合站场的高架布置形式，站房设计采取“上进下出”和“下进下出”相结合的设计构思，将车站分为高架层、站台层、地面层三个主要层面。站台层距地面层10.25m，距高架层楼面8.55m。

＋18.800m——高架层。

设有进站大厅，服务区及候车厅。高架层为客运专线旅客的入口层，在站房中部为40多m净高的中央大厅（图11-15），功能围绕中央核心空间向南北方向层层展开。环绕中央大厅，依次设置绿色进站通道、服务空间、候车大厅和通道空间。东西两侧的进站大厅，视野开阔，直达湖面景区。在候车层局部之上（＋25.000m标高）还设有少量餐饮和商业服务空间。

＋10.250m——站台层。

该层位于地面与高架层之间，东西两侧基本站台设有贵宾候车室，贵宾车辆可直接到达基本站台。

图11-15 中央大厅

±0.000m——地面层：到达厅及去往城市交通与区域交通的换乘区。

旅客从站台层下行到达位于站场下方的出站厅，自行检票后进入出站广场，从这里可以便捷地到达公交、长途车站，搭乘出租车，换乘地铁，或前往社会车辆停车场。

－8.400m——地铁站台层：地铁4号、5号线站台。

出站广场中部为地铁的站厅，地下一层为地铁站台层。地铁车站采用双岛式站台方案，站台有效长均为100m。

＋25.00m——夹层：为旅客提供方便服务和供旅客休闲，观景的区域。

充分利用高架层与大屋顶之间的空间，在两者之间设局部夹层，主要功能为快餐厅、咖啡厅、茶座，以及一些休闲娱乐设施。可为旅客提供了一个眺望观景的平台。同时丰富了中央大厅的空间层次。

该层为站房配套的部分空调设备机房、变配电用房以及设备管线通道层。

11.2.7 客流组织（图11－16～图11－21）

进站人流流线——东侧乘地铁、公交车和长途车到达车站的旅客，可由东侧楼扶梯上行至高架平台，进入东侧进站大厅；乘出租车和社会车辆的旅客可经高架公路桥直达东西两侧高架平台，下车后直接进入进站大厅；西侧行人和乘地铁到达的旅客由西入口的楼扶梯上行高架平台，进入西侧进站大厅。旅客进入在大厅后，可以选择进入客运专线候车室候车，或直接经由绿色通道在乘坐自动扶梯下行到达站台层进站。

出站人流流线——到站旅客到达站台后下行至出站大厅，检票出站，再由底层出站广场迅速疏散。在出站广场可以现零距离换乘地铁，在出站广场旅客可以自由选择方便的交通方式离站，可以便捷到达公交车站、长途汽车站、出租车上客点、社会车停车场等。

图11－16 武汉站鸟瞰图

图 11-17 武汉站效果图（一）

图 11-18 武汉站效果图（二）

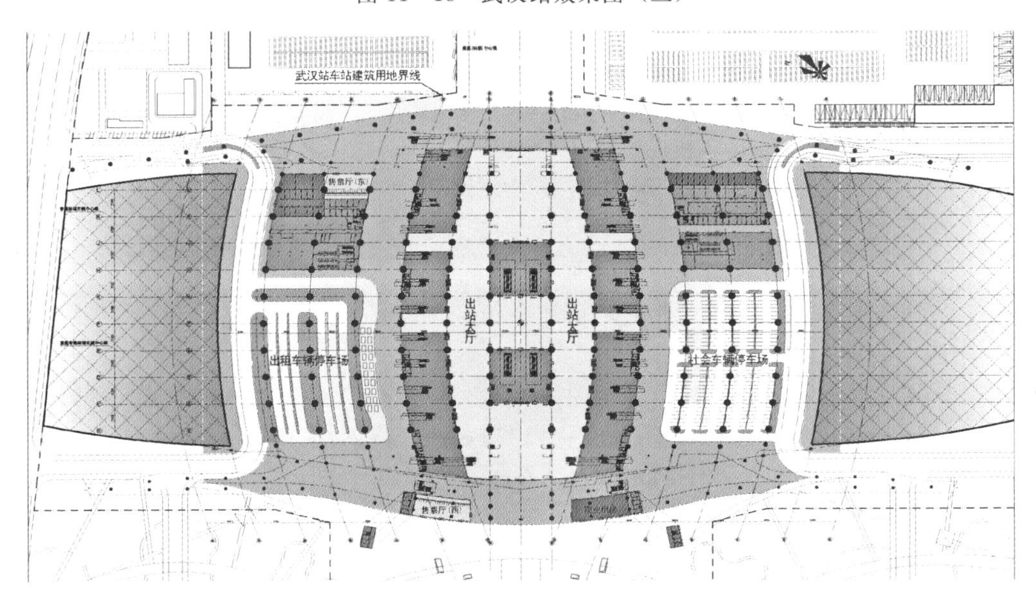

图 11-19 ±0.00m 层平面图

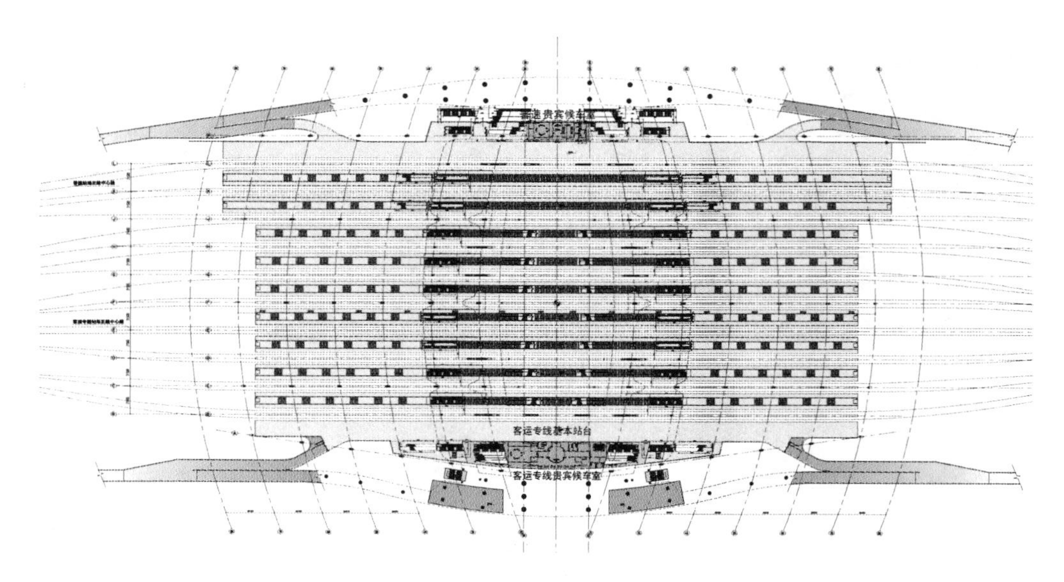

图 11-20 10.25m 站台层平面图

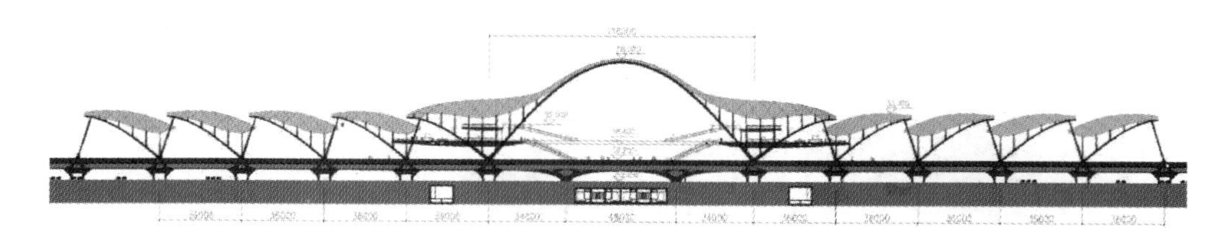

图 11-21 武汉站立面图

实训练习题

作业一 建筑实例分析，解析名家经典设计作品

1. 教学目的

(1) 深入理解建筑的含义与涵盖层面。

(2) 结合知识点学会分析经典建筑设计案例。

2. 内容

选择著名近现代建筑师作品，根据照片、图文资料及记录，绘制一幅建筑实例方案图（包括平、立、剖面图、相关分析图及文字说明），同时从创作背景、建筑环境、功能、技术手段、艺术等方面进行专业剖析。

3. 图纸要求

(1) 用 A2 绘图纸钢笔徒手彩色表现。

(2) 比例正确、线条清晰、粗细得当。

(3) 环境布置恰当、构图美观、不喧宾夺主，平立面图相互对应，表现细致。

(4) 字体大小恰当，清晰工整。

作业二　手工制作一件经典设计作品的建筑模型

1. 教学目的

（1）深入理解建筑空间及其意义。

（2）训练学生动手操作及表达能力。

2. 内容

选择著名近现代建筑师作品，根据照片、图文资料及记录，制作建筑模型。

3. 要求

（1）按照真实比例，正确表达建筑及其与环境的关系。

（2）用心刻画建筑细部构造及其材质，讲求构图美观，表现细致。

参 考 文 献

[1] 骆宗岳，徐友岳．建筑设计原理与设计．北京：中国建筑工业出版社，1999.

[2] 蔡吉安．建筑设计资料集．2 版．北京：中国建筑工业出版社，1994.

[3] 彭一刚．建筑空间组合论．北京：中国建筑工业出版社，2004.

[4] 徐从淮．行为空间论．天津：天津大学硕士论文，2005.

[5] 尹洪，冷欣，程辉．论环境行为学与公共空间设计．美术大观，2008，(07)．

[6] 刘妩．浅析建筑与行为——建筑设计方法的人本回归．北京：中央美术学院硕士论文，2006.

[7] 陈志华．外国建筑史．3 版．北京：中国建筑工业出版社，2005.

[8] 罗小未．外国近现代建筑史．北京：中国建筑工业出版社，2005．

[9] 沈福煦．建筑概论．上海：同济大学出版社，2003.

[10] [美] 程大锦．建筑：形式、空间和秩序．刘丛红译．天津：天津大学出版社，2005.

[11] 龚锦．人体尺度与室内空间．天津：天津科学技术出版社，1987.

[12] 刘先觉．现代建筑理论．2 版．北京：中国建筑工业出版社，2008.

[13] 亓萌，田铁威．建筑设计基础．杭州：浙江大学出版社，2009.

[14] 赵国志．色彩构成．沈阳：辽宁美术出版社，1996.

[15] 傅念屏．水彩．重庆：西南师范大学出版社，1997.

[16] 张绮曼，郑曙旸．室内设计资料集．北京：中国建筑工业出版社，1991.

[17] 范凯熹．建筑与环境模型设计与制作．北京：广东科技出版社，2002.

[18] 郎世奇．建筑模型设计与制作．北京：中国建筑工业出版社，2001.

[19] 王建国．国外著名建筑师丛书　安藤忠雄．北京：中国建筑工业出版社，1999.

[20] 沈福煦．建筑设计方法．上海：同济大学出版社，1999.

[21] 沈福煦．建筑方案设计．上海：同济大学出版社，1999.

[22] 孙瑞丰，吕静．建筑学基础．北京：清华大学出版社，2006.

[23]《建筑及设计资料集》编委会．建筑设计资料集．2 版．北京：中国建筑工业出版社，1995.

[24] 中南地区建筑标准设计协作组办公室．中南地区建筑标准设计建筑图集．北京：中国建筑工业出版社，2006.

[25] 项秉仁．国外著名建筑师丛书　赖特．北京：中国建筑工业出版社，1992.

[26] [美] 戴维·拉金，布鲁克斯·法伊弗．国外建筑与设计系列　弗兰克·劳埃德·赖特．建筑大师．北京：中国建筑工业出版社，2005.

[27] [荷] 佐尼斯．国外建筑与设计系列　勒·柯布西耶：机器与隐喻的诗学．金秋野，王又佳译．北京：中国建筑工业出版社，2004.

[28] [日] 越后岛研一．勒·柯布西耶建筑创作中的九个原型．徐苏宁，吕飞译．北京：中国建筑工业出版社，2006.

[29] [瑞士] 博奥席耶．勒·柯布西耶全集　第二卷·1929～1934 年．牛燕芳，程超译．北京：中国建筑工业出版社，2005.

[30] [瑞士] 博奥席耶．勒·柯布西耶全集　第五卷·1946～1952 年．牛燕芳，程超译．北京：中国建筑工业出版社，2005.

[31] 中华人民共和国建设部．GB/T 50001—2001　房屋建筑制图统一标准．北京：中国计划出版社，2002.

[32] 中华人民共和国建设部．GB/T 50104—2001 建筑制图标准．北京：中国计划出版社，2002.
[33] 中华人民共和国建设部．GB/T 50105—2001 建筑结构制图标准．北京：中国计划出版社，2002.
[34] 中华人民共和国建设部．GB/T 50103—2001 总图制图标准．北京：中国计划出版社，2002.
[35] 苏丹，宋立民．建筑设计与工程制图．武汉：湖北美术出版社，2003.
[36] 李必瑜．房屋建筑学．武汉：武汉理工大学出版社，2004.
[37] 中川作一．视觉艺术的社会心理．许平，贾晓梅，赵秀侠译．上海：上海人民美术出版社，1996.
[38] 徐岩．建筑群体设计．上海：同济大学出版社，2000.
[39] 田学哲．建筑初步．2 版．北京：中国建筑工业出版社，2003.
[40] 潘谷西．中国建筑史．2 版．北京：中国建筑工业出版社，2004.
[41] 李道增．环境行为学概论．北京：清华大学出版社，1999.
[42] 王发曾．城市建筑空间设计的犯罪防控效应．地理研究，2006，25（4）．
[43] 胡正凡．环境行为研究初探．清华大学建筑学院硕士论文，1982.
[44] 石谦飞．建筑环境与建筑环境心理．太原：山西古籍出版社，2001.
[45] 钟训正．建筑画环境表现与技法．北京：中国建筑工业出版社，1985.
[46] 吴镇保，张闻彩．色彩理论与应用．南京：江苏美术出版社，1998.
[47] 钟蜀珩．色彩构成．北京：中国美术学院出版社，1999.
[48] 罗文媛．建筑设计初步．北京：清华大学出版社，2005.
[49] 同济大学建筑制图教研室．建筑工程制图．5 版．上海：同济大学出版社，2010.
[50] 林源．古建筑测绘学．北京：中国建筑工业出版社，2003.
[51] 吴镇保，张闻彩．色彩理论与应用．南京：江苏美术出版社，1998.
[52] 钟蜀珩．色彩构成．杭州：中国美术学院出版社，1999.
[53] 赵国志．色彩构成．沈阳：辽宁美术出版社，1996.
[54] 傅念屏．水彩．重庆：西南师范大学出版社，1997.
[55] 田学哲．建筑初步．2 版．北京：中国建筑工业出版社，1999.
[56] 张绮曼，郑曙旸．室内设计资料集．北京：中国建筑工业出版社，1991.